小粒咖啡

有害生物综合防控

付兴飞　胡发广　李贵平　罗心平　主编

中国农业出版社
北　京

主　　编　付兴飞　胡发广　李贵平　罗心平

副 主 编　董文江　李亚男　毕晓菲　黄家雄　程金焕

编　　委（以姓氏笔画为序）

付兴飞　毕晓菲　吕玉兰　刘德欣　严　炜

李亚男　李亚麒　李林虹　李贵平　杨　旸

何红艳　张晓芳　武瑞瑞　易怀峰　罗心平

胡发广　娄予强　黄家雄　董文江　喻好好

程金焕

咖啡是世界三大饮料作物之一，是世界重要的热带经济作物。据统计，全球共有78个国家和地区种植咖啡，种植面积1 112.05万hm^2，总产量1 004.84万t，综合产值4 000亿美元，其中小粒咖啡产量537.534万t，占总产量的53.49%。

我国有5个省份种植咖啡（未含台湾）。2021年，我国咖啡种植面积9.94万hm^2，总产量11.41万t，居全球第12位。云南省作为我国最重要的小粒咖啡（*Coffea arabica*）生产区，种植面积9.83万hm^2，总产量11.36万t，农业综合产值17.07亿元，咖啡种植面积、产量及农业综合产值均超过了全国的98%。历经70多年的发展，云南省已形成了保山市、德宏州、临沧市、普洱市、怒江州、大理州（宾川县）、西双版纳州七大咖啡优势产区，而咖啡产业也已成为云南省最具特色的优势产业之一，对促进云南边疆农民就业增收和产业发展进而助推乡村振兴做出了积极贡献。

但是，随着全球气候和生态环境的不断变化，小粒咖啡品种的丰富、栽培产区的更迭、栽培模式的改变等，小粒咖啡有害生物种类也在不断发生变化或增加，一定程度上制约了云南省咖啡产业的可持续健康发展。为使广大从事咖啡生产、教学、科研等的工作者更准确地识别小粒咖啡有害生物的种类、危害特点，并及时采取科学、有效、可行的综合防治措施，云南省农业科学院热带亚热带经济作物研究所咖啡创新团队通过几代人，历经70多年总结了自1952年以来，特别是近年来，我国咖啡产区有害生物的种类、

危害特点、生物学特性、综合防控技术等方面的研究成果，并结合团队多年在生产一线对咖啡有害生物的长期调查、监测及防治等方面的研究，以及精选了600余幅高清生态原色照片，编成《小粒咖啡有害生物综合防控》。书中收集了14种侵染性病害、15种非侵染性病害、116种虫害、97种草害、1种鼠害及55种天敌。其中小粒咖啡根腐病为2022年新发现的病害，小粒咖啡寄生性种子植物桑寄生和储藏期病害青霉病为首次报道；橘盾盲异蝽、紫蓝丽盾蝽、油茶宽盾蝽、红蜡蚧、佛州龟蜡蚧、带纹疏广翅蜡蝉、短爪鳞刺蛾云南亚种等40余种是我国小粒咖啡新记录害虫，入侵性害虫咖啡果小蠹在德宏州盈江县首次发现；鼠害中华姬鼠为首次报道。长期的有害生物调查及监测显示，小粒咖啡叶锈病、炭疽病、根腐病是近年来危害小粒咖啡的主要病害；介壳虫、金龟子、蝗虫已成为近年危害小粒咖啡的主要害虫类群，而随着咖啡产区向高海拔区域转移，灭字脊虎天牛有降为次要害虫的趋势。本书比较系统地介绍了云南省小粒咖啡产区有害生物的分类地位、分布、寄主、形态特征、危害特点、发生规律及综合防治方法等，并报道了55种天敌，对有害生物的天敌利用及生物防控研究具有重要意义，可供从事小粒咖啡教学、科研、科普、商贸、检疫、农业技术推广的人员以及广大咖啡栽培者阅读参考。

本书的编写及出版，得到了云南省重大科技专项计划“咖啡产业提质增效关键技术研发与示范（202202AE090002）”的大力支持。中国农业出版社的编辑对本书提

出了宝贵的意见和建议，并对全书进行了认真的修改和编辑；北京林业大学武三安教授、中国科学院上海生命科学研究院王瀚强老师、西南林业大学王戌博博士、中国热带农业科学院热带作物品种资源研究所张润东老师、中国热带农业科学院香料饮料研究所孙世伟老师、中国热带农业科学院王建赟老师、西南大学杜喜翠老师、华南农业大学王兴民研究员、华南农业大学赵明智老师、云南省农业科学院农业环境资源研究所裴卫华博士、西南林业大学魏玉倩博士、安徽师范大学黄羿鑫博士、保山学院柳青博士、安徽省农业科学院董伟老师、重庆师范大学熊昊洋老师、陕西师范大学何志新老师、东北林业大学吴俊博士、玉溪师范学院丁子涵老师对本书部分有害生物种类的鉴定给予了支持和帮助，在此一并表示衷心感谢！

由于编写时间仓促，书中难免有不妥之处，敬请有关专家、同行、读者批评指正。

编著者

2022年9月

前言

一、小粒咖啡病害

侵染性病害

1. 小粒咖啡叶锈病

【分布】 小粒咖啡叶锈病是危害小粒咖啡的全球性重大病害，在全世界咖啡种植区均有分布。在国外主要分布于斯里兰卡、巴西、哥伦比亚、哥斯达黎加、萨尔瓦多、危地马拉、尼加瓜拉、墨西哥、老挝及越南等咖啡种植区。国内，1922年在台湾首次发现小粒咖啡叶锈病；1942—1947年开始在广西和海南有危害报道；1950—1960年，云南开始大力发展咖啡产业，波邦和铁皮卡叶锈病发生严重；1984年，该病害开始在保山潞江坝大流行。截至目前，小粒咖啡叶锈病在我国台湾、海南、广西、四川、西藏及云南等省份均有发生。云南作为我国最重要的小粒咖啡种植区，小粒咖啡叶锈病在大理（宾川）、保山、德宏、怒江、临沧、文山、红河、西双版纳及普洱等州（市）均有发生。

【症状】 病原仅侵染成熟的咖啡叶片，在投产咖啡园发生尤为严重，偶发于幼龄植株。初侵染期，在咖啡叶片背面可见直径为1.0 ~ 1.5mm的淡黄色小圆斑，该时期叶片正面也可见与叶背病斑相对应的透明淡黄色侵染斑点，病斑颜色由中间向四周颜色逐渐变淡；短期内叶片背面的病斑直径可迅速扩大至2 ~ 3mm，此时病斑上开始出现淡黄色或黄色粉末状锈孢子堆（夏孢子堆），叶片正反两面的病斑周围出现清晰可见的黄绿色晕圈；随着病斑的不断扩大，多个病斑连接形成不规则的大病斑，后期病斑中央干枯，呈褐色，受害较为严重的叶片开始陆续脱落；受害更为严重的叶片可全部脱落，剩下光秃秃的树干、枝条及新抽发的嫩叶，导致翌年咖啡开花受阻，产量降低，甚至绝产。

【病原】 小粒咖啡叶锈病的病原为咖啡驼孢锈菌（*Hemileia vastatrix*），属真菌界（Fungi）担子菌门（Basidiomycota）冬孢菌纲（Teliomycetes）锈菌目（Uredinales）柄锈菌科（Pucciniaceae）驼孢锈菌属（*Hemileia*）。病原菌丝多分枝，具隔。锈孢子多形，常见圆形、肾形、拟三角形或不规则，均具有明显的“驼峰”状背脊，背脊上密生短刺，而孢子腹部平滑无刺，孢子大小为（30.0 ~ 42.5）μm×（20.5 ~ 31.2）μm，平均34.9μm×23.75μm。冬孢子比锈孢子略小，呈黄色陀螺形或不规则，表面光滑，具一乳突，大小为（26.4 ~ 30.0）μm×（16.0 ~ 24.7）μm，常混杂于锈孢子堆中，但不普遍，无休眠期，接触到水分即可萌芽，伸出棍棒状担子梗。担孢子呈橙黄色，梨形或卵圆形，大小为（14.7 ~ 15.7）μm×（11.6 ~ 12.3）μm，担孢子形成即可萌发，芽管粗短，不能直接侵染小粒咖啡，可能需要转主寄生，但转主寄主植物仍不清楚。

【发生规律】 在云南，小粒咖啡叶锈病全年均可发生或病原以菌丝在病变组织内越冬。翌年以残留在病叶上的锈孢子作为主要初侵染源，通过风、雨、人畜或昆虫等进行传播。锈孢子附着在叶片表面，当温湿度适宜时，锈孢子2 ~ 4h内即可萌发，长出芽管，芽管通过叶背的气孔进入叶片组织内，形成附着器，附着在叶片的细胞间隙内，快速增殖。锈孢子萌发最适温度为18 ~ 26℃。当锈孢子成熟后，又可以再次侵染咖啡叶片，进行无性繁殖，形成再侵染，导致病害重复发生。尽管关于咖啡驼孢锈菌的研究已经开展了上百年，但其有性生殖阶段依然不明确。有研究表明，咖啡驼孢锈菌需要转主寄生才能完成有性生殖阶段，但转主寄主植物依然不明确。目前，推测*Psychotria mahonii*、*Rubus apetalus*及*Rhamnus prinoides* 3种植物最有可能是咖啡驼孢锈菌的转主寄主植物，巴豆属（*Croton*）、大戟属（*Euphorbia*）及悬钩子属（*Rubus*）植物也可能是其潜在的转主寄主植物。

【防治方法】

（1）植物检疫。新产区建立脱病苗圃，培养无病健苗；对引入的小粒咖啡良种，严格做好检疫工作，防止病原向咖啡新产区扩散蔓延。

（2）农业防治。加强咖啡园水肥管理，提高咖啡植株抗病性；通过小粒咖啡与杧果、荔枝、香蕉、蛋黄果、澳洲坚果等经济作物进行复合栽培，构建遮阴体系，改变咖啡园间小气候和土壤环境，适当降低光合量，防止咖啡过量挂果导致树势早衰，保持咖啡植株长期处于健康状态，增强对病害的抵抗力；咖啡采摘完成后，立即进行清园，清除咖啡园间病株残体，减少初侵染源；对早衰、低产或绝产、病虫害发生严重的咖啡园可采用截干更新的方法，快速恢复树势，提高抗病能力；选育抗叶锈病品种。

（3）生物防治。保护利用天敌及生防菌，如同型巴蜗牛、植绥螨可以取食咖啡驼孢锈菌的锈孢子；蜡蚧轮枝菌、中国丽壳菌、豆状芽孢杆菌、蜡状芽孢杆菌及木霉菌对病原具有寄生作用。

（4）化学防治。病害发生前期或初发期，采用铜制剂预防效果较好，还能促进咖啡植株生长和提高咖啡产量；对于发病较为严重的咖啡园，建议交替使用石灰半量式波尔多液、环唑醇、吡唑菌素、三唑醇、氢氧化铜、亚磷酸铜等杀菌剂2 ~ 3次即可。

在实践生产中应减少和科学使用化学药剂，预防为主，综合防控，使用高效绿色低毒的杀菌剂，营造有利于天敌及微生物生存和发展的栖息环境，而不利于咖啡驼孢锈菌的生态环境，利用天敌及生防菌控制其危害。

小粒咖啡叶锈病发生初期（叶片背面）

小粒咖啡叶锈病发生初期（叶片正面）

小粒咖啡叶锈病发生后期叶片症状

小粒咖啡叶锈病发病植株症状

小粒咖啡叶锈病发病植株后期症状

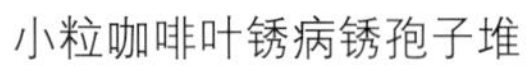

小粒咖啡叶锈病锈孢子堆

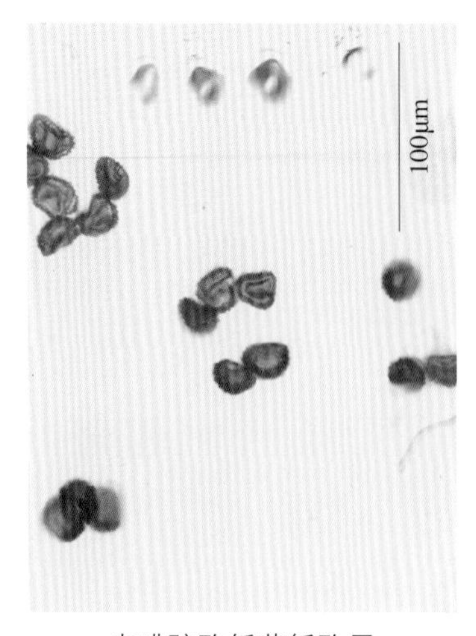

咖啡驼孢锈菌锈孢子

天敌取食锈孢子

小粒咖啡叶锈病重寄生现象

幼龄小粒咖啡叶锈病发病症状

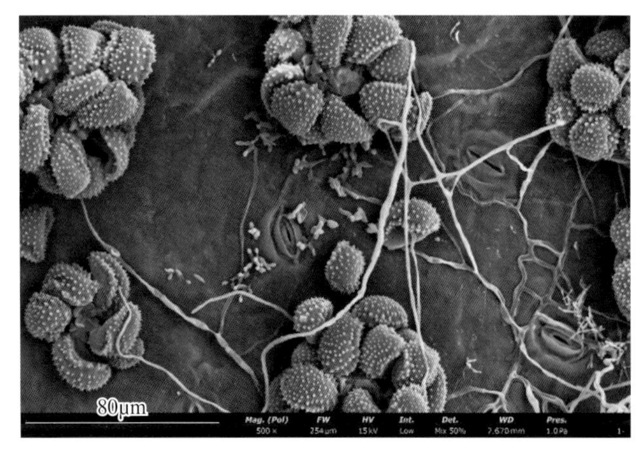

幼龄小粒咖啡叶锈病锈孢子

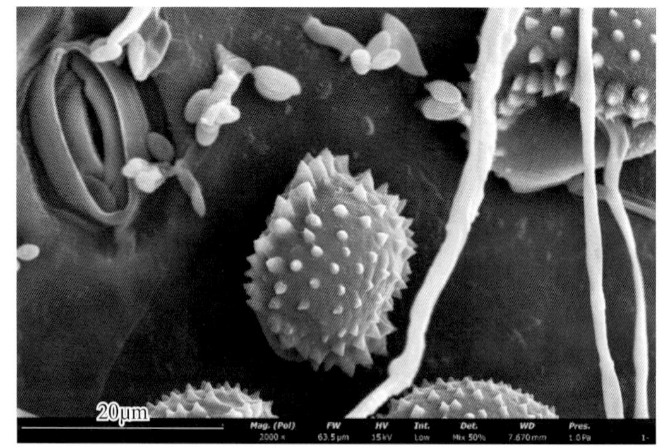

小粒咖啡叶锈病锈孢子

2. 小粒咖啡炭疽病

【分布】 小粒咖啡炭疽病属全球性咖啡病害，在全世界咖啡种植区均有分布。国外主要分布于埃塞俄比亚、斯里兰卡、巴西、哥伦比亚、哥斯达黎加、萨尔瓦多、危地马拉、墨西哥、越南、老挝、泰国

等国家或地区；国内主要分布于海南、台湾、四川、广西、云南等省（自治区）。云南小粒咖啡种植区全年均有发生。

【症状】 卡哈瓦炭疽菌仅侵染小粒咖啡的浆果，胶孢炭疽菌、尖孢炭疽菌、辣椒炭疽菌、博宁炭疽菌可侵染小粒咖啡的叶片、枝条和浆果。叶片受害初期，病部出现不规则淡褐色至黑褐色病斑，病斑中央白色，边缘黄色；后期整个病斑呈灰色，病斑上分布有排列成同心轮纹的黑色点状物，受害叶片脱落。枝条受害后病斑呈凹陷状，病斑上具黑色点状物，可导致枝条枯萎。浆果受害后，初期果面形成水渍状小斑点，随后形成暗褐色至灰黑色凹陷病斑，其上长出粉红色黏液孢子堆，严重时导致空瘪果或落果，影响咖啡果产量和品质。

【病原】 小粒咖啡炭疽病病原目前已确认的共有5种，即卡哈瓦炭疽菌（*Colletotrichum kahawae*）、胶孢炭疽菌（*C. gloeosporioides*）、尖孢炭疽菌（*C. acutatum*）、辣椒炭疽菌（*C. capsici*）和博宁炭疽菌（*C. boninense*）。

5种病原无性态均属半知菌类，在分类地位上属腔孢纲（Coelomycetes）黑盘孢目（Melanconiales）黑盘孢科（Melanconiaceae）炭疽菌属（*Colletotrichum*）；有性态属真菌界（Fungi）子囊菌门（Ascomycota）粪壳菌纲（Sordariomycetes）肉座菌亚纲（Hypocreomycetidae）小丛壳科（Glomerellaceae）小丛壳属（*Glomerella*）。

卡哈瓦炭疽菌菌落正面呈辐射状，边缘整齐，气生菌丝浓密，菌丝白色，疏松绒毡状，中央灰色至灰绿色，边缘白色；菌落反面深灰色至白色；分生孢子椭圆形或梭形，表面光滑。

胶孢炭疽菌菌落圆形，边缘整齐，初期白色，后期灰褐色，第3 ~ 5天菌落上散生大量粉色或橘黄色孢子团，后期由粗壮的褐色菌丝形成菌核；分生孢子盘有分隔，呈扁圆形盘状，偶见硬直或弯曲，基部具褐色刚毛，分生孢子梗短，不分枝，无色透明；分生孢子单胞，无色，圆柱形，两端钝圆，偶有一端稍细，多具油滴，孢子大小为（14.0 ~ 15.1）μm×（5.2 ~ 5.5）μm，分生孢子萌发时中间具一横隔，在芽管顶端产生一附着胞；附着胞呈圆形、梨形或不规则，初期白色或亮绿色，后期变褐色，中间具一亮绿色折射点，附着胞大小为（5.67 ~ 6.30）μm×（6.64 ~ 7.43）μm。

尖孢炭疽菌菌落初期白色，后期覆盖粉红色或橙色分生孢子堆；分生孢子椭圆形或梭形，至少具一个尾端，具稀疏刚毛；附着胞形态大小多样，有色素。

辣椒炭疽菌具有两种形态的菌落，一种菌落边缘整齐，灰褐色，气生菌丝稀疏，表面密生黑色颗粒，呈轮纹状排列；另一种菌落边缘整齐，灰白色，气生菌丝白色绒毛状，表面具粉色孢子堆。

博宁炭疽菌菌落边缘整齐，初期菌落边缘呈灰色，中间呈灰褐色，绒毛状平铺；后期菌落颜色加深，并产生大量黑色孢子；分生孢子单胞，椭圆形，一端钝圆，另一端钝圆或略尖。

【发生规律】 咖啡炭疽病危害程度与咖啡的品种、栽培环境和养护管理水平等相关。该病全年均可发生，高湿环境下危害尤为严重，目前尚无咖啡炭疽病病原侵染过程的详细报告。咖啡炭疽病病原以菌丝和子实体在咖啡病叶、病枝和病果上越冬，并作为翌年初侵染源。翌年病原在越冬场所的病残体上产生分生孢子，主要通过风雨进行传播，在适宜的条件下，分生孢子萌发，侵入咖啡叶片、枝条和浆果，完成初侵染。同时，分生孢子成熟后又可从咖啡叶片气孔、伤口和皮孔处侵入，进行重复侵染。

【防治方法】

（1）植物检疫。严格落实植物检验检疫工作，建立脱病苗圃，繁殖和栽培无病种苗。

（2）农业防治。加强咖啡园水肥管理，做好抚育管理工作，通过与杧果、香蕉、荔枝、龙眼、番木瓜、滇橄榄等经济作物构建遮阴体系，清除田间病株杂草，合理控制咖啡挂果量，增强咖啡植株抗病性；合理整形修剪，清除病残体，减少初侵染源。

（3）化学防治。在雨季开始或结束期，使用1%石灰半量式波尔多液100倍液，或40%氧化亚铜可湿性粉剂100倍液，或50%氧氯化铜悬浮剂100倍液，在林间喷布1次进行预防；发病后选用25%戊唑醇乳油1 000 ~ 1 200倍液，或25%咪鲜胺乳油800 ~ 1 000倍液，或25%嘧菌酯悬浮剂1 500 ~ 2 000倍液，进行林间喷布，交替使用2 ~ 3次即可。

小粒咖啡炭疽病枝条症状

小粒咖啡炭疽病果实症状

小粒咖啡炭疽病叶片症状

小粒咖啡浆果不同成熟期炭疽病症状

3. 小粒咖啡立枯病

【分布】 小粒咖啡立枯病属全球性苗期病害，在全世界咖啡产区的咖啡苗床均会不同程度的发生。

【症状】 该病属小粒咖啡苗期关键病害，发病部位为根茎基部。发病初期病部出现水渍状病斑，之后病斑逐渐扩大，造成茎干环状缢缩，使顶端的叶片呈水渍状萎蔫，最终导致全株自上而下青枯、死亡。

病部长出乳白色菌丝体，形成网状菌索，后期形成菌核，颜色由灰白色到褐色。初期症状不容易发现，一旦幼苗出现萎蔫缺水症状，则表明其已受到立枯丝核菌的严重侵染危害，该病具群发性特征。

【病原】 小粒咖啡立枯病的病原为立枯丝核菌（*Rhizoctonia solani*），属半知菌类，在分类地位上属丝孢纲（Hyphomycetes）无孢目（Agonomycetales）丝核菌属（*Rhizoctonia*）。病原初生菌丝无色，后变黄褐色，具隔，粗8 ~ 12μm，分枝基部缢缩，老菌丝常呈一连串桶形细胞；菌核近球形或无定形，无色或浅褐色至黑褐色；担孢子近圆形，大小为（6 ~ 9）μm×（5 ~ 7）μm。有性态为瓜亡革菌（*Thanatephorus cucumeris*），属真菌界（Fungi）担子菌门（Basidiomycota）担子菌纲（Basidiomycetes）多孔菌目（Polyporales）革菌科（Thelephoraceae）亡革菌属（*Thanatephorus*）。

【发生规律】 病原以菌丝直接侵入寄主，通过流水、农具、育苗沙土等进行传播，以菌丝体或菌核在土壤、育苗床或病残体上越冬。可在土壤中营腐生生活，存活1 ~ 3年。病原可在19 ~ 42℃发育，最适温度24℃；适宜pH 3 ~ 9.5，最适pH 6.8；地势低洼、排水不良、土壤黏重、植株过密的条件下，发病较为严重，阴湿多雨利于病菌侵入和发生。

【防治方法】

（1）农业防治。苗圃土采用深翻晾晒的方式杀死病原，有条件的可进行燃烧烘烤；催芽沙床应选择干净的河沙，河沙避免重复使用；沙床播种量不宜过密，以0.5 ~ 0.7kg/m^{2}为佳；有条件的建议使用无病土作为营养土进行育苗；苗期多施氮肥和腐殖酸溶液，提高咖啡根系活力，增强抗病能力；定期巡查，发现感染立枯病的幼苗，应及时清除，防止病害蔓延扩散。

小粒咖啡立枯病症状

（2）化学防治。播种前，可使用包衣剂配合木霉菌进行种子包衣，包衣后在室内晾晒1d，之后沙床催芽；也可使用80%代森锰锌可湿性粉剂1 500 ~ 2 000倍液或50%多菌灵可湿性粉剂800 ~ 1 000倍液浸种2 ~ 4h后于沙床催芽；沙床催芽前，使用清水完全浸湿沙床，再使用80%代森锰锌可湿性粉剂1 500 ~ 2 000倍液或50%多菌灵可湿性粉剂800 ~ 1 000倍液浇淋，杀死沙床内的病原；出苗后，每20d左右使用80%代森锰锌可湿性粉剂1 500 ~ 2 000倍液或50%多菌灵可湿性粉剂800 ~ 1 000倍液喷施1次，预防立枯病的发生。

小粒咖啡立枯病具群发性特征

小粒咖啡健壮幼苗

4. 小粒咖啡褐斑病

【分布】 小粒咖啡褐斑病属世界性咖啡病害，全世界咖啡产区均有发生，在咖啡苗期极为常见，苗圃和无遮阴咖啡园发生较为严重，偶见于投产咖啡园。在我国云南，几乎全部咖啡生产区均有发生。

【症状】 该病主要发生于咖啡苗圃或未投产咖啡园，主要危害幼苗、幼树或者抗病力弱的咖啡植株叶片和浆果，咖啡苗圃和新定植的幼苗叶片最易感病，成龄咖啡叶片和浆果均可感病，但不常见。咖啡苗圃发病，以冬季多雨天最严重，严重感病的植株，叶片大量脱落，仅剩余一个光秃的主干。不同发病时期症状略有不同，发病初期，叶片出现小黄点，后逐渐扩展为圆形或近圆形褐色病斑，病斑中央呈灰白色，有明显的边缘和同心轮纹，病斑周围具有褪绿晕圈，叶片背面有黑色霉状物；发病后期，数个病斑汇成一个大病斑，但每个病斑中心仍有灰白色圆点清晰可见，每个叶片上出现多个病斑后叶片会变黄、枯萎下垂，最终导致落叶。叶片完全脱落后，病原还能继续危害枝条。浆果受侵染后，产生近圆形病斑，病斑逐渐扩大，可覆盖整个浆果，引起浆果坏死，最终脱落。

【病原】 小粒咖啡褐斑病病原为咖啡生尾孢（*Cercospora coffeicola*），属半知菌类，分类地位上属丝孢纲（Hyphomycetes）丝孢目（Moniliales）暗色孢科（Dematiaceae）尾孢菌属（*Cercospora*）。病原在PDA培养基上的菌落平展，菌丝体早期灰白色，后期灰黑色，菌丝体多埋生；分生孢子梗3 ~ 30根簇生，大部分较直，具2 ~ 4个隔膜，褐色至黑褐色，大小为（44.20 ~ 96.34）μm×（3.15 ~ 6.81）μm；分生孢子无色或淡褐色，鼠尾形、线形或鞭形，基部较粗，至端部逐渐变细，具有10 ~ 21个隔膜，大小为（40.36 ~ 310.36）μm×（3.38 ~ 5.58）μm。有性态为咖啡生球腔菌（*Mycosphaerella coffeicola*），属真菌界（Fungi）子囊菌门（Ascomycota）座囊菌纲（Dothideomycetes）格孢腔菌目（Pleosporales）暗球腔菌科（Phaeosphaeriaceae）球腔菌属（*Mycosphaerella*）。

【发生规律】 小粒咖啡褐斑病发生轻重，与咖啡园管理水平密切相关。适当荫蔽、肥水充足（尤其是钾肥和钙肥）可以在一定程度上降低植株的发病概率；植株在缺少荫蔽及在干旱和养分不足等胁迫下，该病侵染发生更普遍，发展尤为迅速。病原以菌丝潜伏在病变组织内或以分生孢子在病变组织上越冬，分生孢子借风雨传播，经气孔或伤口侵入，在叶片病斑上全年均可产生分生孢子，进行多次再侵染。该病常年发生，较普遍，但多发生在低温多雨的11 ~ 12月。

【防治方法】

（1）农业防治。加强栽培管理，增施复合肥，适度遮阴，提高植株抗病力；合理整形修剪，增强咖啡园通风透光性，定期清除杂草，降低土壤湿度可显著缓解病情；发病初期及鲜果采摘完成后，清除枯枝落叶等病残体，进行集中销毁，减少翌年初侵染源。

小粒咖啡褐斑病苗期症状

(2) 化学防治。发病前用1%石灰半量式波尔多液100倍液或50%氧氯化铜悬浮剂100倍液等铜制剂进行预防；病害流行初期喷施50%多菌灵可湿性粉剂600 ~ 800倍液或50%苯菌灵可湿性粉剂800倍液等进行防治，每隔10 ~ 15d喷施1次，连续喷施2 ~ 3次。

小粒咖啡褐斑病老熟叶片症状

5. 小粒咖啡煤烟病

【分布】 小粒咖啡煤烟病是一种世界性病害，全世界均有分布。在我国云南几乎全部咖啡种植区均有发生。

【症状】 煤烟病为病原真菌滋生于半翅目昆虫分泌蜜露上诱发的病害。该病害导致咖啡叶片、枝条及浆果表面出现黑色斑块或霉层。初期在发病部位出现灰黑色的小霉斑，以后扩大形成黑色或暗褐色霉层，但不侵入寄主。不同病原种类症状有所差异，刺盾炱属霉层似黑灰，多在叶面发生，霉层较厚，绒状，可成片脱落；煤炱属霉层黑色薄如纸，干燥环境下会自然脱落；小煤炱属霉层呈放射状黑色小霉斑，散生于叶正反面和果实表面，常有数十至百个斑点，其菌丝产生吸胞，牢牢附着在寄主表面，不易脱落，严重发生时全株黑色。煤烟病影响咖啡植株光合作用，导致树势下降，开花量减少，产量降低。

【病原】 小粒咖啡煤烟病由煤炱属（*Capnodium*）、刺盾炱属（*Chaetothrium*）和小煤炱属（*Meliola*）的真菌复合侵染导致。目前已知病原30余种，属真菌界（Fungi）子囊菌门（Ascomycota）腔菌纲（Loculoascomycetes）座囊菌目（Dothidaeles）。在30余种病原中，仅小煤炱属真菌产生吸胞，为纯寄生，其余大部分病原为表面附生菌；病原形态各异，但菌丝均为暗黑色，形成子囊孢子和分生孢子，子囊孢子因病原种类不同而具有一定差异，多为无色或暗褐色，具1个至多个隔，具横隔膜或纵隔膜，比较常见的病原有煤炱菌*Capnodium brasiliense*。

白蛾蜡蝉诱发小粒咖啡煤烟病

【发生规律】 病原通常以菌丝体、子囊壳或分生孢子器在病害部越冬。翌年春天子囊壳或分生孢子随风雨传播，散落在半翅目昆虫如蚜虫和介壳虫等分泌的蜜露上，以此为营养，进行扩繁，引发煤烟病；蚜虫和介壳虫等泌露昆虫发生严重的咖啡园，该病害发生也特别严重。

【防治方法】

（1）农业防治。科学合理密植和施肥，适当修剪退化枝条，改善咖啡园通风透气性，减轻病害发生；及时防治半翅目的蚜虫、介壳虫、叶蝉等泌露昆虫；有条件的咖啡园可使用高压冲水枪冲洗叶片表面的黑色霉层。

（2）生物防治。保护蚜虫、介壳虫等泌露昆虫的天敌，可减轻煤烟病的发生程度。

（3）化学防治。已经发生煤烟病的咖啡园可在冬季喷布95%机油乳剂150 ~ 200倍液；也可在雨后叶面撒布石灰粉清除煤污；在高压冲水枪冲洗后，使用50%多菌灵可湿性粉剂600 ~ 800倍液林间喷布1 ~ 2次。

咖啡绿蚧诱发小粒咖啡煤烟病

小粒咖啡煤烟病症状

6. 小粒咖啡藻斑病

【分布】 小粒咖啡藻斑病的有关报道相对较少，国外未见该病的详细分布报道，国内在云南普洱、德宏及临沧等湿度较大的湿热区及荫蔽度高的咖啡园可见分布；在保山等干热区，降水量较高或浇灌较频繁的咖啡园也可发生。

【症状】 该病可侵染咖啡叶片、浆果和枝条，以老熟叶片为主。发病初期，在叶片正面先散生针头状、近“十”字形、灰白色或黄褐色的附着物，并逐渐向叶片四周呈放射状扩大成直径为1 ~ 10mm的毡状物，最后毡状物表面平滑突起，呈暗褐色或灰白色，一定程度影响小粒咖啡植株的光合作用，导致植株树势减弱，容易引起复合侵染性病害。

【病原】 小粒咖啡藻斑病的病原为寄生性锈藻（*Cephaleuros virescens*），又名寄生性头孢藻，属植物界（Plantae）绿藻门（Chlorophyta）绿藻纲（Chlorophyceae）丝藻目（Ulotrichales）橘色藻科（Trentepohliaceae）头孢藻属（*Cephaleuros*）。在病叶和病枝上可看到病原的营养体呈毡状物，其上茸毛状物为病原的子实层，子实体生长有孢囊梗，顶端膨大，其上着生小梗，每小梗顶生一个游动孢子囊，圆形或卵形；游动孢子囊产生30余个双鞭毛椭圆形游动孢子，成熟后遇水释放；孢囊梗细长，孢子囊较小，孢囊梗长270 ~ 450μm，其上生有8 ~ 12个小梗，游动孢子囊大小为（14.5 ~ 20.3）μm×（16 ~ 23.5）μm。

【发生规律】 小粒咖啡藻斑病以病原在营养体病组织上越冬。翌年在炎热潮湿的环境条件下产生孢子囊和孢囊梗，成熟的孢子囊易脱落，孢子囊在水中释放游动孢子，孢子囊和游动孢子通过风雨进行传播，游动孢子从植物叶片背面气孔侵入，开始侵染。湿度和温度是影响藻斑病的关键因子，游动孢子的形成、游动和萌发多发生在雨季，10 ~ 11月下旬为该病害的高发期。

【防治方法】

（1）农业防治。提高咖啡园养护管理水平，科学合理灌溉施肥，增强植株抗病能力；合理控制遮阴树种的荫蔽度，一般建议为35% ~ 50%；减少初侵染源，发现病株残体立即清除；适当修剪，增强小粒咖啡植株通风透气性，降低咖啡园湿度。

（2）化学防治。发病初期，使用50%多菌灵可湿性粉剂500 ~ 800倍液进行林间喷雾防治。

小粒咖啡藻斑病症状

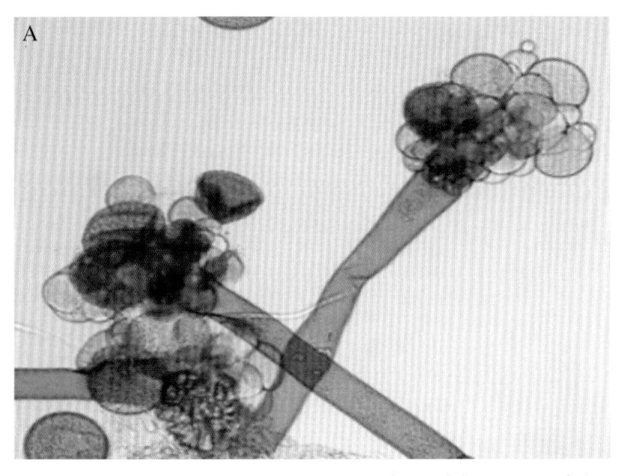

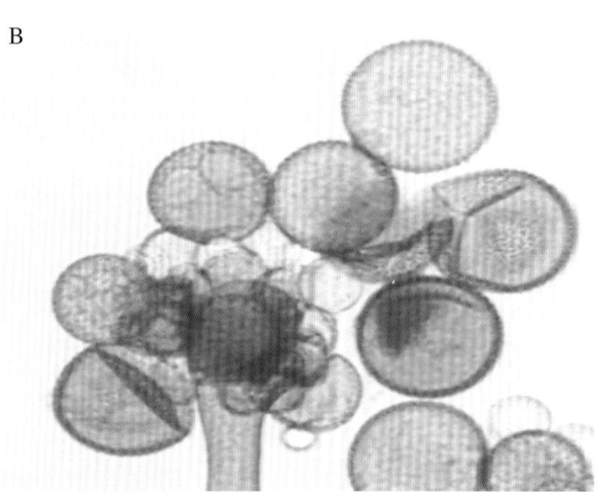

寄生性锈藻的孢囊梗（A）和孢子囊（B）
（引自陈奕鹏等，2016）

7. 小粒咖啡根腐病

【分布】 小粒咖啡根腐病为国内小粒咖啡新记录病害，目前仅在云南省保山市潞江镇及怒江州泸水市两个咖啡种植区发现。

【症状】 该病是因苗期施用的有机肥携带变红镰孢菌而引发的新病害。发病部位出现水渍状病斑，略有凹陷，侧根数量明显减少；随后病斑逐渐向外扩展，发病部位呈褐色，出现白色霉层；后期湿度大时发病部位布满白色菌丝层，形成明显凹陷，颜色变为深褐色，出现腐烂症状。地上部分发病初期无明显变化，植株生长正常，发病后期开始出现缺水症状，叶片开始陆续脱落，最终导致植株死亡。

【病原】 小粒咖啡根腐病的病原为变红镰孢菌（*Fusarium incarnatum*），属半知菌类，分类地位属瘤座菌目（Tuberculariales）瘤痤孢科（Tuberculaceae）镰孢属（*Fusarium*）。病原在25℃的PDA培养基上培养7d，菌落呈圆形，直径72mm，产生大量绒状气生菌丝，初期为白色，后渐变为橘黄色，培养基背面为米黄色；分生孢子共3种形态，大型分生孢子镰刀形，两端逐渐变细，具有明显足胞，具3 ~ 5个分隔，大小为（21.12 ~ 33.39）μm×（3.64 ~ 6.32）μm；中型分生孢子纺锤形，3 ~ 5

个分隔，大小为（8.36 ～ 13.25）μm×（2.25 ～ 4.89）μm；小型分生孢子椭圆形，无分隔，大小为（4.25 ～ 9.98）μm×（1.56 ～ 3.13）μm。未见厚垣孢子。分生孢子梗在气生菌丝上形成，顶端可产生大型分生孢子。

【发生规律】 病原以有性态在有机肥或病株残体上越冬，翌年随着温度回升，咖啡根部因蛴螬、蝼蛄、蟋蟀等地下害虫危害或不当农事操作形成伤口，病原从根部伤口侵染，产生分生孢子。侵染初期，植株地上部分与正常植株无明显差异，生长较为旺盛，植株根部病原分生孢子开始大量繁殖，堵塞导管，导致水分及营养物质输送供应不足，开始出现萎蔫及落叶症状。该病原在5 ～ 35℃均能生长及产孢，20 ～ 35℃菌丝生长较快，20 ～ 25℃时产孢量最大；在pH 4 ～ 9时均能生长及产孢，pH 8时菌落生长最快，pH 7时最有利于产孢。

【防治方法】

（1）农业防治。新定植小粒咖啡园应使用充分高温腐熟的有机肥作为底肥；定期施用腐殖酸等壮根肥，提高咖啡植株根部抗性；发现受害植株后，立即清除，并进行集中销毁。

（2）化学防治。种植前使用生石灰对种植穴进行消毒；种植后定期使用甲基硫菌灵、多菌灵或咪鲜胺等进行灌根预防；发病初期可使用精甲·咯菌腈进行防治；此外，使用高效氯氟氰菊酯等药剂进行灌根杀死根部害虫，如蛴螬、蝼蛄、蟋蟀及咖啡根粉蚧等，防止病原从害虫危害形成的伤口处侵入。

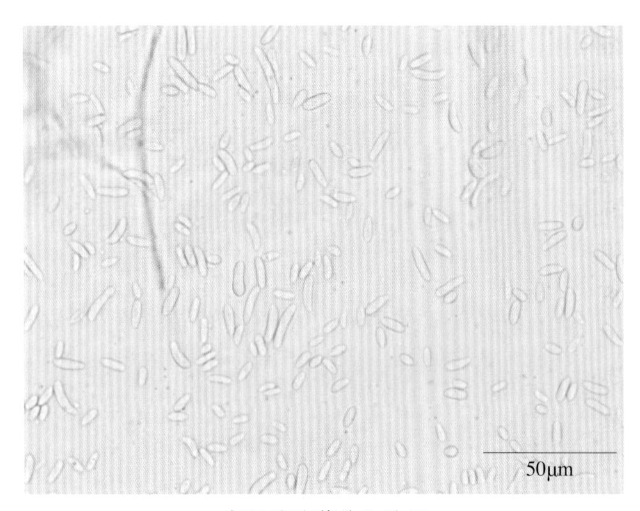

变红镰孢菌分生孢子

小粒咖啡根腐病初期症状

小粒咖啡根腐病根部症状

小粒咖啡根腐病后期症状

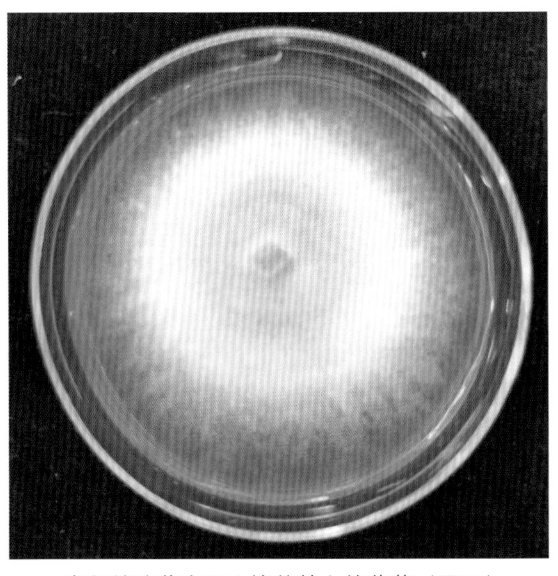

变红镰孢菌在PDA培养基上的菌落（正面）

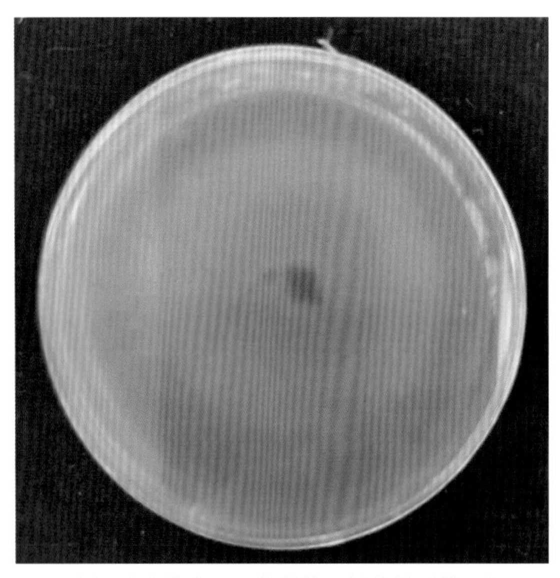
变红镰孢菌在PDA培养基上的菌落（背面）

8. 小粒咖啡细菌性叶疫病

【分布】 1955年，小粒咖啡细菌性叶疫病在巴西首次发现，目前分布在南美洲多个咖啡种植国家，我国云南全部咖啡产区均有危害。

【症状】 该病主要危害小粒咖啡的叶片、枝条及幼果。发病初期，受害部位出现暗绿色水渍状小斑点，随后扩大成不规则的褐色斑块，病斑边缘不规则略呈波纹状，并带模糊的水渍状痕，其外围有黄色晕圈。在潮湿环境下，病斑背面渗出淡褐色溢脓，严重时可引起落叶、枝枯及幼果坏死。

【病原】 小粒咖啡细菌性叶疫病的病原为丁香假单胞菌咖啡致病变种（*Pseudomonas syringae* pv. *garcae*），属细菌界（Eubacteria）变形菌门（Proteobacteria）γ-变形菌纲（Gammaproteobacteria）假单胞菌目（Pseudomonadales）假单胞菌科（Pseudomonadaceae）假单胞菌属（*Pseudomonas*），为好氧、强腐生性革兰氏阴性菌。病原菌体短杆状，两端钝圆，鞭毛极生1根至数根。菌落圆形，乳白色，稍微隆起，有光泽，不透明，表面光滑，边缘微皱。

【发生规律】 该病以植株上的病叶和脱落的病叶为初侵染源，通过风雨传播，经伤口或气孔侵染植物组织。高温高湿的夏季为发病高峰期，风雨是影响该病发生的关键因子。主要发生在幼龄植株上，施肥不足、树势衰弱的成龄植株也会发生。

小粒咖啡细菌性叶疫病症状

【防治方法】

（1）农业防治。冬季结合清园，清除病株残体，减少初侵染源；加强水肥管理，提高咖啡植株抗病性。

（2）化学防治。夏季定期适量喷施铜制剂，如1%石灰半量式波尔多液100倍液或50%氢氧化铜可湿性粉剂100倍液，均能取得一定的防治效果，建议15 ～ 20d喷施1次。

9. 小粒咖啡黑果病

【分布】 小粒咖啡黑果病分布广泛，几乎全球所有咖啡种植区均有发生。

【症状】 该病症状分为多型：①生理性枝枯黑果型。由生理性因素导致，多发生在中上层结果枝上，在果实成熟前期，先是结果枝上的叶片变黄，不久后脱落。随后，果实表面出现似灼焦的褐色斑，逐渐干枯，最终导致整个结果枝干枯，果实干瘪枯黑。②虫害引起的咖啡黑果型。多由蛀干类害虫如天牛、木蠹蛾、小蠹虫等危害导致水肥输送不良，引起植株衰弱，甚至受害部位上端死亡，从而导致果实枯黄萎缩，最后干瘪变黑。③真菌侵染性黑果型。炭疽病菌和褐斑病菌等均可引起黑果病，初期导致果节处沿果柄出现腐烂、变黑、水渍状病斑，或果皮出现红褐色斑点，继而扩大成近圆形的斑块，斑块周围具淡绿色晕圈，最终可扩展至整个果面。发病后期，果皮干瘪，病斑变成黑色，并下陷与种壳紧密贴合，果面上出现灰白色颗粒状物。

【病因】 该病害为并发性病害。植株产量过高营养供应不足、缺少遮阴光照强、管理粗放或失管、植株根系发育较差等生理性因素、虫害发生严重导致植株水肥输送受阻及真菌侵染等多个因素均可引发小粒咖啡黑果病。

【发生规律】 真菌侵染导致的黑果病多发生在雨季，生理性和虫害导致的黑果病则多发生在干旱季节，同一植株上可见多种类型的黑果病发生。

小粒咖啡黑果病症状

【防治方法】

（1）农业防治。加强水肥管理，增强咖啡植株生长势；定植选择壮苗，剔除弯根苗；对虫害发生严重或枝枯严重的植株进行截干更新，恢复植株生长势；冬季结合清园，清除咖啡园病株残体，减少侵染源，可显著降低真菌侵染性黑果病。

（2）化学防治。对真菌侵染性黑果病，发病初期采用25%多菌灵可湿性粉剂250倍液或50%氢氧化铜可湿性粉剂200倍液林间喷雾，10 ～ 15d喷施1次，连续喷2 ～ 3次。

小粒咖啡黑果病后期果面出现灰白色菌丝体

介壳虫危害引发小粒咖啡黑果病

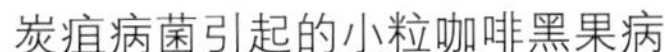

炭疽病菌引起的小粒咖啡黑果病

小粒咖啡黑果病后期滋生霉菌

10. 附生绿球藻

【分布】 国外尚无该病害的分布报道；在我国云南小粒咖啡种植区均有发生，以普洱、德宏等湿热区发生最为严重，在保山、怒江等干热区偶有发生。

【症状】 附生绿球藻在咖啡叶片、枝条及浆果上均可发生，导致叶面、枝条表面及果面上密生一层草绿色藻体，抑制植物光合作用，致使树体生长势变弱，咖啡产量降低。

【病原】 附生绿球藻（*Chlorococcum* sp.）属植物界（Plantae）绿藻门（Chlorophyta）绿藻纲（Chlorophyceae）刚毛藻目（Cladophorale）刚毛藻科（Cladophoraceae）附生绿球藻属（*Chlorococcum*）。

【发生规律】 附生绿球藻多发生在湿度较大的小粒咖啡种植园，夏秋两季为高发期，通常降水量大的年份或荫蔽度高灌溉频繁的咖啡园发生尤为严重；附生绿球藻一旦发生，即迅速扩大蔓延。

【防治方法】

（1）农业防治。适当降低咖啡园荫蔽度，荫蔽度控制在35%左右为佳，结合整形修剪，增强咖啡园通风透气性，降低咖啡园湿度；合理灌溉，有条件的咖啡园可使用滴灌进行灌溉。

（2）化学防治。已经发生危害的咖啡园，喷布石灰水或用3%噻霉酮微乳剂800倍液喷布，10 ~ 15d喷施1次。

小粒咖啡叶片及枝条上的附生绿球藻

11. 小粒咖啡地衣病

【分布】 小粒咖啡地衣病在国外分布不详；在国内主要分布于云南临沧、德宏、普洱、西双版纳及保山等州市。

【症状】 地衣分为叶状地衣、壳状地衣和枝状地衣。小粒咖啡地衣病主要为叶状地衣病。叶状地衣的营养体似叶片，平铺扁平，边缘卷曲，灰白色或淡绿色，有深褐色假根，常多个连接成不规则薄片，附着在枝干树皮上，容易剥离。壳状地衣营养体形态不一，紧紧贴在枝干上，灰绿色，不容易剥离；也有的着生在叶片上，灰绿色，圆斑大小不一。枝状地衣营养体枝状，着生于树干、枝条及叶片上，淡绿色，有分枝，直立或下垂。发生地衣的小粒咖啡植株，由于假根进入表皮层内吸取营养，使树势减弱，产量降低，严重时导致枝枯。

【病原】 小粒咖啡地衣病的病原为咖啡梅衣（*Parmelia* spp.）和咖啡树发（*Alectoria* spp.），分别属植物界（Plantae）地衣门（Lichenes）梅衣科（Parmeliaceae）梅衣属（*Parmelia*）和树发属（*Alectoria*）。

【发生规律】 地衣以营养体在咖啡枝干及叶片上越冬。翌年春季地衣营养体分裂成碎片进行繁殖，借风雨进行传播。危害程度与树龄大小、种植环境、栽培管理及地衣病的发生程度密切相关，而温度、湿度对其生长的影响最为关键，温度在10℃左右时开始发生，晚春和初夏为发生高峰期，炎热高温天气生长缓慢，冬季停止生长。老咖啡园管理粗放、通风透气性差、湿度大、遮阴，明显有利于地衣的繁殖。

【防治方法】

（1）农业防治。地衣发生初期，使用刀具刮尽地衣。加强咖啡园水肥管理，提高植株生长势；合理控制咖啡园遮阴树种的树冠和树形，增强咖啡园通风透气性，避免荫蔽度过高，荫蔽度控制在35%左右为佳。

（2）化学防治。使用3～5波美度石硫合剂或1∶1∶10波尔多液连续喷洒2次；冬季清园期可用草木灰浸出液，煮沸浓缩后涂干或喷布机油乳剂、松脂合剂。

主干上的叶状地衣

叶状地衣

12. 苔藓

【分布】 全球咖啡产区均有分布。

【症状】 苔的外形为黄绿色青苔状，藓为簇生的毛发状或丝状体。以假根附着于枝干上吸收植物的水分和养分。器官表面最初紧贴一层绿色茸毛状、块状或不规则的表皮寄生物，后逐渐扩大，最终包围整个树干，削弱植株的光合作用，致使树体生长不良，树势衰退。

【病原】 小粒咖啡苔藓病由苔和藓两大类引起。

【发生规律】 苔藓以营养体在寄主的枝干上越冬，环境条件适合时产生孢子，孢子随风雨进行传播，通过产生配子进行危害。潮湿、温暖的环境有利于繁殖；管理粗放、老化、树势衰弱的咖啡园容易发生。

【防治方法】

（1）农业防治。冬季清园去除发病枝条；雨后使用竹片刮除苔藓；合理控制植株密度和枝条，增强通风透气性；合理控制遮阴树树冠和树形，将咖啡园荫蔽度控制在35%左右最佳。

（2）化学防治。在苔藓发生蔓延时喷布松脂合剂10 ～ 12倍液或0.8%～ 1.0%等量式波尔多液。

小粒咖啡上的苔藓

13. 小粒咖啡青霉病

【分布】 小粒咖啡青霉病属咖啡浆果储藏初期常见病害，全世界咖啡产区均有发生。

【症状】 青霉病从果柄与果皮结合处侵入，初期为水渍状淡褐色的圆形病斑，随后果肉变软腐烂，随着储藏期的延长，病斑产生白色霉状物，呈斑点状松散分布，随后中间部位白色霉斑转变为灰蓝色或青蓝色，并不断向周围扩大蔓延。外缘的白色菌丝环较狭且松散，呈粉状。病斑边缘水渍状，不规则。

【病原】 该病病原为咖啡青霉菌（*Penicillium* sp.），属半知菌类，分类地位属丝孢纲（Hyphomycetes）丝孢目（Moniliales）淡色孢科（Moniliaceae）青霉属（*Penicillium*）。咖啡青霉菌分生孢子梗无色，具隔膜，顶端有2 ～ 3次分枝，呈扫帚状，孢子小梗无色，单胞，尖端渐趋尖细，呈瓶状小梗上串生分生孢子；分生孢子单胞，无色，近球形或卵圆形。

【发生规律】 发病一般开始于果蒂及附近，温度和湿度为发病的关键因素，通常浆果堆放过厚，透气性较差及浆果脱皮时间不及时，发病较为严重。菌丝发育最适温度为27℃，分生孢子形成最适温度为20℃，发病最适温度为18 ～ 26℃，湿度95%以上发病最为迅速。

【防治方法】 咖啡浆果采摘后及时进行脱皮，避免大量堆积；加工不能及时完成时，将咖啡浆果薄层堆放在晾晒架上，保持良好的通风透气性。

小粒咖啡青霉病

14.桑寄生

【分布】 分布于云南、四川、甘肃、陕西、山西、河南、贵州、湖北、湖南、广西、广东、江西、浙江、福建、台湾等省份。

【症状】 以吸器盘吸在小粒咖啡的主干或1级分枝上，吸收咖啡树体内的养分、水分，导致树体生长势变弱、新叶抽发变缓，严重时出现落叶，不开花或开花推迟、开花量减少，易落果或不结果。被寄生处枝干肿胀，出现裂缝或空心，易风折，严重受害时整枝枯死，但植株不致死。

【病原】 桑寄生（*Taxillus sutchuenensis*），别名广寄生、苦楝寄生、桃树寄生、松寄生等，属植物界（Plantae）被子植物门（Angiospermae）双子叶植物纲（Dicotyledoneae）檀香目（Santalales）桑寄生科（Loranthaceae）钝果寄生属（*Taxillus*），主要侵害桑树、小粒咖啡、桃树、李树、龙眼、荔枝、杨桃、油茶、油桐、橡胶树、榕树、木棉、马尾松或水松等多种植物。

桑寄生为灌木，高0.5 ~ 1.0m；嫩枝、叶密被褐色或红褐色星状毛，有时具散生叠生星状毛，小枝黑色，无毛，具散生皮孔。叶近对生或互生，革质，卵形、长卵形或椭圆形，大小为（5 ~ 8）cm×（3 ~ 4.5）cm，顶端圆钝，基部近圆形，上面无毛，下面被茸毛；侧脉4 ~ 5对，在叶正面较明显；叶柄长6 ~ 12mm，无毛。总状花序，1 ~ 3个生于小枝已落叶腋部或叶腋，具花（2 ~）3 ~ 4（~ 5）朵，密集呈伞形，花序和花均密被褐色星状毛，总花梗和花序轴共长1 ~ 2（~ 3）mm；花梗长2 ~ 3mm；苞片卵状三角形，长约1mm；花红色，花托椭圆状，长2 ~ 3mm；副萼环状，具4齿；花冠花蕾时管状，长2.2 ~ 2.8mm，稍弯，下半部膨胀，顶部椭圆状，裂片4枚，披针形，长6 ~ 9mm，反折，开花后毛变稀疏；花丝长约2mm，花药长3 ~ 4mm，药室常具横隔；花柱线状，柱头圆锥状。果椭圆状，长6 ~ 7mm，直径3 ~ 4mm，两端均圆钝，黄绿色，果皮具颗粒状体，被疏毛。

【发生规律】 桑寄生主要经鸟类取食其果实，再通过粪便排出，黏附在枝干上萌发而传播，有的果实则在原株上脱落，附在枝丫上或枝条凹陷处，然后萌发，长出胚芽和胚根，胚根形成吸盘，由吸盘长出吸根，穿过寄主植物的皮层，侵染木质部，其导管和寄主植物的导管相连，吸收寄主植物的水分和营养物质，长出枝叶。其根部还能长出许多不定枝而呈丛生状。从茎的基部长出匍匐茎，产生新的吸根再侵染寄主和形成新的枝叶，重复蔓生，延续不断地侵害。

【防治方法】 定期巡园，发现有桑寄生侵害的植株，将被害枝条连同寄生植物一并清除，集中销毁处理。在桑寄生果实成熟之前进行，才能收到良好的防治效果。

小粒咖啡上的桑寄生

非侵染性病害

缺素症

1. 小粒咖啡缺氮

【分布】 小粒咖啡缺氮一般多发于土壤较为贫瘠的区域。土壤有机质含量低、咖啡园管理不当或长期失管、施肥量不足、偏重施磷钾肥的区域高发。在全世界咖啡产区均有分布。

【症状】 小粒咖啡缺氮时，新梢纤细，叶小而薄，叶色呈淡绿色至黄绿色，叶片直而丛生，容易提早脱落，浆果较小，产量较低。严重缺氮时，新梢全部发黄，基本不开花，没有产量。缺氮初期，老叶发生不同程度的黄化，部分绿叶表现不规则的黄绿交织杂斑，随后叶片发黄脱落。长期缺氮时，植株矮小，新梢少而弱，叶均匀黄化。

【病因】 土壤中氮的储量减少，有机质含量不足，氮肥施用量不足；夏季多雨，土壤保肥性差，氮素流失快；咖啡园长期积水，土壤硝化作用不良，致使可给态氮减少；使用过多的磷钾肥或酸性土壤中使用过多的石灰，诱发缺氮；咖啡根系受损，致使吸收能力降低；山地咖啡根系分布受限，施肥量不足也会出现缺氮现象；咖啡主根弯曲，吸肥效率低；冬季温度较低，地上部分与地下部分生长不协调，导致树体缺氮；大量施用未充分腐熟的有机肥，微生物在分解过程中，消耗了土壤中原有的氮素，造成暂时性缺氮；缺氮与长期干旱也有一定的关联性。

【防治方法】 ①按照小粒咖啡正常生长发育所需的氮素，及时补充氮肥；②贫瘠区域的咖啡园，必须每年深翻改土，增施有机肥或种植绿肥还田，改良土壤，提高土壤保肥性；③易积水咖啡园，规划建设好排灌系统，避免园区积水和养分流失；④秋冬季节，保持咖啡园土壤疏松、湿润，以利于氮素的正常吸收利用；⑤咖啡育苗期，剔除弯根苗，培育壮苗。

缺氮前期导致小粒咖啡老叶变黄

缺氮后期导致小粒咖啡全株发黄

2. 小粒咖啡缺磷

【分布】 小粒咖啡缺磷在全世界咖啡产区均有发生，但不同种植区发生程度不同。

【症状】 咖啡植株缺磷会导致叶片出现斑痕和不规则橙黄色斑点，落叶增多；茎短而细，基部叶片变黄，开花期推迟，浆果及种子变小，空瘪率增加。

【病因】 磷是咖啡生长的能量来源，是咖啡根系、木质部、幼芽生长发育的必需元素。咖啡的花、种子、新梢、新根生长点，集聚的磷较多。磷可以促进根系、枝条生长和花芽分化，还能增强植株的抗寒和抗旱能力。咖啡植株缺磷症可以由多种因素导致，磷在土壤中易形成不溶或微溶性磷酸盐而被固化，在酸性土壤（pH<5.5）中易与铝、铁离子生成不溶于水的磷酸盐；在碱性土壤（pH>6.5）中易与镁、钙离子生成不溶于水的磷酸盐。早春低温也可导致缺磷。小粒咖啡属浅根系作物，根系吸收能力弱也会导致缺磷，尤其主根弯曲影响较大。土壤中磷含量低，农事操作中施磷肥不足或不施肥，也会导致咖啡植株缺磷症。

【防治方法】 ①根据土壤条件科学施用磷肥，酸性土壤可施用有机质+磷肥，提高磷肥利用率，同时还能预防新施入的磷被土壤所固定，改良土壤结构，提高肥料利用率。②田间避免偏施氮肥，增施磷肥做基肥。可施平衡型复合肥+有机肥做基肥，秋季施基肥时，加入一定量的过磷酸钙，提高土壤中磷的含量。③磷肥施用时，应早施、集中施、分层施，如作物在苗期对磷肥的吸收最快，吸收量更大。

3. 小粒咖啡缺钾

【分布】 小粒咖啡缺钾在全世界均有发生。小粒咖啡生长发育、开花、挂果过程中，需钾量较大，尤其是我国南方土壤缺钾严重，需要经常补充钾素。

【症状】 小粒咖啡缺钾症状变化大而复杂，一般是在老叶的叶尖及叶缘首先变黄，随后黄化区扩大，变为黄褐色，新叶正常绿色，叶片向后微卷，次级分枝短，浆果小。较为严重时，导致枝枯、叶落，易出现裂果和落果。缺钾可导致抗旱、抗寒和抗病力显著降低。

【病因】 土壤中交换性钾含量不足和全钾含量低，沙质土、冲积土、红壤土都会出现缺钾；过多施用氮、磷、钙、镁，造成元素拮抗，使钾的有效性降低；钾易随地表水流失，有机质含量低的土壤，流失尤其严重；土壤长期干旱也可导致缺钾，缺水不仅使土壤中钾有效性降低，还增加对钾的需要量。

小粒咖啡缺钾症

【防治方法】 ①结合土壤缺钾情况，施用硫酸钾肥或草木灰；出现缺钾情况时，可叶面喷布0.4%硝酸钾溶液或98%磷酸二氢钾溶液500 ~ 800倍液，还可选用含钾素高的叶面肥。②增施有机肥，咖啡园植株行间种植绿肥，深翻压绿，改良土壤；实行配方施肥，避免或减轻元素间的拮抗。③保持土壤湿润，干旱季节及时灌溉，可有效预防缺钾症。

4. 小粒咖啡缺钙

【分布】 小粒咖啡缺钙在全球咖啡种植区常有发生。在我国小粒咖啡的大部分种植区不会出现缺钙症状，仅在部分酸性土壤区域会出现缺钙症状。

【症状】 发生初期新梢嫩叶叶尖黄化，继而扩大到叶缘，并沿着叶缘向下扩展，产生枯斑，病叶较正常叶窄而小，出现提早脱落的现象。树冠和新梢出现明显的落叶枯梢现象。浆果比较小，根系生长细弱，新梢抽发数量显著降低。

【病因】 主要是由于土壤中钙含量较低，尤其在酸性土壤区域，当pH < 4.5时，常出现缺钙症状；

山地或土质差，有机质含量低的区域，在酸性淋溶下钙元素流失严重，导致土壤缺钙；大量施用生理酸性化肥，使得土壤酸化，加速钙流失；铵态氮肥施用过多或土壤中钾、镁、锌、硼含量多，以及土壤干旱，均会影响钙的吸收。

【防治方法】 ①酸性土壤结合松土将石灰混合在其中。②合理施肥，减少钾素的用量，建议进行测土配方施肥，减轻元素间的拮抗作用，促进钙的吸收。③保持土壤湿度，旱季及时灌水补水。④缺钙症状发生初期，叶片喷施0.3%～3.5%硝酸钙或0.3%磷酸二氢钾。

5.小粒咖啡缺镁

【分布】 小粒咖啡缺镁在全世界咖啡产区均有分布，但咖啡园植株缺镁症状并不明显，偶见部分咖啡园出现明显的缺镁症状。

【症状】 咖啡植株产量过高缺镁症状较为明显。在阳光咖啡种植园内尤为明显。缺镁时，叶片沿中脉两侧产生不规则的黄色斑块，黄色斑向两侧叶缘扩展，使叶片大部分黄化，仅存中脉和基部的叶片组织呈三角形的绿色。缺镁严重时，叶片全部黄化。果实附近的叶片首先表现出缺镁症状。病叶容易脱落，落叶的枝条弱，常于翌年春天枯死。

【病因】 土壤中镁含量低，或酸性土壤和沙质土壤镁流失，使土壤中的交换性镁含量降低；钾或磷肥施用过多，影响镁的吸收；咖啡园长期施用化学肥料但未补充镁肥，使土壤呈酸性，或过多使用硫黄制剂农药，也容易出现缺镁症状。

【防治方法】 ①酸性土壤选用钙镁磷肥，也可施用钙镁肥。微酸性土壤施用硫酸镁，镁肥可混合在有机肥中施用。②缺镁症状初期，可喷布0.4%硝酸镁溶液，或0.5%～1.0%硫酸镁与0.2%尿素混用，15～20d喷施1次，连喷3～5次。③调节土壤酸碱度，使pH提高至5.5～6.0。

6.小粒咖啡缺硼

【分布】 小粒咖啡缺硼在我国咖啡产区并不常见，偶见于部分咖啡园中。

【症状】 小粒咖啡老熟叶片开始暗淡黄化，无光泽，向后卷曲，叶肉较厚，主、侧脉木栓化严重，叶肉有暗褐色斑点。嫩叶缺硼出现黄色不规则的水渍状斑点，有时叶背主脉基部有黑色水渍状斑点，叶片扭曲。严重时叶片脱落，导致枝枯。

【病因】 酸性土壤，尤其是山地，有机质含量低，容易出现缺硼症状。红壤土因高温多雨淋失会引起缺硼；过多施用氮、磷、钙肥或土壤中钙含量过高，易导致缺硼；高温干旱和降雨过多，会降低根系对硼的吸收能力，特别是在多雨季节过后接着干旱，常会导致突发性缺硼症；缺硼多与缺镁同时发生，表现为缺镁、缺硼综合症状。

【防治方法】 ①深翻改土时使硼肥与有机肥混合施用，一次施硼肥不能过量，避免硼肥过量而发生硼毒。②缺硼症状初期，叶面喷施0.1%～0.2%速乐硼溶液，可有效缓解缺硼症状。③避免氮、磷、钙元素肥过量，但适当施用石灰有利于缓解土壤酸碱度，有利于硼肥吸收。④及时抗旱排涝。

7.小粒咖啡缺铁

【分布】 小粒咖啡缺铁在云南咖啡产区时常发生，但严重程度不同，盐碱地的滩涂土壤发生较为严重。

【症状】 小粒咖啡缺铁时，首先表现为嫩梢叶片变薄，叶肉淡黄色至黄白色，叶脉仍为绿色，呈明显的绿色网状叶脉，以小枝顶端的叶片更为明显。严重时，叶片除主脉保持绿色外，其他部位均变为黄色至白色，叶片容易脱落。老熟叶片通常仍然保持正常绿色。同时，枝条变得纤弱，当基部大枝上抽发新梢时，上部弱枝逐渐枯死；挂果量少，浆果小而不饱满。

【病因】 碳酸钙或其他碳酸盐过高的碱性土壤，铁元素被固定为难溶性物质，容易出现缺铁。云南地区，红壤土一般不缺铁，但土质极差、有机质严重缺乏的土壤上小粒咖啡易表现缺铁；冬春低温干旱时比夏季发生严重；灌水过多，可溶性铁化合物流失严重；磷肥施用过多，使吸收到咖啡树体内的过剩磷与铁化合，在体内固定；过量锌、锰、铜的吸收，使咖啡树体内铁氧化而失去活性等均易发生缺铁症。

【防治方法】 ①改良土壤，多施有机肥或种植绿肥，避免偏施磷肥和过量施用与铁元素相互拮抗的其他元素肥料。②叶面喷施0.2%～0.3%硫酸亚铁溶液，喷施时加等量的石灰，以避免药害。在中性或石灰性土壤的小粒咖啡园，根际施用螯合铁有一定效果。

小粒咖啡幼龄植株缺铁症

8. 小粒咖啡缺锌

【分布】 缺锌症又称斑叶病、花叶病，小粒咖啡缺锌是一种比较常见的病害，在云南全省咖啡产区均有发生。

【症状】 病树新梢的叶片黄色或黄绿色，仅主脉、侧脉附近为绿色，有的叶片则在绿色的主侧脉间呈黄色或淡黄色斑点，随着缺锌程度增加，黄色斑逐渐扩大。严重时新叶变小，直立状，新梢纤细，节间缩短，呈直立的矮丛状，可导致小枝枯死。

【病因】 引起咖啡缺锌症的因素较多，弱酸性至强酸性的土壤锌含量低；碱性或石灰性土壤中锌的溶解度低而不容易被吸收；土壤的磷、钙、氮、钾、锰及铜过量或元素之间不平衡；土壤湿度过大，缺乏有机质等均会导致咖啡缺锌症。

【防治方法】 ①增施有机肥，种植绿肥进行秸秆还田改土，补充土壤中锌的含量。②根据株龄，建议每株施用硫酸锌10～15g，并与有机肥混合施用。石灰性土壤可施用生理酸性肥料，如硫酸锌。若因缺镁而出现缺锌，应结合施用镁肥。

小粒咖啡缺锌导致矮丛状

9. 小粒咖啡浆果裂果病

【分布】 小粒咖啡浆果裂果病在全世界咖啡产区均有分布，尤其是干旱地区。

【症状】 未成熟浆果裂果往往表现为果皮、果肉和种子均纵向裂开；成熟期的浆果，则种子不会裂开，但果皮裂开后导致种子暴露在空气中，裂口处易被霉菌感染引起发霉，也会被果蝇类幼虫危害影响咖啡产量和品质。

【病因】 咖啡浆果膨大前期，因长期干旱，突然灌溉或降雨，导致浆果吸水过多而膨大，致使果皮或种子裂开，裂口处被霉菌感染而腐烂或被害虫从开裂处侵入危害。

【防治方法】 ①加强咖啡园灌溉管理，有条件的咖啡园可建立水肥一体化灌溉系统，进行定期科学灌溉施肥。②干旱季节，尤其是浆果膨大期避免突然灌溉。③小粒咖啡与其他经济作物构建遮阴体系，形成荫蔽环境，改变咖啡园间小气候，增加湿度，降低干旱对咖啡植株生长的影响。

小粒咖啡卡突埃浆果裂果

小粒咖啡浆果裂果

小粒咖啡浆果裂果后被真菌病害侵染

小粒咖啡浆果顶端裂果

小粒咖啡未成熟浆果裂果

小粒咖啡卡蒂姆7963浆果裂果

自然灾害

1. 小粒咖啡旱害

【分布】 小粒咖啡旱害在全世界咖啡产区均有分布，国内主要分布于降水量较少的产区，如云南保山、怒江及大理（宾川）等干热区。

【症状】 干旱全年均可发生，但旱情发生程度不同，咖啡植株旱害症状也有差异。初期，受害的小粒咖啡叶片萎蔫，随着旱情的增加，叶片开始变黄、脱落；严重时导致植株干枯、整体死亡而造成绝产等。花期如果持续长时间干旱，容易导致花蕾短小、变弱，花瓣僵硬、赤色、干缩至干枯，花药发育不良，坐果率降低，最终降低咖啡产量。咖啡采收期干旱导致果实不饱满，影响咖啡品质。

【病因】 咖啡园因长时间缺水干旱，导致树体生长受阻。

【防治方法】

(1) 构建立体栽培模式。采用乔—灌或乔—灌—草立体栽培模式，通过在咖啡园行间种植遮阴树种，地表覆盖绿肥植物等措施，调节咖啡园内温湿度，能够在一定程度上缓解咖啡树受旱程度。

(2) 山地蓄水。可在山地开挖蓄水池，雨季进行蓄水，能够在一定程度上缓解旱季干旱。

(3) 截干更新。无有效降水及灌溉条件的咖啡园，成年投产树出现叶片卷曲开始焦脆时，应立即在离地面30cm处对主干进行截干更新，并在截口处涂抹油漆以防止水分快速流失。

(4) 全株枯死时，需在雨季来临前及时重新开垦定植。

(5) 通过覆盖塑料膜或地布进行保水保湿，减少地面水分蒸发。

(6) 更新灌溉设备，不建议采用漫灌，应使用滴灌、微喷等新型灌溉设备进行节水灌溉。

小粒咖啡苗期旱害

小粒咖啡投产园旱害

小粒咖啡旱害园

2. 小粒咖啡涝害

【分布】 小粒咖啡涝害全世界均有分生，在地势低洼、降水量较高的地区发生尤为严重。

【症状】 涝害症状首先发生在根系，须根变褐、腐烂，随之侧根皮层腐烂，木质部腐朽。地上部分生长势变弱，叶片变黄、新梢变短，叶片逐渐脱落，部分新梢枯死。当连续下雨而严重积水时，幼年树叶片转黄，有的脱落，抽生的嫩芽枯死，有的树皮腐烂，发出酸臭味，最终全株死亡。

【病因】 咖啡园排水不畅，长期积水，使土壤长期处于水分饱和状态，咖啡植株根系缺乏空气导致缺氧而窒息坏死、腐烂。

【防治方法】

（1）园地建设。水田、平地或河涌坝地开辟咖啡园时，开挖排水沟排水；同时，也可筑土墩或垒种植墒面进行种植。地下水位高的小粒咖啡园，应深挖排水沟进行排水。

（2）定期清理维护咖啡园排灌沟，防止淤塞堵塞，保证雨季排水畅通。

（3）土壤改良。根据土质改良土壤，促进咖啡植株根系生长，提高抗逆性。

（4）预防病害入侵。涝害发生后，容易受病菌入侵，可使用70%甲基硫菌灵可湿性粉剂1 000倍液或50%多菌灵可湿性粉剂800倍液喷布树冠，地面用1 ∶ 1 ∶ 100波尔多液消毒。

小粒咖啡涝害植株症状

小粒咖啡涝害结果枝症状

小粒咖啡涝害根部症状

3. 小粒咖啡冻害

【分布】 小粒咖啡冻害主要发生在高海拔、有霜降或寒露的小粒咖啡园，我国云南保山、红河、大理、普洱等产区个别年份偶有发生。

【症状】 小粒咖啡受害程度受冻害时间及冻害发生严重度的影响。受害轻的咖啡植株顶芽干枯、脱落，成熟叶片枯萎后逐渐脱落，对咖啡植株生长影响不明显。受害严重的植株枝条、叶片变焦，叶片全部脱落，整株冻死，难以恢复。

【病因】 受极端天气霜降、寒露风、降雪或冰冻的影响，导致叶片、幼嫩枝条及浆果不同程度受害。

【防治方法】

（1）园地建设。根据当地生态区划，避免将咖啡园建设在有霜冻的区域。

（2）园地管理。咖啡园周围建立防风林，建设水系，改善园区生态环境；立冬后，保持小粒咖啡园区土壤潮湿度，及时关注天气预报，冻害来临前咖啡园可适当灌水；适当提早施用基肥，增施钾肥，选择一些具防寒作用的叶面剂喷布，增强树体抗寒力。

（3）覆盖保湿。地面覆盖杂草、玉米秸秆、地布或绿肥植物等；霜冻来临前建议在咖啡园迎风面布点熏烟，有一定的防冻效果。

（4）冻害补救。及时灌水，中耕松土。受害不严重的可在气温回暖后摘除干枯叶，剪除干枯枝条；受害较严重的可选择截干更新或重新定植。

小粒咖啡嫩芽受冻害

小粒咖啡结果枝受冻害

小粒咖啡冻害受害状

4. 小粒咖啡日灼病

【分布】 日灼病又称日烧病或日焦病，在全世界咖啡产区均有发生，一般多发于苗期或初定植期，以未进行炼苗的咖啡幼苗最为严重，投产的阳光咖啡种植园在高温夏季也偶有发生。

【症状】 发生初期小粒咖啡嫩叶边缘出现枯黄不规则小斑，似火灼烧，多发生于叶脉间；该时期通过及时补水灌溉仍能恢复；随着日灼程度的增加，病斑逐渐扩大连成片，叶片表面产生黄褐色斑块，此时通过补水也不能够恢复正常生长；后期，整片叶枯黄，随后脱落。新定植咖啡园，日灼病通常在7月始发，8 ~ 9月为多发期，10 ~ 11月部分产区仍会出现日灼病；苗期则一般因没有进行炼苗而发生日灼。

【病因】 由于高温或咖啡叶片幼嫩导致。

【防治方法】

（1）咖啡苗定植前，需定期拆除遮阳网进行炼苗。

（2）咖啡定植期，选择阴雨天气定植，避免高温晴朗天气，有灌溉条件的可在秋冬两季进行定植。

（3）定植前，种植遮阴树种，构建遮阴体系，防止太阳暴晒。

（4）咖啡园生草栽培或种植高秆绿肥植物，如田菁和猪屎豆，改善咖啡园区生态环境，调节小粒咖啡园间小气候，适时灌水补水，保持土壤长期处于湿润状态，使树体正常生长。

小粒咖啡日灼病

药　害

【分布】 小粒咖啡药害主要发生于用药频率较高的小粒咖啡种植区，国内全部咖啡产区均有发生。

【症状】 主要表现为枝条扭曲，叶片皱缩、畸形，或斑点、斑疤，浆果斑疤，根系腐烂等。药害严重时，叶片黄化、硬化、变小，果实脱落，果实品质降低，树势衰弱，以至于枝叶枯死，全株死亡。

【病因】 因农药使用浓度过高，或喷洒了某种不纯正的药剂，在受药部位，如小粒咖啡叶片、浆果及地下根系等均会出现伤害。

【防治方法】

（1）使用化学农药前应全面系统地了解化学农药的性质及防治对象。

（2）一种病害或一种虫害应尽量使用一种药剂防治，避免多种药剂混合使用；多种病虫害发生时，或要兼治时，尽可能选用有兼治效果的药剂。

（3）不要随意提高化学药剂的使用浓度。

（4）避免高温时段喷布农药，晴天可在8：00 ~ 10：00或16：00以后进行，阴天全天可喷布。

(5) 喷布含油类药剂或强碱性药剂应结合气温、季节和小粒咖啡物候期，并合理调整农药的使用浓度。

(6) 某些药剂难溶于水，应先配母液，然后再加水稀释成药液喷布。

(7) 药剂混合后，应及时喷布，不可留至翌日使用；不能相混配的药剂不可强行相混合。

(8) 除草剂使用应尽可能远离咖啡植株一段距离，避免喷布飞溅到植株树冠上，小粒咖啡园不建议使用除草剂。

(9) 必须用清水稀释药剂，不可用污水或泥水。

(10) 药害发生时，应迅速追施速效性化肥或叶面肥，如磷酸二氢钾等对药害具有一定的缓解作用。

药害导致小粒咖啡叶片柳叶形

药害导致小粒咖啡叶片枯萎

肥　害

【分布】 小粒咖啡肥害在全世界咖啡产区均有发生。

【症状】 咖啡生产中盲目施用氮肥、过量施肥、施用没有充分腐熟的有机肥为基肥或施肥位置处于小粒咖啡植株滴水线内均会导致肥害。氮肥施用量过多，会导致植物亚硝酸积累，使叶片黄化；一次施用过多肥料会使土壤肥料浓度过高，使小粒咖啡根系吸收养分和水分受阻，导致叶片萎蔫、黄化脱落；施用未腐熟的有机肥，则会出现烧根现象，初期营养和水肥输送不正常，导致中午高温时段出现萎蔫缺水症状，随着温度降低恢复正常，但随着烧根时间的增加，会出现老熟叶片萎蔫、枯萎和落叶的情况，严重时可导致植株根系受损，植株直接死亡。

【病因】 施肥不当或过量等导致。

【防治方法】

(1) 有机肥充分腐熟后才能施用，施用过程中在小粒咖啡植株滴水线上开挖施肥穴或施肥槽，施肥完成后回填。

(2) 根据小粒咖啡植株生长需肥特性，结合土壤分析和叶片营养诊断及小粒咖啡物候期，科学合理施肥。

（3）按照少量多次的施肥原则，使用水肥一体化设备施肥。

（4）冬季增施有机肥，吸附土壤中的阳离子，使之浓度不至于过高，提高土壤养分的缓冲能力，降低肥害的发生。

肥害导致小粒咖啡叶片枯萎

肥害导致小粒咖啡叶片边缘枯萎

半翅目（Hemiptera）

盾蚧科（Diaspididae）

考氏白盾蚧

【分布】 考氏白盾蚧又名椰拟轮蚧、椰白盾蚧、广白盾蚧、全瓣臀凹盾蚧。国外分布于朝鲜、泰国、日本、缅甸、印度、马来西亚、澳大利亚、美国和南非等国家；国内分布于云南、四川、海南、浙江、福建、广东、广西、台湾等省份。

【危害特点】 该虫主要以成虫和若虫通过刺吸式口器吸食寄主植物汁液造成危害，除初孵若虫可短距离移动外，其余虫态均固定吸食危害，导致受害植株叶片变薄，叶片呈放射状黄色或淡黄色斑块，轻则引起叶片畸形或脱落，植株生长不良，树势衰弱，重则造成寄主植物次生枝条干枯，但不致死；也是多种病毒病的传播媒介，会传播病毒病；同时，分泌蜜露诱发煤烟病，危害十分严重。

【分类地位】 考氏白盾蚧（*Pseudaulacaspis cockerelli*）属半翅目（Hemiptera）同翅亚目（Homoptera）盾蚧科（Diaspidae）拟白轮盾蚧属（*Pseudaulacaspis*）。

【寄主植物】 白兰、含笑、桂花、槟榔、铁树、茶花、白玉兰、广玉兰、杜鹃、重阳木、枫香、棕竹、夹竹桃、凤尾兰、万年青、枸骨、丁香、绣球、芍药、鹤望兰、杧果、洋紫荆、米兰、垂柏、山栀子、十大功劳、君迁子、乌柿、麝香百合、黄兰、南天竹、柑橘、蒲葵、秋枫、石栗、散尾葵、白丁香、油茶、络石及小粒咖啡等40余科100多种植物。

【形态特征】

雌成虫　雌介壳长2.0 ~ 4.0mm，呈长梨形或圆梨形，略扁平，前窄后宽，白色，不透明，质地较厚，背面常现不规则的棱线，大小和形状常因寄主及生长环境差异而相差很大；壳点2个，黄褐至橘褐色，位于前端，第一壳点稍浅。雌成虫体长1.1 ~ 1.4mm，纺锤形，前胸或中胸常特征性膨大；触角间距较近，前气门腺10 ~ 16个，后气门腺无；背腺分布于第2 ~ 5腹节，呈亚中、亚缘列；臀叶2对，发达，中叶大，呈A形，陷入或半突出臀板，侧叶较小，双分，其外叶更小或退化成小锥形；第3 ~ 4叶不发达，或仅呈硬化齿突；臀背缘腺与背腺相似，或每侧排列自中叶外缘起1、2、2、1-2、1-2组；第8腹节至后胸或中胸每侧有腺刺；后胸至第3腹节侧缘常突出并具腹腺；肛门稍靠臀板前部，肛前疤显或不明显；第1和第3腹节常有亚缘背疤；围阴腺5群。

雄成虫　雄介壳长1.2 ~ 1.5mm，宽0.6 ~ 0.8mm，呈长形，表面粗糙，背面具一浅中脊，白色，只有1个黄褐色壳点。雄成虫体长0.8 ~ 1.0mm，翅展1.5 ~ 1.6mm，橙黄色，翅半透明，腹部末端具长的交配器。

卵　长约0.2mm，呈长椭圆形，初期淡黄色，后变为橘黄色。

若虫　初孵若虫淡黄色，扁椭圆形，长约0.3mm，体被薄蜡质，蜕1次皮后分化雌雄。

【发生规律】 在云南，考氏白盾蚧1年发生2代，以受精的雌成虫在寄主植物叶片或次生枝条上越冬。翌年3月中旬雌成虫开始陆续产卵，4月上旬为产卵盛期，单雌产卵36 ~ 142粒。3月下旬卵开始孵化为初孵若虫，至5月上旬孵化结束；初孵若虫活动迅速，多于中午高温时段进行涌散，寻找到合适的位置便开始固定取食危害；5月中旬开始在寄主植物叶片上固定分泌蜡丝覆盖虫体，进入二龄若虫期，至6月中旬结束；6月上旬雌若虫经过2次蜕皮后进入成虫期，同期在叶片背面或雌成虫周围可见雄虫。7月中旬第2代雌成虫开始产卵，产卵量低于第1代，单雌产卵量为18 ~ 53粒；7月下旬至8月中旬为一龄若虫期；8月中旬至9月上旬为二龄若虫期；9月上旬至10月上旬为雄虫羽化期，羽化后寻找雌虫交尾，交尾后即死亡；11月开始以受精的雌成虫越冬。该虫喜枝条稠密、林间通风透气性较差的小粒咖啡园。

【防治方法】

（1）人工防治。定期巡园，发现有该虫危害的枝条或叶片，在不影响咖啡正常生长和产量的情况下，可人工摘除受害叶片或枝条并进行集中销毁处理。

（2）农业防治。结合小粒咖啡整形修剪，剪除有虫枝条，集中销毁，增强咖啡园间通风透气性。

（3）生物防治。保护天敌，利用天敌昆虫控制害虫自然种群。如日本方头甲、长缨恩蚜小蜂、瘦柄花翅蚜小蜂、阔柄跳小蜂、盾蚧寡节跳小蜂、盾蚧多索跳小蜂等。还可用16 000IU/mg苏云金杆菌1 500倍液防治。

（4）化学防治。若虫涌散期，可选择10%氯氰菊酯乳油1 500倍液，或绿颖矿物乳液（99%乳油）200 ~ 400倍液，或5%甲氨基阿维菌素苯甲酸盐微乳剂3 000倍液，或25g/L多杀霉素悬浮剂1 500倍液等林间交替喷布2 ~ 3次，每7d防治1次。

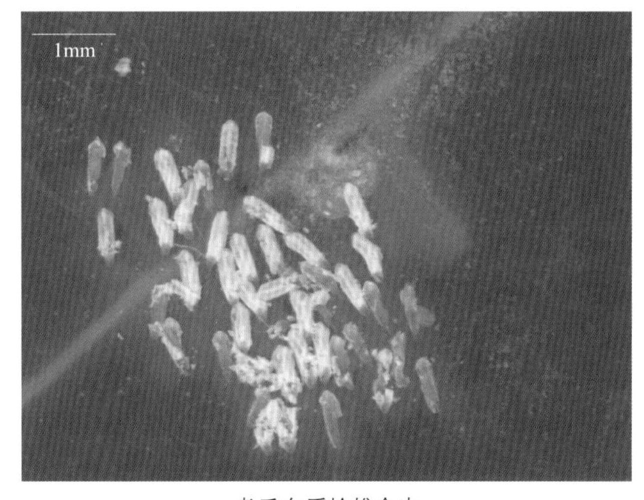

考氏白盾蚧雄介壳

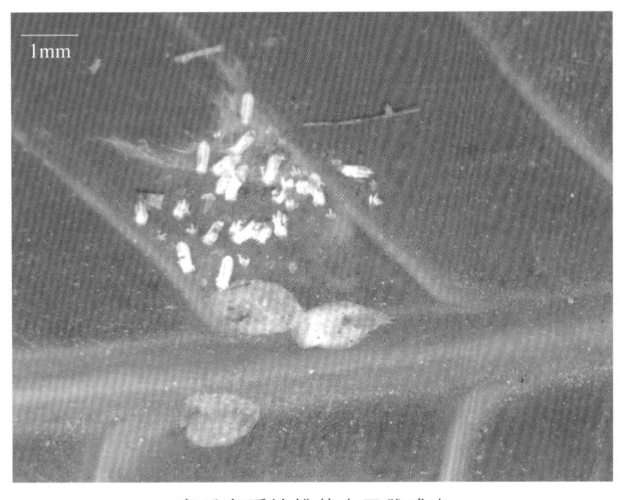

考氏白盾蚧雄若虫及雌成虫

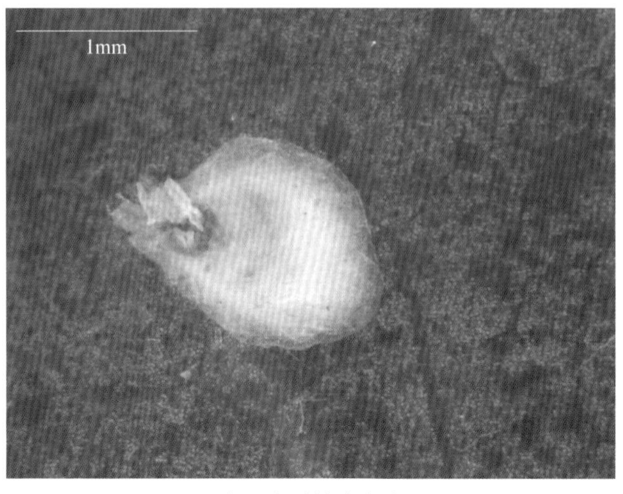

考氏白盾蚧雌介壳

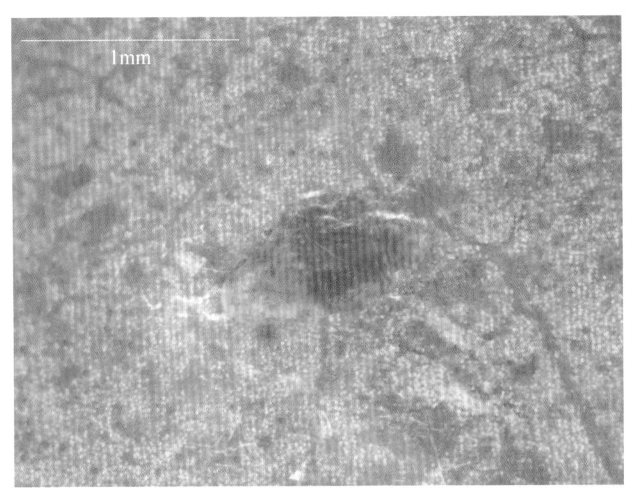

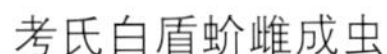
考氏白盾蚧雌成虫

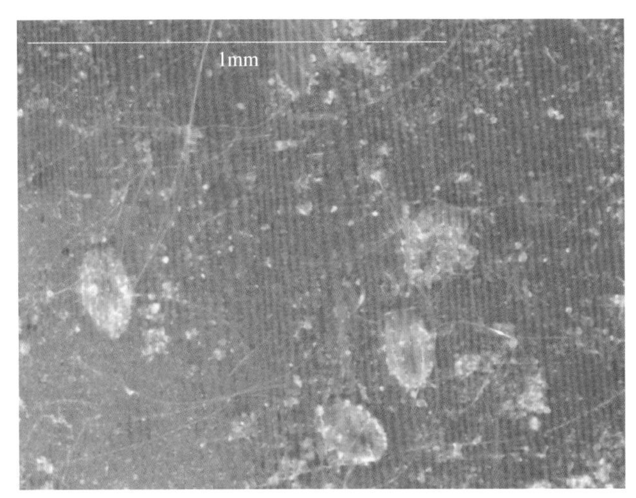

考氏白盾蚧若虫及卵

蝽科（Pentatomidae）

1. 二星蝽

【分布】 二星蝽又名豇豆野螟、豇豆钻心虫、豆荚野螟、豆荚螟、豆螟蛾。国内主要分布于黑龙江、台湾、海南、广东、广西、云南、内蒙古、宁夏、甘肃、四川、西藏等地。

【危害特点】 该虫以成虫、若虫刺吸小粒咖啡嫩枝或幼叶，导致叶片或嫩枝畸形，严重时导致受害部位出现圆形孔洞，严重影响植株叶片的生长。

【分类地位】 二星蝽（*Eysacoris guttiger*）属半翅目（Hemiptera）蝽科（Pentatomidae）二星蝽属（*Eysacoris*）。

【寄主植物】 麦类、水稻、棉花、大豆、胡麻、高粱、玉米、甘薯、茄子、桑、无花果、小粒咖啡等多种粮食或经济作物。

【形态特征】

成虫　头部为黑色，个别虫体头基部具浅色短纵纹，纵纹延伸至后胸端部，其余部位为棕色，体长4.5 ~ 5.6mm，体宽3.3 ~ 3.8mm；触角5节与身体等长或略短于体，呈浅黄褐色。前胸背板侧角短，但不突出，背板的腹区黑斑前缘可达前胸背板的前缘；小盾片末端偶具明显的锚状浅色斑块，盾片基角有2个黄白色光滑小圆斑；胸部腹面呈污白色，其上密布黑色刻点；腹部腹面黑色，节间明显，清晰可见黑褐色气门；足3对，淡褐色，足上密布黑色小刻点。

卵　呈椭圆形，扁平状，表面具六角形网状纹，大小约为0.6mm × 0.4mm，卵初期淡黄绿色，后变淡黄色，具光泽。

若虫　共5龄。老熟若虫呈黄绿色，头部及前胸背板褐色，体长约18.0mm；中、后胸背板上清晰可见6个黑褐色毛片，排列为2排；前排4个较大，其上各具2根刚毛，后排2个较小，无刚毛；腹部各节背面具同样毛片6个，但各自只1根刚毛。

蛹　黄褐色，体长11 ~ 13mm，外被白色薄茧丝，复眼红褐色，羽化前在褐色翅芽上可见到成虫前翅的透明斑。

【发生规律】 该虫1年可发生多代，部分地区全年可发生5代以上，以成虫在小粒咖啡园中的杂草丛、枯枝落叶层下越冬。翌年3月随着温度回升，成虫开始陆续活动，并进行产卵；卵产于寄主植物叶片背面，卵粒1 ~ 2纵行排列，10粒左右一排，偶有不规则排列现象；成虫具有一定的趋光性，成虫发生期多见爬行于咖啡嫩芽或嫩枝间吸食汁液，不喜飞行，爬行速度较快，具假死性。

【防治方法】

(1) 农业防治。咖啡采摘完成后立即开展清园，清除咖啡园内杂草及落叶，破坏害虫越冬场所；增强咖啡园水肥管理，提高咖啡植株抗病虫能力。

(2) 物理防治。成虫高发期人工摘除卵块和若虫群；利用成虫趋光性，在咖啡园悬挂诱虫灯，诱杀成虫；利用成虫假死性，震动植株，使成虫落地，收集成虫后集中销毁。

(3) 化学防治。危害较为严重时可使用5%氯氰菊酯乳油1 000 ~ 1 500倍液林间喷雾1次，即可有效控制该虫危害。

二星蝽成虫

二星蝽成虫及其危害状

2. 稻绿蝽

【分布】 稻绿蝽最早在欧洲发现，现已蔓延至亚洲、非洲和美洲的大部分热带和亚热带地区。国内最早在湖北的仙桃市发现，之后蔓延至全国各地，现分布于浙江、湖北、云南等多个省份。

【危害特点】 该虫以成虫和若虫吸食小粒咖啡幼嫩枝叶、花器及浆果的汁液而造成危害，使嫩枝凋萎、叶片畸形、花器脱落、幼果发育受阻或脱落；成熟浆果受害后，咖啡果胶含量降低，品质下降。

【分类地位】 稻绿蝽（*Nezara viridula*）属半翅目（Hemiptera）蝽科（Pentatomidae）绿蝽属（*Nezara*）。

【寄主植物】 杂食性害虫，已记录寄主植物有32科145种，对棉花、谷类、豆类、蔬菜、小粒咖啡、柑橘、桃、李、梨、苹果等农作物和经济作物均有危害，小粒咖啡为新记录寄主植物。

【形态特征】

成虫　虫体呈椭圆形，分为全绿型、黄肩型、黄翅型3种体色。

全绿型又称稻绿蝽代表型，大小为（12.0 ~ 16.0）mm ×（6.0 ~ 8.5）mm；体和足均为青绿色；头部近三角形；小盾片前缘具3个横列黄白色的小点，两侧角外各具1个小黑点，越冬阶段的成虫有时无黄白色和黑色小点；触角共分为5节，第3 ~ 5节末端棕褐色；复眼褐色，单眼红色。

黄肩型，体长12.5 ~ 15.0mm，与全绿型相似，只在头、前胸背板半部位呈浅橙黄色或橙黄色，在黄色区的后缘呈波浪形。

黄翅型，体长13.0 ~ 14.5mm，全体橙黄色至黄绿色，头部复眼间有绿色斑2个，前胸背板横列3个绿色斑，中间1个最大；小盾片前缘有2个白色小点，近前缘中部有1个大绿斑，两侧基角为绿色斑，成一横列，盾片尖部绿色；前翅革质，靠后端各有1个绿色大斑，与盾片舌部绿色斑也排成一横列。

卵　近圆筒形，长约1.5mm，卵粒整齐排列成长六边形卵块，卵顶部为卵盖，卵盖周边具一环白色齿突，卵初期乳白色，产卵第3天后橙红色，孵化前鲜橙红色或黄绿色。

若虫　共5龄。初孵若虫浅橙红色，前胸背板和复眼均为深橙红色；二龄若虫体呈黑色，背部显斑点纹；三龄若虫渐显绿色或黄绿色，前胸和翅芽散生黑色斑点，间杂有白色小点，外缘橘红色或肉红色，

腹缘具半圆形红斑或污褐斑，黄肩型体色浅灰色。

【发生规律】 该虫1年可发生2 ~ 3代，以成虫在咖啡园杂草茂密处、杂草丛、寄主植物上背风荫蔽处越冬。翌年3月越冬成虫开始活动，吸食咖啡嫩梢、嫩叶、花器及浆果的汁液，4月成虫开始交尾，卵产于叶片正面，数十粒或近百粒整齐排列成长六边形卵块，卵期约为1周。若虫初孵化时，聚集在卵壳周围不活动，二龄若虫后开始分散活动，若虫期50 ~ 65d。

【防治方法】

（1）人工防治。成虫期，在清晨和傍晚，使用昆虫扫网捕杀成虫，集中销毁；产卵期，人工及时摘除卵块及未分散的一龄若虫，集中销毁。

（2）农业防治。加强咖啡园水肥管理，提高咖啡植株抗病虫能力；冬季结合小粒咖啡整形修剪，剪除过密枝条，同时，清除咖啡园杂草丛，破坏成虫越冬环境，降低虫口基数。

（3）生物防治。保护利用天敌昆虫控制害虫自然种群，天敌昆虫如沟卵蜂。

（4）化学防治。虫害盛发期，使用10%氯氰菊酯乳油或20%氰戊菊酯乳油或20%甲氰菊酯乳油2 000 ~ 3 000倍液，林间喷布1次，降低虫口数量。

稻绿蝽全绿型成虫

稻绿蝽黄翅型成虫及若虫

稻绿蝽卵块及若虫

3.荔枝蝽

【分布】 荔枝蝽俗名荔枝椿象、石背或臭屁虫。主要分布于亚洲，在南亚及东南亚国家广泛分布；国内主要分布于云南、福建、台湾、广东、广西及贵州等省份。

【危害特点】 该虫以若虫和成虫吸食小粒咖啡嫩叶、嫩枝、花器及浆果的汁液而造成危害，导致枝条纤细，叶片畸形，落花和落果，常造成咖啡产量降低，品质变差。

【分类地位】 荔枝蝽（*Tessaratoma papillosa*）属半翅目（Hemiptera）蝽科（Pentatomidae）荔蝽属（*Tessaratoma*）。

【寄主植物】 主要危害荔枝和龙眼，也危害其他无患子科植物和茜草科植物小粒咖啡。

【形态特征】

成虫　体呈盾状，长24 ~ 28mm，体色为黄褐色或黄棕褐色，胸部腹面被白色蜡粉；触角共4节，黑褐色；前胸向前下方倾斜；臭腺开口位于后胸侧板近前方处；腹部背面红色，雌成虫腹部第7节腹面中央有一纵缝而分成两片，为雌雄虫的主要辨别特征。

卵　近圆球形，长2.5 ~ 2.7mm，初期淡绿色，偶有淡黄色，近孵化期为紫红色，常14粒左右相聚成卵块。

若虫　共5龄。一龄若虫，长约5.0mm，椭圆形，体红色至深蓝色，腹部中央及外缘深蓝色，若虫臭腺开口于腹部背面。第二至五龄若虫，体近长方形，二龄若虫体长约8.0mm，体橙红色，头部、触角及前胸户角、腹部背面外缘为深蓝色，腹部背面具2条深蓝色条纹，自末节中央分别向外斜向前方，后胸背板外缘伸长达体侧；三龄若虫体长10 ~ 12mm，色泽与二龄若虫基本一致，后胸外缘被中胸及腹部第1节外缘包围；四龄若虫体长14 ~ 16mm，体色与前两龄若虫相同，中胸背板两侧翅芽明显，其长度伸达后胸后缘；五龄若虫体长18 ~ 20mm，较二至四龄若虫色泽较浅，中胸背面两侧翅芽伸达第3腹节中间，将羽化时，虫体表面覆盖白色蜡粉。

【发生规律】 该虫1年仅发生1代，以受精的成虫群集在树上浓郁的叶丛、老叶背面、石缝或果园附近房屋的瓦片下越冬。翌年3 ~ 4月开始活动产卵，卵多产于寄主植物叶片背面，单雌产卵5 ~ 7块，最多可达17块，每个卵块大约有14粒卵；5 ~ 6月卵开始孵化，进入若虫盛发期，若虫共5龄，历时约2个月，有假死习性，多数在7月进入成虫期，11月随着温度降低陆续以成虫进入越冬期。成虫会分泌酸性黏液，人体触碰后会出现体表皮肤被腐蚀的情况。

【防治方法】

（1）人工防治。成虫越冬期，人工捕杀越冬的成虫；产卵盛期，人工摘除卵块，进行集中销毁；利用该虫的假死性，轻轻震动树体，收集震落的虫体集中销毁。

（2）农业防治。加强水肥管理，提高植株生长势。

（3）生物防治。保护利用平腹小蜂、荔蝽卵跳小蜂等天敌昆虫，控制害虫自然种群。

（4）化学防治。虫害盛发期，使用500mg/L丁醚脲悬浮剂或500mg/L氟啶虫胺腈水分散粒剂兑水后进行林间喷雾1 ~ 2次，轮换用药；在产卵盛期前7 d或产卵盛期当日喷施522.5g/L氯氰・毒死蜱乳油1 000倍液或2.5%高效氯氟氰菊酯水乳剂1 000倍液，林间喷布。

荔枝蝽成虫

荔枝蝽若虫

荔枝蝽老熟若虫

荔枝蝽成虫产卵

荔枝蝽成虫（背面）

荔枝蝽成虫（腹面）

4. 岱蝽

【分布】 国外分布于日本、越南、马来西亚、印度尼西亚、缅甸、老挝及印度等国家；国内主要分布于湖南（湘南）、陕西、江苏、浙江、四川、广东、广西、海南、贵州、云南等省份。

【危害特点】 该虫以成虫和若虫取食小粒咖啡嫩枝、嫩叶及幼果汁液造成危害，但种群数量不大，对小粒咖啡造成的危害不严重或几乎没有危害。

【分类地位】 岱蝽（*Dalpada oculata*）属半翅目（Hemiptera）蝽科（Pentatomidae）岱蝽属（*Dalpada*）。

【寄主植物】 小粒咖啡、柑橘类等经济作物。

【形态特征】

成虫 虫体大小为（14.5 ～ 18.0）mm×（7.0 ～ 8.5）mm，体色淡赭色，具暗绿斑。头部暗绿，杂生若干淡赭色斑纹，侧叶与中叶等长，侧缘近端处呈角状突出；触角为黑色，第1节上、下线状纹及第4、5节基淡黄色；前胸背板具4 ～ 5条隐约的暗绿色纵带，周缘光滑，后缘具2个黄褐色小斑；前侧缘锯齿状，侧角黑色，结节状，上翘，末端平钝，黄褐色，光滑；小盾片两基角圆斑及其端斑淡黄褐色，前者光滑，后者具刻点；前翅膜片淡烟色，基半脉纹及亚缘处若干小斑呈暗褐色；侧接缘黄黑相间；足黄褐色，腿节端部、胫节端部及跗节端部色暗，前足胫节扩大呈叶状；腹部腹面黄褐色，每节侧缘黄褐色，其内向具暗色宽带，第6节可见腹节正中有大黑斑。

【发生规律】 岱蝽1年可发生多代，以成虫越冬。翌年春天随着温度回升成虫开始陆续活动，每年7 ～ 8月为危害盛期。

岱蝽成虫

【防治方法】

（1）人工防治。成虫和若虫期，使用扫网捕捉成虫和若虫，进行集中销毁。

（2）农业防治。加强咖啡园水肥管理，增强咖啡树势，提高抗病虫性。

（3）化学防治。虫害发生严重时，使用10%氯氰菊酯乳油或20%氰戊菊酯乳油或20%甲氰菊酯乳油2 000 ～ 3 000倍液，林间喷雾1次，降低害虫种群数量。

5. 菘蝽

【分布】 菘蝽起源于非洲，遍布非洲南部和东部，2008年在美国加利福尼亚州首次报道，现在国外分布广泛；国内近年在海南省大面积发生，云南省首次在保山市隆阳区潞江镇赧亢村发现该虫，为小粒咖啡新记录害虫。

【危害特点】 该虫以成虫和若虫通过刺吸式口器吸食小粒咖啡叶片汁液造成危害，危害后会导致叶片叶绿素含量降低，叶面变黄，取食区域出现明显的白色斑块、萎蔫、枯萎。

【分类地位】 菘蝽（*Bagrada hilaris*）属半翅目（Hemiptera）蝽科（Pentatomidae）菘蝽属（*Bagrada*）。

【寄主】 主要危害花椰菜、甘蓝、芥菜等十字花科植物，并侵扰小粒咖啡等其他作物和杂草。

【形态特征】

成虫 体呈盾形，大小为（5 ～ 7）mm×（3 ～ 4）mm，雌成虫体略大于雄成虫。成虫体黑色，带有红色和黄色斑纹，具纵向条纹。成虫的前端（前胸背板前端）和小盾片都具有明显的纵向条纹。

卵 不透明，白色至浅红色，产卵后2 ～ 3d内开始变为粉红色。

若虫 共5龄。初孵若虫前肢、头部、腿部和触角呈鲜红色，颜色略暗至黑色；随着虫龄增加，腹部仍呈红色，并出现一些黑色条纹和白色斑点；老熟若虫体颜色较深，具浅至深红色斑纹。

【发生规律】 不详。

【防治方法】

（1）检验检疫。加强植物检验检疫，避免从有虫害区域调运小粒咖啡苗木。

（2）人工防治。人工摘除卵块或捕捉成虫和若虫，减少虫口数量。

（3）农业防治。加强咖啡园水肥管理，提高咖啡抗病虫能力；冬季进行清园，清除咖啡园杂草及落叶，破坏害虫越冬环境；避免咖啡与十字花科作物套作，防止交叉危害。

（4）化学防治。害虫种群数量较大时，可使用5%高效氯氟氰菊酯水乳剂1 500 ～ 2 000倍液，林间喷雾1次，降低虫口数量。

菘蝽成虫交尾

菘蝽成虫

（引自Leveen et al.，2015）

6. 巨蝽

【分布】 国外分布于印度、不丹、越南、印度尼西亚、斯里兰卡等国家；国内分布于湖南、江西、四川、福建、广东、广西、贵州、云南等省份。

【危害特点】 该虫以成虫和若虫吸食小粒咖啡叶片的汁液而造成直接危害，影响叶片正常生长，导致叶片出现斑驳状小黄斑，严重时导致叶片畸形或脱落，但整体上对小粒咖啡影响较小。

【分类地位】 巨蝽（*Eusthenes robustus*）属半翅目（Hemiptera）蝽科（Pentatomidae）巨蝽属（*Eusthenes*）。

【寄主植物】 鹅掌柴、小粒咖啡、紫茎泽兰等植物。

【形态特征】

成虫　大小为（30～38）mm×（17～25）mm，体色为紫褐至深褐色，体表具细小刻点，有光泽；头部侧叶长于中叶，并在中叶前会合；触角黑色，末端棕褐色；前胸背板前侧缘微弓，边缘内侧具斜皱纹，侧角钝圆，稍伸出前翅基部；小盾片具横皱纹，端部光滑匙状；前翅革质部紫褐至深褐色，膜片淡黄色，脉纹烟黄色，超过腹部末端；侧接缘具斜皱纹及稀疏刻点，个别虫体腹部每节基部有酱色斑纹；足深紫褐色，跗节棕红色，雄虫后足腿节膨大粗壮，近基部处具一巨刺；腹部腹面与体同色。

【发生规律】 不详。

【防治方法】

（1）人工防治。清晨成虫基本不活动，人工捕捉成虫，进行集中销毁。

（2）农业防治。加强咖啡园水肥管理，增强咖啡植株生长势，提高抗病虫性；冬季，清除咖啡园及周边枯枝落叶及杂草，减少越冬虫体藏匿空间。

巨蝽成虫

7. 茶翅蝽

【分布】 茶翅蝽又名茶翅椿象、臭木椿象、茶色蝽。国外分布不详；国内东北、华北、华东、西北及西南地区均有分布。

【危害特点】 该虫以成虫和若虫进行危害，叶和梢被害后症状不明显，果实被害后被害处木栓化，变硬，发育停滞而下陷，危害区域常可见胶滴溢出。

【分类地位】 茶翅蝽（*Halyomorpha halys*）属半翅目（Hemiptera）蝽科（Pentatomidae）茶翅蝽属（*Halyomorpha*）。

【寄主植物】 梨、苹果、桃、杏、李、柑橘、小粒咖啡等经济作物及部分林木和农作物。

【形态特征】

成虫　大小约为15mm×8mm，体扁平，体色为茶褐色；前胸背板、小盾片和前翅革质部具黑色刻点，前胸背板前缘横列4个黄褐色小点，小盾片基部横列5个小黄点，两侧斑点明显；触角共5节，第4节两端、第5节基部为白黄色，其他为黑褐色；喙延伸至第1腹节中部；足、后足胫节为白色，中足和前足呈淡白色；腹部侧接缘为黑黄相间。

卵　短圆筒形，直径约为0.7mm，周缘环生短小刺毛，初产时乳白色，近孵化时黑褐色，呈卵块状排列，18～28粒为1块。

若虫　共5龄。初孵若虫近圆形，体初为白色，后变为黑褐色，腹部淡橙黄色，各腹节两侧节间有一长方形黑斑，共8对，体长约为1.5mm，腹部第3、5、7节背面中部各有1个较大的长方形黑斑；老熟若虫与成虫相似，无翅。

【发生规律】 该虫1年发生1～2代，以受精的雌成虫在小粒咖啡园中或咖啡园周围房屋的屋檐下越冬。翌年4月下旬至5月上旬，成虫陆续出蛰，越冬成虫可一直危害至6月，然后多数成虫飞出咖啡园至其他植物上进行产卵，在6月上旬以前所产的卵，可于8月以前羽化为第1代成虫。第1代成虫可很快产卵，并孵化为第2代若虫。而在6月上旬以后产的卵，只能发生1代。在8月中旬以后羽化的成虫均为越冬代成虫。越冬代成虫平均寿命为301d，最长可达349d。在咖啡园内发生或由外面迁入咖啡园的成虫，于8月中旬后出现在咖啡园中，危害咖啡新梢及浆果。10月后成虫陆续潜藏越冬。

【防治方法】

（1）人工防治。摘除卵块或捕杀初孵期的若虫，集中销毁。

（2）农业防治。冬季清除咖啡园落叶杂草，集中销毁，消灭越冬成虫。

（3）化学防治。害虫种群数量较大时，可使用5%高效氯氟氰菊酯水乳剂1 500～2 000倍液，林间喷雾1次，降低虫口数量。

茶翅蝽成虫

8. 珀蝽

【分布】 珀蝽别名朱绿蝽、米缘蝽、克罗蝽。分布广泛，国外分布于日本、缅甸、印度、马来西亚、菲律宾、斯里兰卡、印度尼西亚、西非和东非等国家（地区）；国内几乎遍及全国。

【危害特点】 该虫以成虫和若虫进行危害，叶和梢被害后症状不明显或出现轻微斑点。

【分类地位】 珀蝽（*Plautia fimbriata*）属半翅目（Hemiptera）蝽科（Pentatomidae）珀蝽属（*Plautia*）。

【寄主植物】 杂食性害虫，寄主植物众多，包括水稻、大豆、菜豆、玉米、芝麻、苎麻、茶、柑橘、梨、桃、柿、李、泡桐、马尾松、枫杨、盐麸木、小粒咖啡等。

【形态特征】

成虫　体卵圆形，大小为（8.0～11.5）mm×（5.0～6.5）mm，体表具光泽，绿色，密被黑色或与体同色的细刻点；头鲜绿，触角颜色差异较大，第2节绿色，第3～5节绿黄色，末端黑色；复眼棕黑色，单眼棕红色；前胸背板鲜绿色；两侧角圆而稍凸起，红褐色，后侧缘红褐色；小盾片鲜绿，末端色淡；前翅革片暗红色，刻点粗黑，并常组成不规则的斑；腹部侧缘后角黑色，腹面淡绿色，胸部及腹部腹面中央淡黄色，中胸片上有小脊，足鲜绿色。

卵　圆筒形，大小为（0.94～0.98）mm×（0.72～0.75）mm，初期为灰黄色，渐变为暗灰黄色，假卵盖周缘具精孔突32枚，卵壳光滑，网状。

【发生规律】 该虫1年发生3代，以成虫在枯草丛中、林木茂盛处越冬。翌年4月上中旬越冬成虫开始活动，4月下旬至6月上旬产卵，5月上旬至6月中旬陆续死亡。第1代在5月上旬至6月中旬孵化，6月中旬开始羽化，7月上旬开始产卵；第2代在7月上旬开始孵化，8月上旬末开始羽化，8月下旬至10月中旬产卵；第3代在9月初至10月下旬开始孵化，10月上旬开始羽化，10月下旬开始陆续蛰伏越冬。

【防治方法】

（1）人工防治。成虫越冬前进行人工捕杀或产卵期摘除卵块，进行集中销毁。

（2）农业防治。定期清除咖啡园杂草，加强水肥管理，增强咖啡植株生长势，减少害虫藏匿生境及其他食物来源。

（3）生物防治。保护利用天敌昆虫及鸟类，降低害虫自然种群。

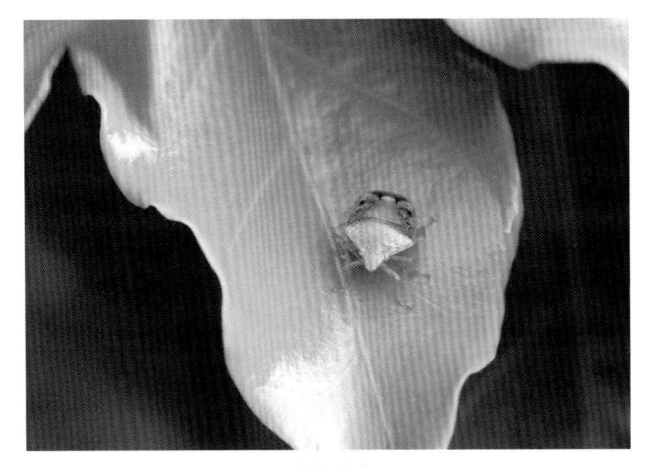

珀蝽成虫

9.细斑棉红蝽

【分布】 国外分布于缅甸及印度；国内分布于西藏和云南。

【危害特点】 该虫以成虫和若虫吸食咖啡嫩叶、嫩芽及幼嫩浆果造成危害，导致受害部位出现褪色小斑。

【分类地位】 细斑棉红蝽（*Dysdercus eveanescens*）属半翅目（Hemiptera）蝽科（Pentatomidae）细斑棉红蝽属（*Dysdercus*）。

【寄主植物】 关于该虫的寄主植物报道几乎没有，小粒咖啡属我国新记录寄主植物。

【形态特征】

成虫　体长15～19mm，长卵圆形，头部朱红色，前胸背板梯形，橙红色，小盾片三角形，红色；革片中央靠后角处具一棕黑色小斑，各足朱红色。

【发生规律】 不详。

【防治方法】

（1）人工防治。成虫和若虫发生期，人工捕捉害虫，进行集中销毁。

（2）农业防治。加强咖啡园水肥管理，提高小粒咖啡植株抗病虫性。

（3）生物防治。保护利用天敌，使害虫种群维持在较为稳定的水平。

细斑棉红蝽成虫

10.麻皮蝽

【分布】 麻皮蝽又名黄斑椿象、臭屁虫、臭大姐、麻椿象、麻纹蝽。该虫分布广泛，国外分布不详；国内主要分布于内蒙古、辽宁、陕西、四川、云南、广东、海南及台湾等省份。

【危害特点】 小粒咖啡新记录害虫，种群数量较小，危害较低，主要以成虫和若虫刺吸植物嫩枝或嫩叶的汁液导致叶脉变色、叶肉颜色变暗。

【分类地位】 麻皮蝽（*Erthesina fullo*）属半翅目（Hemiptera）蝽科（Pentatomidae）麻皮蝽属（*Erthesina*）。

【寄主植物】 苹果、枣、沙果、李、山楂、梅、桃、杏、石榴、柿、海棠、栗、龙眼、柑橘、杨、柳、榆及小粒咖啡等植物。

【形态特征】

成虫　体长20 ~ 25mm，体宽10.0 ~ 11.5 mm。体黑褐色，密布黑色刻点及细碎不规则黄斑。头部狭长，侧叶与中叶末端约等长，侧叶末端狭尖。触角共5节，黑色，第1节短而粗大，第5节基部1/3为浅黄色。喙浅黄，4节，末节黑色，达第3腹节后缘。头部前端至小盾片有1条黄色细中纵线。前胸背板前缘及前侧缘具黄色窄边。胸部腹板黄白色，密布黑色刻点。各腿节基部2/3浅黄，两侧及端部黑褐色，各胫节黑色，中段具淡绿色环斑，腹部侧接缘各节中间具小黄斑，腹面黄白，节间黑色，两列散生黑色刻点，气门黑色，腹面中央具一纵沟，长达第5腹节。

卵　灰白色，块状，略呈柱状，顶端有盖，周缘具刺毛。

若虫　各龄均呈扁洋梨形，前端尖削，后部浑圆，老龄体长约19 mm，似成虫，自头端至小盾片具一黄红色细中纵线。体侧缘具淡黄狭边。腹部第3 ~ 6节的节间中央各具1块黑褐色隆起斑，斑块周缘淡黄色，上具橙黄或红色臭腺孔各1对。腹侧缘各节有一黑褐色斑。喙黑褐色，伸达第3腹节后缘。

【发生规律】 该虫1年发生多代，以成虫在草丛中、树洞中、树皮裂缝中、枯枝落叶上、墙缝中、屋檐下越冬。翌年4 ~ 5月开始活动，交尾，卵多产于叶片下，呈块状，一般12粒1块，偶有9 ~ 11粒1块。卵期10d左右，5月中旬可见初孵若虫，6月为第1个危害高峰期，7 ~ 8月羽化为成虫，10月上旬进入第3个高峰期，后转入越冬。成虫具有假死特性。

麻皮蝽老龄若虫

【防治方法】

（1）人工防治。害虫发生期，使用扫网捕杀害虫，减少虫口数量。

（2）农业防治。加强小粒咖啡园水肥管理，提高咖啡植株抗病虫性；定期清除咖啡园杂草，减少害虫藏匿生境及其他食物来源；冬季结合清园，清除咖啡园内枯枝落叶及杂草，破坏成虫越冬场所。

（3）生物防治。保护利用天敌，使害虫种群维持在较为稳定的水平。

长蝽科（Lygaeidae）

黑带红腺长蝽

【分布】 黑带红腺长蝽分布广泛，在亚洲、非洲及欧洲均有分布；国内分布于台湾、广东、广西、海南、云南、西藏等省份。

【危害特点】 小粒咖啡新记录害虫，种群数量较小，危害较低，主要以成虫和若虫刺吸植物嫩枝或嫩叶的汁液造成危害。

【分类地位】 黑带红腺长蝽（*Graptostethus servus*）属半翅目（Hemiptera）长蝽科（Lygaeidae）黑带红腺长蝽属（*Graptostethus*）。

【寄主植物】 洋常春藤、留兰香及小粒咖啡等植物。

黑带红腺长蝽成虫

【形态特征】

成虫　体中小型，体色淡红至橘红，体被短毛，无刻点；头部中叶、眼内侧，有时头顶、触角、喙、前胸背板胝区的横带、接近后缘的两条横

带、胝与横带间的小圆斑、小盾片及足呈黑色；前胸背板侧缘直，后缘微弯；小圆斑有时与后缘横带相连；小盾片最末端呈黄色，基部凹陷，T形脊显著；爪片内侧一半、革片基部前缘、革片端缘以及革片中部斜纹橘黄色；爪片外侧与革片基部一半所组成的大斑，以及革片端部三角形斑呈黑色，有时两斑相连成一大黑斑，使前翅几乎呈黑色；膜片黑色，顶缘具宽白边，超过腹部末端；头部腹面褐色，小颊细长、黄色；喙伸达后足基节，第1节超过前胸腹板前缘；胸部腹面黑，前胸腹板前缘、基节臼、侧板后缘及臭腺沟缘黄褐色；后胸侧板后缘斜切，后背角成锐角，腹部黑褐色，侧缘橘红色。

【发生规律】 不详。

【防治方法】 同麻皮蝽。

异蝽科（Urostylidae）

橘盾盲异蝽

【分布】 橘盾盲异蝽，又名橘盲盾异蝽。国外尚无该虫的记录，国内仅分布在云南西双版纳、临沧（沧源）及保山（隆阳区）。

【危害特点】 该虫以若虫和成虫吸食咖啡植株嫩梢及嫩叶的汁液造成危害。

【分类地位】 橘盾盲异蝽（*Urolabida histrionica*）属半翅目（Hemiptera）异蝽科（Urostylidae）盲异蝽属（*Urolabida*）。

【寄主植物】 小粒咖啡、蒲桃、柑橘类等经济作物，小粒咖啡为新记录寄主植物。

【形态特征】

成虫　体中型，狭长，两侧平行，底色污黄色，半鞘翅脉两侧具黑色纹，头顶中纵线可见线纹状，足细长，后足胫节刺呈淡色或黑色，基部无小黑斑。

【发生规律】 不详。

【防治方法】

（1）人工防治。定期巡园，发现成虫或若虫后，人工捕杀。

（2）农业防治。加强咖啡园水肥管理，提高小粒咖啡植株抗病虫性；咖啡园行间种植绿肥植物吸引该虫取食，减少对小粒咖啡的危害。

（3）化学防治。害虫发生高峰期，使用5%高效氯氟氰菊酯水乳剂1 500 ~ 2 000倍液，林间喷雾1次，降低虫口数量。

橘盾盲异蝽成虫

缘蝽科（Coreidae）

1. 稻棘缘蝽

【分布】 稻棘缘蝽又名稻针缘蝽、黑棘缘蝽。国内分布于上海、湖南、湖北、广东、云南、贵州、西藏等省份。

【危害特点】 该虫以成虫和若虫在咖啡叶片上吸食汁液造成危害，影响树体生长，成虫喜聚集性危害。

【分类地位】 稻棘缘蝽（*Cletus punctiger*）属半翅目（Hemiptera）缘蝽科（Coreidae）棘缘蝽属（*Cletus*）。

【寄主植物】 该虫食性杂，寄主植物众多，包括水稻、麦类、玉米、粟、棉花、大豆、柑橘、茶、高粱、鳄梨、小粒咖啡等多种植物。

【形态特征】

成虫　体狭长，大小为（9.5 ~ 11）mm×（2.8 ~ 3.5）mm，体黄褐色，体表密布刻点；头顶中央具短纵沟，头顶及前胸背板前缘具黑色小颗粒点；触角第1节较粗，长于第3节，第4节纺锤形；复眼褐红色，单眼红色；前胸背板多为一色，侧角细长，稍向上翘，末端黑。

卵　长约1.5mm，似杏核，全体具光泽，表面生有细密的六角形网纹，卵底中央具一圆形浅凹。

若虫　共5龄。三龄若虫及以前虫态，体呈长椭圆形，四龄后为长梭形，五龄若虫大小为（8.0 ~ 9.1）mm×（3.1 ~ 3.4）mm，体为黄褐色，稍带绿色，腹部具红色毛点，前胸背板侧角明显伸出，前翅芽伸达第4腹节前缘。

【发生规律】 在云南该虫1年发生3代，无越冬现象。成虫羽化1周后开始交配，交配4 ~ 5d后开始陆续产卵，卵多产于叶片正面，也有2 ~ 7粒排成纵列。

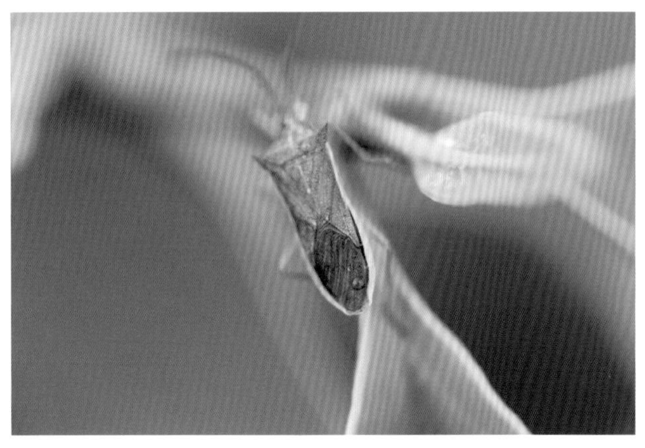

稻棘缘蝽成虫

稻棘缘蝽成虫危害咖啡嫩枝

稻棘缘蝽成虫交尾

稻棘缘蝽吸食小粒咖啡叶片汁液

【防治方法】

（1）农业防治。冬季结合咖啡清园，清除园内枯枝、落叶及杂草，集中处理；咖啡植株行间种植豆科类绿肥植物吸引该虫取食，减少对咖啡植株的危害。

（2）化学防治。该虫对咖啡植株的危害较轻，不建议使用化学防治；当虫口数量较大时可使用5%高效氯氟氰菊酯水乳剂1 500 ～ 2 000倍液，林间喷雾1次，降低咖啡园虫口数量。

2. 斑背安缘蝽

【分布】 国外分布不详；国内分布于山东、河南、安徽、江苏、浙江、四川、贵州、云南、福建、江西、西藏等省份。

【危害特点】 该虫以成虫、若虫吸食小粒咖啡幼嫩叶片及嫩枝、茎端汁液，被害处变黑，致使嫩枝、嫩叶枯死。

【分类地位】 斑背安缘蝽（*Anoplocnemis binotata*）属半翅目（Hemiptera）缘蝽科（Coreidae）安缘蝽属（*Anoplocnemis*）。

【寄主植物】 大豆、紫穗槐、柑橘类及小粒咖啡等植物。

【形态特征】

成虫　体宽而长，体长20 ～ 24mm，两侧角间宽约8mm，体黑褐色至黑色，体表被白色短毛；触角基部前3节为黑色，第4节基半部赭红色，端半部红褐色，最末端赭色；复眼黑褐色；头较小，头顶前端具一短纵凹陷，喙长达中足前缘；前胸背板中央具纵纹，侧缘平直，侧角钝圆；小盾片有横皱纹；前翅革片棕褐色，膜片烟褐色；体腹板赭褐色或黑褐色；雌成虫第3腹板中部向后弯，雄虫第3腹板中部向后扩延至第4腹板的后缘形成横瘤突；后足腿节粗壮弯曲，内侧近端扩展成一三角形齿，后足胫节内侧端部呈小齿状。

近似害虫

该虫与红背安缘蝽很相似，与红背安缘蝽的区别是其成虫体小，腹部背面黑色，中央生浅色斑点2个，雄成虫后足腿节基部无突起。

【发生规律】 该虫1年发生3代，以成虫在枯草丛中、树洞中和屋檐下等隐蔽处越冬。越冬成虫3月下旬开始活动，4月下旬至6月上旬产卵，5月下旬至6月下旬陆续死亡。第1代若虫5月上旬至6月中旬孵化，6月上旬至7月上旬羽化为成虫，6月中旬至8月中旬产卵。第2代若虫6月中旬末至8月下旬孵化，7月中旬至9月中旬羽化为成虫，8月上旬至10月下旬产卵。第3代若虫8月上旬末至11月初孵化，9月上旬至11月中旬羽化，成虫于10月下旬至11月下旬陆续越冬。成虫和若虫白天极为活泼，早晨和傍晚稍迟钝，阳光强烈时多栖息于寄主叶背。初孵若虫在卵壳上停息12h后，才开始取食危害。成虫交尾多在上午进行。卵多产于叶柄和叶背，少数产在叶面和嫩茎上，散生，偶聚产成行。单雌每次产卵5 ～ 14粒，多为7粒，一生可产卵14 ～ 35粒。

斑背安缘蝽成虫

【防治方法】

（1）人工防治。阴雨天或晴天清晨，使用捕虫网捕杀成虫；产卵期及时检查咖啡园，摘除卵块及未分散的一龄若虫。

（2）生物防治。保护利用天敌昆虫，如荔枝跳小蜂和荔枝卵平腹蜂。

（3）化学防治。害虫高发期，使用5%高效氯氟氰菊酯水乳剂1 000 ～ 1 500倍液，林间喷布1次。

3. 双斑同缘蝽

【分布】 国外分布不详；国内分布于云南省保山市隆阳区芒宽乡，其余区域分布不详。

【危害特点】 该虫以成虫、若虫吸食小粒咖啡叶片的汁液，幼嫩叶片受害后可导致叶片畸形，但对小粒咖啡生长影响较小或几乎没有影响。

【分类地位】 双斑同缘蝽（*Homoeocerus bipunctatus*）属半翅目（Hemiptera）缘蝽科（Coreidae）同缘蝽属（*Homoeocerus*）。

【寄主植物】 小粒咖啡为新记录寄主植物。

【形态特征】

成虫　体狭长18mm，小盾片顶角处宽4.35mm；体为黄绿色，前翅革片内角后具有1个白色横长斑点，其后方黑色。头方形，长1.7mm，宽2.0mm，头顶宽1.1mm；无刻点，仅具稀少的淡色小颗粒；头中叶突出于触角突的前方。触角圆柱形，赤褐色；第1、2、3节的外侧带黑色，第4节基半部黄绿色，端半部黑褐色；各节长度分别为3.8mm、4.6mm、3.0mm、3.2mm。喙延伸至中胸腹板中央，绿色，第4节顶端黑色；各节长度分别为0.9mm、0.95mm、1.0mm、1.3mm。前胸背板具粗糙刻点，长3.5mm，前角间宽1.75mm，侧角间宽4.8mm；侧缘平直，侧角显著向上翘起，后缘在小盾片前方稍向前弓。小盾片三角形，边稍大于底，刻点较弱，基部有黄皱纹。前翅几达于腹部末端，前缘几乎平直，仅在中部微向内弓。膜片透明，内基角暗色。腹部背面红色。中胸及后胸侧板各具1个黑色斑点。足黄色，胫节及跗节带红色。

双斑同缘蝽成虫

【发生规律】 不详。

【防治方法】

（1）人工防治。害虫发生期可使用扫网捕杀害虫，减少虫口数量。

（2）农业防治。定期清除咖啡园杂草群落，减少害虫隐蔽场所及其他食物来源，迫使害虫向其他生境迁移；加强咖啡园水肥管理，增强咖啡植株生长势。

（3）生物防治。保护利用天敌昆虫及生防菌，维持咖啡园害虫自然种群的平衡。

4. 曲胫侎缘蝽

【分布】 国外分布不详；国内广泛分布于长江以南各地及云南、西藏各省份。

【危害特点】 该虫以成虫和若虫危害咖啡或杧果等寄主植物的嫩叶、嫩梢。因刺吸式口器插入嫩叶、嫩梢，吸取汁液，导致受害部位凋萎或干枯，影响植株树势。

【分类地位】 曲胫侎缘蝽（*Mictis tenebrosa*）属半翅目（Hemiptera）缘蝽科（Coreidae）侎缘蝽属（*Mictis*）。

【寄主植物】 杧果、小粒咖啡、柑橘等经济作物。

【形态特征】

成虫　体灰褐色或灰黑褐色，大小为（19 ~ 24）mm×（6.5 ~ 9.0）mm；头部较小；触角与体同色，向前延伸，与体处于同一水平线；前胸背板缘直，边缘具微齿，侧角圆钝；后胸侧板臭腺孔外侧橙红色，近后足基节外侧有1个白绒毛组成的斑点，雄成虫后足腿节显著弯曲，粗大，胫节腹面呈三角形突出，为雌雄辨别主要特征之一；腹部第3节可见腹板两侧具短刺状突起；雌成虫后足腿节稍粗大，末端腹面有1个三角形短刺。

卵　呈腰鼓状，横置，黑褐色具光泽，卵长2.6 ~ 2.7mm，宽约1.7mm，顶端具卵盖，卵盖近圆形，卵盖上靠近卵中央的一侧，有1条清晰的弧形隆起线。

若虫　共5龄。一至二龄若虫体形似蚂蚁，体呈黑色；一至三龄若虫前足胫节强烈扩展呈叶状，中、后足胫节稍扩展；各龄若虫腹部背面第4 ~ 5节和第5 ~ 6节中央各具1个臭腺孔。

【发生规律】 该虫1年发生2代，以成虫在寄主植物附近的枯枝落叶层下越冬。卵产于寄主植物的次级枝条或叶片背面，初孵若虫静伏于卵壳周围，不久就在卵壳周围活动，受惊扰后立即散开；二龄若虫后开始分散活动危害，与成虫在同嫩梢上取食危害。

【防治方法】

（1）农业防治。冬季清除咖啡园枯枝落叶及杂草，集中掩埋或使用粉碎机进行粉碎后还田，破坏害虫越冬环境，降低虫口基数；加强咖啡园水肥管理，增强咖啡植株树势，提高抗虫能力；产卵期摘除具卵块的叶片，集中销毁。

（2）生物防治。保护利用天敌昆虫，控制害虫自然种群。

（3）化学防治。该虫对小粒咖啡危害不严重，不建议开展化学防治；但在害虫种群数量较大时，可使用5%高效氯氟氰菊酯水乳剂1 500 ~ 2 000倍液，林间喷雾1次，降低虫口数量。

曲胫侎缘蝽雄成虫

曲胫侎缘蝽即将交尾（上雄，下雌）

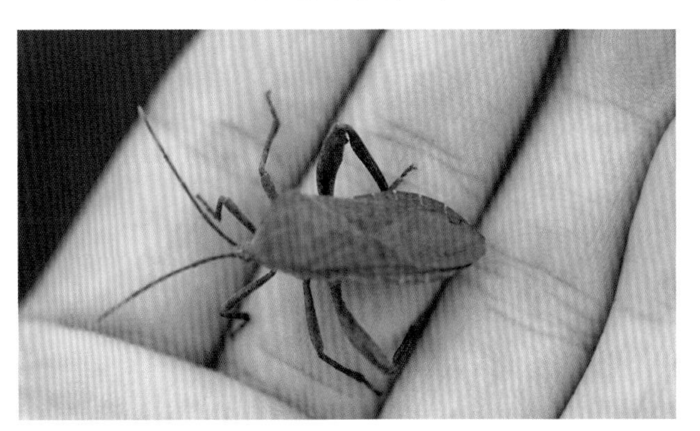

曲胫侎缘蝽雌成虫

曲胫侎缘蝽危害嫩梢

曲胫侎缘蝽危害状

蛛缘蝽科（Alydidae）

1. 异稻缘蝽

【分布】 国外分布不详；国内分布于云南、四川、广东、广西、海南、台湾等省份。

【危害特点】 该虫以成虫、若虫吸食咖啡叶片汁液，危害部位形成褐色斑块。

【分类地位】 异稻缘蝽（*Leptocorisa varicornis*）属半翅目（Hemiptera）蛛缘蝽科（Alydidae）稻缘蝽属（*Leptocorisa*）。

【寄主植物】 该虫主要危害水稻等粮食作物，在云南偶有危害小粒咖啡、杧果及禾本科等植物。

【形态特征】

成虫　体狭长，体色较深，呈草绿色，大小为（16.0 ~ 19.0）mm×（2.3 ~ 3.2）mm。复眼呈红色，头部、前胸背板、小盾片及腹部均为草绿色，前翅革质部与膜质部皆为暗褐色，各足绿色细长，胫节以下渐呈黄褐色，触角末节黑色或暗黄褐色，各足腿节绿色。

【发生规律】 该虫以成虫在小粒咖啡园间或周边杂草丛中越冬。翌年3月成虫开始活动危害，4月中旬开始产卵；成虫和若虫均喜在白天活动，中午高温时段栖息于阴凉区域或寄主植物叶片背面。

异稻缘蝽

【防治方法】

（1）人工防治。害虫发生高峰期，利用扫网捕杀害虫，减少害虫种群。

（2）农业防治。冬季清除咖啡园杂草及落叶，破坏害虫越冬环境；加强咖啡园水肥管理，提高植株抗病虫能力；在不影响咖啡生产的情况下，保留咖啡园行间杂草群落，吸引害虫取食。

（3）化学防治。害虫发生高峰期，可使用10%吡虫啉可湿性粉剂，林间喷雾1次，减少虫口数量。

2. 点蜂缘蝽

【分布】 点蜂缘蝽又名白条蜂缘蝽、豆缘椿象。国外主要分布于日本、韩国、印度等东亚和东南亚国家；国内主要分布于云南、江西、四川、台湾等多个省份。

【危害特点】 该虫以成虫和若虫吸食植物嫩枝、嫩叶及浆果的汁液造成危害，具有群集危害特点，危害部位出现褐色小斑，导致叶片、嫩枝及浆果发育不良，生长缓慢。

【分类地位】 点蜂缘蝽（*Riptortus pedestris*）属半翅目（Hemiptera）蛛缘蝽科（Alydidae）蜂缘蝽属（*Riptortus*）。

【寄主植物】 该虫食性杂，寄主植物众多，主要以豆科作物为主，亦可危害胡麻科、禾本科、葫芦科及茜草科的小粒咖啡等多种作物。

【形态特征】

成虫　体狭长，体黄褐色至黑褐色，体表被白色细绒毛，大小为（15.0 ~ 17.0）mm×（3.6 ~ 4.5）mm。头在复眼前部呈三角形，后部缩如颈；触角共4节，第1节长于第2节，第1 ~ 3节端部稍膨大，基部半部色淡，第4节基部距1/4处色淡；喙较长，一直伸达中足基节间；头、胸部两侧的黄色光滑斑纹成点斑状或消失；前胸背板及胸侧板背面密布许多不规则的黑色颗粒，前胸背板前叶向前倾斜，前缘具鳞片，后缘有2个弯曲，侧角成刺状；小盾片呈黑褐色，三角形；前翅革质翅和膜片均为淡棕褐色，膜片超过腹末；腹部侧接缘稍外露，黄黑相间；足与体同色，胫节中段色泽淡，后足腿节粗而长，其上有黄色斑块，后足胫节向背面弯曲；腹部腹面有4个长刺和若干小刺，基部内侧无突起，腹部腹下散生许多不规则黑色小点。

卵　半卵圆形，附着面弧形，卵顶部平坦，中间具1条横行带状脊，卵大小约为3mm × 1mm。

若虫　共5龄，一至四龄若虫形似蚂蚁，腹部膨大，但第1腹节小；五龄若虫体狭长，体长12.0 ~ 14.0mm。

【发生规律】 该虫1年发生2 ~ 3代，以成虫在枯枝落叶上和草丛内越冬。翌年3月开始陆续活动，4月中下旬至6月上旬为产卵期，卵多散产于叶背、嫩茎及叶柄上，少数2粒在一起，单雌产卵量21 ~ 49粒。第1代成虫6月上旬出现；第2代成虫7月中旬开始出现，8月为成虫高峰期；第3代成虫期为9 ~ 11月，11月下旬以后陆续以成虫进行越冬。

【防治方法】

（1）农业防治。冬季结合咖啡清园，清除咖啡园杂草及落叶，深翻填埋或集中粉碎、焚烧，减少翌年虫源。

（2）生态防治。利用该虫吸食豆科植物的特性，在咖啡园行间种植豆科植物，吸引成虫和若虫取食豆科植物，集中捕杀减少对小粒咖啡的危害。

（3）生物防治。保护利用天敌昆虫，如日本平腹小蜂；利用聚集信息素诱杀成虫，收集成虫，集中销毁。

（4）化学防治。在成虫和若虫高发期，可使用5%高效氯氟氰菊酯水乳剂1 500 ~ 2 000倍液，或5%啶虫脒乳油1 000倍液，或3%阿维菌素乳油2 000倍液，林间喷雾1次，降低虫口数量。

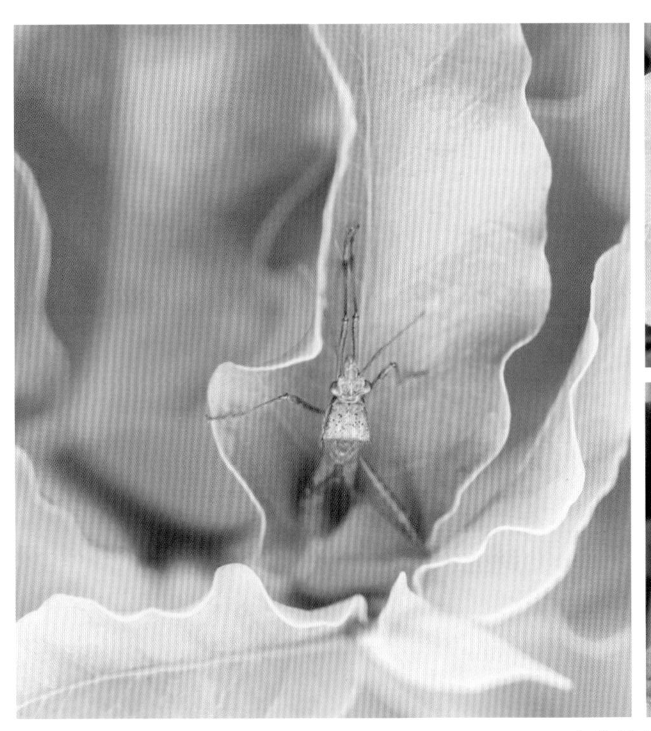

点蜂缘蝽成虫

盾蝽科（Scutelleridae）

1. 华沟盾蝽

【分布】 国外分布情况不详；国内主要分布于南方，江西、台湾、福建、广东、广西、贵州及云南等省份均有分布。

【危害特点】 该虫以成虫及若虫刺吸咖啡嫩叶、嫩梢和幼果的汁液造成危害，一般危害不严重，多在被害处留下暗褐色小点，有时也会导致嫩叶枯黄，幼果脱落；同时，也会引起溃疡病发生。

【分类地位】 华沟盾蝽（*Solenostethedium chinense*）属半翅目（Hemiptera）盾蝽科（Scutelleridae）沟盾蝽属（*Solenostethedium*）。

【寄主植物】 柑橘、棉花、苦楝、小粒咖啡，其中小粒咖啡为新记录寄主植物。

【形态特征】

成虫 椭圆形，体长约16mm，体宽约9.5mm，体成半球形，背面强烈隆起，腹面平坦。触角除基节外黑色，体被浅黑色小点；前胸背板前侧缘处黑；胫节与体同色。

华沟盾蝽成虫

【发生规律】 该虫1年发生2代，以成虫在咖啡枝叶、枯枝落叶等隐蔽场所越冬。翌年4月上旬成虫开始陆续活动，并寻找配偶进行交尾。第1代，5月上旬成虫开始产卵，5月中旬进入产卵盛期，5月中旬至7月为若虫孵化期，6月中旬始见第1代成虫，成虫期一直持续至8月中下旬。第2代，6月中下旬成虫开始陆续交尾，7月上旬开始产卵，产卵期一直持续至8月上旬，7月中旬至9月上旬为若虫期，8月上旬始见成虫，一直持续至11月上旬，随着温度降低，开始以成虫陆续进行越冬。

【防治方法】

（1）人工防治。成虫期，在清晨和傍晚，使用扫网捕杀成虫，集中销毁；产卵期，人工及时摘除卵块及未分散的一龄若虫，集中销毁。

（2）农业防治。冬季进行清园，清除咖啡园枯枝杂草及落叶，破坏害虫越冬场所；加强水肥管理，增强植株生长势。

（3）化学防治。虫害盛发期，使用10%氯氰菊酯乳油或20%甲氰菊酯乳油2 000 ～ 3 000倍液，林间喷布1次，降低虫口数量。

2. 丽盾蝽

【分布】 丽盾蝽也称油桐丽盾蝽、苦楝盾蝽、大盾椿象、黄色长椿象。国外分布于越南、泰国、印度尼西亚、日本、不丹等国家；国内分布于云南、福建、台湾、广东、广西、海南、贵州、江西及四川等省份。

【危害特点】 该虫以若虫和成虫吸食咖啡花器、浆果、叶片和嫩枝的汁液，造成早期落花、落果，使结实率降低，果实品质下降，严重的导致嫩梢和嫩叶死亡。

【分类地位】 丽盾蝽（*Chrysocoris grandis*）属半翅目（Hemiptera）盾蝽科（Scutelleridae）丽盾蝽属（*Chrysocoris*）。

【寄主植物】 该虫食性杂，寄主植物众多，包括小粒咖啡、油桐、油茶、泡桐、八角、柑橘类、梨、栗、苦楝、樟、阴香、梧桐及盐麸木等。

【形态特征】

成虫 体呈椭圆形，淡灰色或棕黄色，小盾片极度发达，将虫体完全覆盖，形似甲虫。该虫前翅半革质、灰白色，后翅膜质透明，平时藏于小盾片下；步行足3对，紫黑色，具光泽；雌成虫虫体大小为（20 ～ 25）mm×（10 ～ 12）mm，头中部和后缘及前胸呈黑色，中胸背板中部有近三角形黑色斑块，小盾片上有3个“品”字形排列的黑斑较雄成虫粗大，腹部末节腹面中央有一裂缝，为生殖器开口处；雄成虫体大小约为20mm×10mm，头部后缘和前胸背板黑色，与中胸前缘中央的黑斑相连形成一个倒钟状黑斑，生殖孔开口于腹部末节腹面中一圆突上。

卵　呈鼓状，堆叠呈块状，直径1.5mm，高1.0mm，顶端有一圆形卵盖，受精卵初期呈浅蓝色，近孵化时浅红色或深红色，未受精卵呈乳白色。

若虫　共5龄。一至二龄若虫体呈菱形，体色为大红色至金绿色，大小为（3.5 ~ 4.0）mm×（2.0 ~ 2.5）mm；喙管、足、触角均长于体，为体长的1.0 ~ 1.5倍，呈红色至紫黑色。三至五龄若虫大小为（12.0 ~ 13.0）mm×（7.5 ~ 12.0）mm，呈椭圆形，蓝绿至金黄色，触角、喙管短于腹端2 ~ 5mm，腹面生有长方块、臭腺、肛门和生殖器。小盾片在三龄若虫开始显露，高1 ~ 3mm，延伸至腹部第1 ~ 2节；翅芽在四龄若虫上显露，长2 ~ 5mm，延伸至腹部第1 ~ 3节，喙管、触角、足和斑纹均为紫黑色或金黄色。

【发生规律】　该虫1年仅发生1代，以成虫在避风向阳的浓密荫蔽常绿树丛叶背处群集越冬。翌年3 ~ 4月开始取食活动，4 ~ 6月为主要危害期；6月下旬成虫开始交尾，交尾后11 ~ 15d开始产卵，卵多产于寄主叶片背面，单雌产卵量超过100粒，最多可达170多粒，卵期4 ~ 7d；7月下旬卵开始孵化，初孵若虫群集于叶背，二龄若虫后开始分散活动和取食，若虫期70d以上；10月中旬羽化出成虫，成虫与四至五龄若虫有假死性。

【防治方法】

（1）人工防治。人工摘除具卵块的叶片和低龄若虫群集的叶片，集中销毁；利用高龄若虫和成虫的假死性，轻轻震动植株收集震落的虫体，集中销毁。

（2）农业防治。加强水肥管理，提高植株抗病虫能力；冬季，清除咖啡园杂草和过密叶丛，营造不利于害虫越冬的环境，减少翌年虫源。

（3）生物防治。保护利用天敌，控制害虫自然种群，如丽盾蝽沟卵蜂。

（4）化学防治。虫害盛发期，建议使用10%氯氰菊酯乳油或20%甲氰菊酯乳油2 000 ~ 3 000倍液，林间喷布1 ~ 2次，交替用药。

丽盾蝽羽化后1h的成虫

丽盾蝽成虫

丽盾蝽卵

3. 紫蓝丽盾蝽

【分布】　紫蓝丽盾蝽又名紫丽盾蝽。国外分布于印度、越南、缅甸、斯里兰卡等国家；国内分布于福建、广东、广西、四川、云南、西藏、甘肃及台湾等省份。

紫蓝丽盾蝽成虫

【危害特点】 该虫食性杂，偶以若虫和成虫吸食咖啡花器、浆果、叶片和嫩枝汁液，造成早期落花、落果，使结实率降低，严重的导致嫩梢和嫩叶死亡。

【分类地位】 紫蓝丽盾蝽（*Chrysocoris stolii*）属半翅目（Hemiptera）盾蝽科（Scutelleridae）丽盾蝽属（*Chrysocoris*）。

【寄主植物】 木荷、茶树、算盘子属植物、九节属植物及小粒咖啡等。

【形态特征】

成虫　体色为鲜艳的蓝绿色，体表具强烈紫色金属光泽，前胸背板有8个黑斑，虫体大小为（11 ~ 15）mm×（6 ~ 8）mm；头暗靛蓝色，中叶稍长，侧叶、侧叶端半金绿色。

【发生规律】 不详。

【防治方法】

（1）人工防治。成虫清晨不喜动，可人工捕捉，降低虫口数量。

（2）农业防治。加强咖啡园水肥管理，增强咖啡植株生长势，提高抗病虫性；保留咖啡园行间杂草，吸引害虫取食杂草，减少对咖啡植株的危害。

4. 油茶宽盾蝽

【分布】 油茶宽盾蝽又称茶籽盾蝽。国外分布于印度、越南、缅甸等国家；国内分布于浙江、福建、江西、湖南、广东、广西、贵州、云南等省份。

【危害特点】 该虫以若虫和成虫吸食咖啡叶片或浆果汁液，导致叶片斑驳，果实发育不良，受害叶片或浆果易受炭疽病侵染，导致并发症。

【分类地位】 油茶宽盾蝽（*Poecilocoris latus*）属半翅目（Hemiptera）盾蝽科（Scutelleridae）宽盾蝽属（*Poecilocoris*）。

【寄主植物】 茶、油茶及小粒咖啡等经济作物。

【形态特征】

油茶宽盾蝽成虫

成虫　体橘黄色，夹杂黑色不规则斑块，小盾片覆盖整个腹部，多数不露出膜翅。前胸背板为橘黄色至红色，小盾片主要以白色至米黄色为底色；头部黑色，具有金属光泽；前胸背板侧角圆，不突出，前缘凹，前角处各有一黑色斑，后半部中线两侧有2个横形不规则大黑色斑；小盾片基部有2行7个黑色斑，第1行5个黑色斑，中线上黑色斑纵形，其两侧2个黑色斑横形，外侧2个黑色斑较小，近前角处，第2行2个黑色斑靠近第1行中线两侧横形黑色斑，在多数个体上第1行中间3个黑色斑与第2行黑色斑融为一体，成为1个大的不规则黑色斑；小盾片后半部有1行4个黑色斑，中线两侧黑色斑很大，圆形至横形，两侧2个黑色斑小，甚至消失；前胸背板及小盾片上的黑色斑周围均有橘黄色至红色色带包围，黑色斑具有金属光泽，斑块大小变异较大，相邻斑块可相连。

卵　直径1.8 ~ 2.0mm，近圆形，初产时淡黄绿色，数日后呈现两条紫色长斑，孵化前为橙黄色。

若虫　共5龄。一龄若虫一般体长约3mm，近圆形，橙黄色，具金属光泽。

【发生规律】 该虫1年发生1代，以高龄若虫在落叶层或土缝中越冬。卵期7～10d，若虫期7个月，成虫寿命2个月或更长，成虫清晨不喜动。

【防治方法】

（1）人工防治。清晨成虫不喜动，可人工捕捉，降低虫口数量。

（2）农业防治。加强咖啡园水肥管理，增强咖啡植株生长势，提高抗病虫性；保留咖啡园行间杂草，吸引害虫取食杂草，集中捕捉减少对咖啡植株的危害。

（3）物理防治。成虫发生期，利用糖醋液+诱捕器诱杀成虫。

蜡蚧科（Coccidae）

1. 红蜡蚧

【分布】 红蜡蚧又名大红蜡蚧、红龟蜡蚧、脐状蜡蚧、胭脂虫，可能原产于非洲，也被认为印度和斯里兰卡是起源地。国外现分布于日本、印度、韩国、澳大利亚、印度尼西亚、马尔代夫、菲律宾、琉球群岛、泰国、越南、斯里兰卡、埃及、波利尼亚、关岛、夏威夷群岛、基里巴斯、南美、哥伦比亚、坦桑尼亚、赞比亚、波多黎各等多个国家或地区；国内，上海、河北、山西、江苏、安徽、福建、江西、河南、湖北、广东、四川、云南、贵州、陕西、青海、西藏、广西、香港、台湾等省份均有该虫的分布报道。

【危害特点】 该虫以若虫和成虫在植株枝条和叶片正反面吸食汁液造成危害。因长期固定取食不移动，导致固定取食位置叶片褪绿，虫口数量较大时，会导致嫩叶畸形卷曲及黄化，严重时会出现叶片脱落的现象，影响植株的正常生长；同时，会分泌蜜露诱发煤烟病，严重影响植株的光合作用。红蜡蚧为近年在我国小粒咖啡产区发现的新害虫，虫口基数不大，危害并不严重。

【分类地位】 红蜡蚧（*Ceroplastes rubens*）属半翅目（Hemiptera）同翅亚目（Homoptera）蜡蚧科（Coccidae）蜡蚧属（*Ceroplastes*）。

【寄主植物】 红蜡蚧寄主植物广泛，截至目前共有寄主植物78科250多种，主要危害小粒咖啡、杧果、柑橘、贡山含笑、大叶黄杨、栀子、海棠、玉兰、山茶、茶、黄杨、枸骨、厚皮香、常春藤、苏铁、罗汉松、桂花、火棘等植物。

【形态特征】

成虫　雌成虫蜡壳粉色或红褐色，呈半球形，背面近圆形，缘褶宽大。头、尾处和体两侧蜡壳均具有向外的突起，体两侧尤为明显。沿着体两侧的突起，分布着明显的白色气门蜡带。背面蜡壳突起半球形，无明显的分块，背顶有一凹，凹内为一龄和二龄干蜡帽脱落留下的白斑。背面蜡壳与缘褶交界处有干蜡芒，小而不明显，蜡壳大小因寄主植物差异而差别较大，通常蜡壳长1.6～5.0mm，宽1.5～4.8mm，高1.4～3.5mm。成虫虫体椭圆形，黄褐色至红褐色，体长1.2～4.0mm，体宽0.8～2.8mm，触角6节，以第3节最长。

卵　长椭圆形，红棕色，长0.2～0.5mm，宽0.1～0.2mm。

一龄若虫　虫体椭圆形，扁平，表面膜质，体色淡红褐色，爬行自如；头部具复眼1对；触角1对6节。初孵若虫表面仅看到少量蜡丝，无明显蜡质。随着固定取食2～3d，虫体背面开始分泌蜡质，逐步形成梯子状网格，一龄若虫末期，体表蜡层堆叠成帽状，周缘具15个蜡芒。

二龄若虫　在一龄若虫的蜡壳下继续分泌蜡质，使蜡壳发育为星芒状，头部蜡芒3分叉，前侧区蜡芒和中侧区蜡芒左右各1个，后翅蜡芒共4个，尾端蜡芒4分叉，最大的1对蜡芒为中侧区蜡芒，位于虫体两侧正中位置。

三龄若虫　虫体背面开始分泌湿蜡，湿蜡在虫体背面不断堆积，呈盔甲状，并将前两龄期的干蜡推向背部和亚缘区，干蜡帽位于蜡壳顶端，背亚缘区干蜡芒由湿蜡包围，仅露出芒端，随着体缘区蜡质的增厚，形成卷曲。

【发生规律】 在云南红蜡蚧1年发生1代，以受精的雌成虫在植物叶片或枝条上越冬。翌年随着温度上升，4月中旬成虫开始取食危害，并陆续产卵，4月下旬为产卵盛期，卵产于蜡壳之下，单雌产卵600 ~ 2 000粒不等；5月上中旬为一龄若虫孵化盛期，若虫喜中午高温时段涌散，经短暂爬行后开始固定取食，一龄若虫受天敌及风雨等因素影响较大，自然死亡率极高；6月上旬二龄若虫开始在新梢、叶片固定吸食汁液危害；6月下旬至7月中旬进入三龄若虫期；7月下旬至8月上旬出现雄蛹；8月中旬至9月上旬出现雄成虫，8月下旬后雄虫开始寻找雌虫交配，以受精的雌成虫越冬。

【防治方法】

（1）植物检验检疫。加强植物检验检疫，禁止从有红蜡蚧发生的产区调运咖啡苗木。

（2）农业防治。结合整形修剪，剪除过密枝叶和带虫枝叶，集中销毁处理；加强咖啡园水肥管理，提高咖啡抗病虫能力；合理密植，保持咖啡园通风透光性。

（3）生物防治。保护利用天敌昆虫。我国红蜡蚧寄生蜂共有24种，其中19种为红蜡蚧的初寄生蜂，包括红蜡蚧扁角跳小蜂、霍氏扁角跳小蜂、红帽蜡蚧扁角跳小蜂、食红扁角跳小蜂、寡毛扁角跳小蜂、柯氏花翅跳小蜂、聂特花翅跳小蜂、红黄花翅跳小蜂、美丽花翅跳小蜂、匀色花翅跳小蜂、斑翅食蚧蚜小蜂、夏威夷食蚧蚜小蜂、赛黄盾食蚧蚜小蜂、日本食蚧蚜小蜂、赖食蚧蚜小蜂、黑色食蚧蚜小蜂、蜡蚧斑翅蚜小蜂、盔蚧短腹金小蜂及蜡蚧啮小蜂；重寄生蜂5种，包括粉蚧克氏跳小蜂、敛眼优赛跳小蜂、褐软蚧尖角跳小蜂、微食皂马跳小蜂、日本方梗跳小蜂。捕食性昆虫有4种，分别为二双斑唇瓢虫、红点唇瓢虫、异色瓢虫、中华草蛉。利用微生物蚧轮枝霉寄生产卵前的雌成虫，寄生率高达98.7%，致死率高达100%。

（4）化学防治。初孵若虫期，使用植物源杀虫剂夹竹桃叶水提取液10倍液、夹竹桃叶醇提取液10倍液、银杏外种皮水提取液10倍液、银杏外种皮醇提取液10倍液或5%高效氯氟氰菊酯水乳剂2 000 ~ 2 500倍液进行防控，二龄及以上若虫期因虫体表面覆有厚厚的蜡层，不建议使用化学防控。

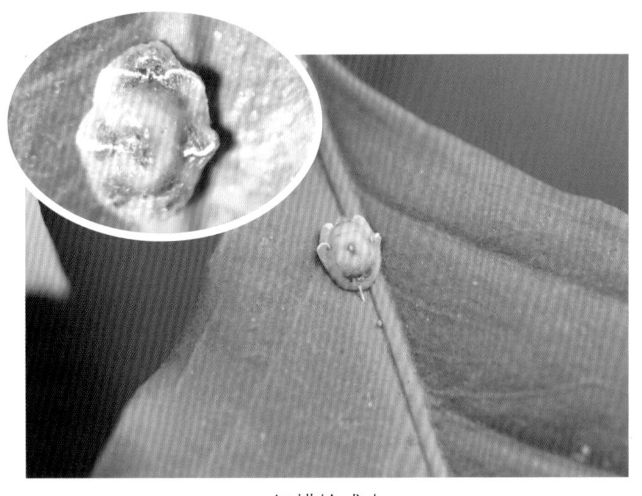

红蜡蚧成虫

红蜡蚧危害小粒咖啡叶片

2. 佛州龟蜡蚧

【分布】 佛州龟蜡蚧又名龟蜡蚧、龟甲蚧、橡胶龟甲蚧、龟甲蜡蚧，原产于美国，是一种分布广泛却又未引起重视的重要害虫。国外分布于印度、日本、印度尼西亚、马来西亚、斯里兰卡、越南、希腊、埃及、法国、伊朗、以色列、意大利、荷兰、沙特阿拉伯等数十个国家或地区；国内主要分布于浙江、安徽、福建、湖南、湖北、广东、四川、云南、广西、香港及台湾等省份。

【危害特点】 该虫以口针刺入寄主组织，固定在枝叶上吸食汁液和养分，若虫主要寄生在植物叶片正、反面的叶脉附近，树枝亦有少量寄生，死亡率极高，成虫主要寄生在枝条上。该虫还会分泌蜜露诱发煤烟病，导致植株表面覆盖黑色霉层，严重影响植株的光合作用，使树势衰弱，甚至整株枯死，远望

树体漆黑一团，造成咖啡产量降低。

【分类地位】 佛州龟蜡蚧（*Ceroplastes floridensis*）属半翅目（Hemiptera）同翅亚目（Homoptera）蜡蚧科（Coccidae）蜡蚧属（*Ceroplastes*）。

【寄主植物】 该虫寄主植物众多，爵床科、漆树科、番荔枝科、夹竹桃科、冬青科、天南星科、五加科、棕榈科、铁角蕨科、菊科、紫葳科、紫草科、橄榄科、仙人掌科、黄杨科、木麻黄科、金丝桃科、使君子科、旋花科、葫芦科、苏铁科、柿科、杜英科、杜鹃花科、芸香科、茜草科等多科的植物均为其寄主植物，其中茜草科植物主要危害小粒咖啡和中粒咖啡。

【形态特征】

成虫　雌成虫蜡壳淡灰色至粉灰色，前期近矩形，背面微隆，产卵前期隆起至半球形或近圆形，蜡壳分层不明显，蜡壳边缘具明显的褶，向上翻卷，初期可观察到暴露于湿蜡外的一、二龄干蜡芒，位于缘褶之上，并向上翘起，计头部3，体两侧各4，尾部2；蜡壳大小为（1.5 ~ 4.0）mm×（1.5 ~ 3.5）mm，蜡壳厚1 ~ 2mm。虫体呈椭圆形，鲜红色或暗红色，大小为（1.5 ~ 3.5）mm×（1.0 ~ 2.2）mm。虫体散布背刺为小锥状；虫体肛板近三角形，前缘远短于后缘，且前缘常弯曲，外角圆，肛板有背毛和亚背毛3 ~ 4根，肛筒缨毛8根，肛环毛6根。体缘毛稀疏成列分布，在臀裂顶端有4根较长，气门凹陷很深，气门刺短粗圆锥形，顶端尖锐，成群分布在气门凹内，并沿体缘向前后延伸，前、后气门刺群不相连，在其间有8 ~ 14根体缘毛；气门凹内常有3列稍大的气门刺，其中央位置的3根气门刺又显著大于其余气门刺。体腹面膜质，触角短，共6节，第3节最长，触角间毛1 ~ 2对。足发达，跗冠毛细长，爪冠毛粗，顶端均膨大，爪无小齿。腹毛散布腹面，亚缘毛1列，阴前毛1对。扁圆十字腺在胸、腹部亚缘区成带分布。气门路多由五孔腺组成宽带，其间夹杂少量六七孔腺；多孔腺10孔，在阴区及前一腹节上较多，其余腹节上零星分布，少数可在足基侧分布。管状腺内管短宽，形成1列亚缘带。

若虫　若虫期干蜡壳雪白色，背面观星芒状，椭圆形干蜡帽盖住体背大部分。体缘干蜡芒放射状排列，约15个。低龄若虫虫体背面膜质，老熟虫体及成虫背面高度硬化，肉眼清晰可见。

【发生规律】 该虫1年发生2代，以三龄若虫和雌成虫在寄主植物枝条或叶片上越冬。随着气温升高，3月中旬雌成虫开始产卵，三龄若虫则继续生长发育，于4月上旬完全进入成虫期，成虫期至5月中旬，产卵期一直持续至6月中旬；4月下旬卵开始孵化，进入一龄若虫期，一龄若虫期至6月下旬结束；6月上旬至7月下旬为二龄若虫期；三龄若虫期与二龄若虫期基本同期发生；7月上旬部分虫体已成熟，进入成虫期，一直持续到8月中旬，第1代完成；第2代，7月下旬成虫开始产卵，卵期为7月下旬至10上旬；产卵后10d左右，卵开始孵化，进入一龄若虫期，时间为8月上旬至10月上旬；8月中旬至11月上旬为二龄若虫期；9月上旬进入三龄若虫期，10月中旬部分虫体进入成虫期；12月至翌年2月随着温度降低，开始以三龄若虫和雌成虫进行越冬。

【防治方法】

（1）植物检验检疫。加强植物检验检疫，禁止从佛州龟蜡蚧发生区调运咖啡苗木。

（2）农业防治。结合咖啡园整形修剪，在不影响咖啡产量的前提下剪除有虫枝叶，集中销毁；科学合理种植咖啡，保持咖啡园通风透气性；加强咖啡园水肥管理，增强咖啡植株生长势，提高抗病虫能力。

（3）生物防治。保护利用自然天敌，如红点唇瓢虫、异色瓢虫、红帽蜡蚧扁角跳小蜂等。

（4）化学防治。初孵若虫涌散期及一龄若虫末期，虫体表面无蜡质或少量蜡质覆盖，为化学防治的关键时期，建议使用5%高效氯氟氰菊酯水乳剂2 000 ~ 2 500倍液进行防控，每10d开展1次。

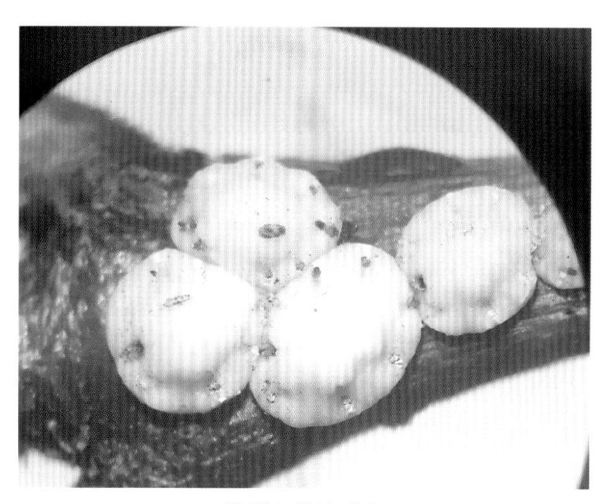

佛州龟蜡蚧成虫

佛州龟蜡蚧一龄若虫

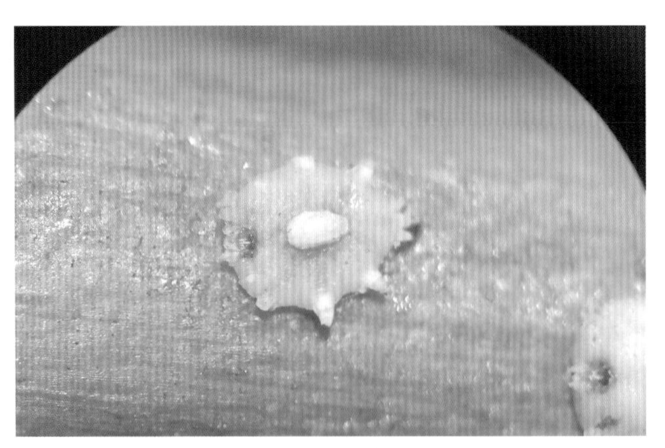
佛州龟蜡蚧二龄若虫

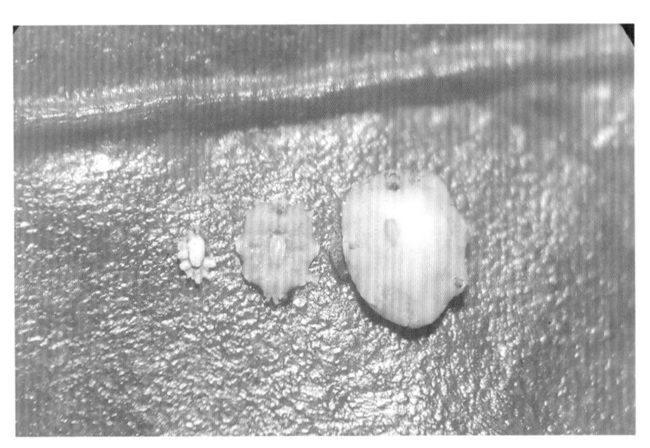
佛州龟蜡蚧一至三龄若虫

佛州龟蜡蚧分泌蜜露滋生煤烟病

3. 咖啡盔蜡蚧

【分布】 咖啡盔蜡蚧又称咖啡盔蚧。分布广泛，国外主要分布于印度尼西亚、印度、斯里兰卡、菲律宾、柬埔寨、泰国、越南、阿富汗、保加利亚、瑞士、克罗地亚、埃及、西班牙、法国、英国、匈牙利、希腊、伊朗、以色列、意大利、日本、朝鲜、俄罗斯、葡萄牙、瑞典、土耳其、澳大利亚、新西兰、肯尼亚、南非、墨西哥、美国、阿根廷、巴西、哥伦比亚、古巴等数十个国家；国内主要分布于海南、浙江、福建、江西、四川、贵州、广东、广西、内蒙古、陕西、云南、香港及台湾等多省份。

【危害特点】 该虫主要以若虫和雌成虫在寄主植物叶片正反面、枝条及嫩尖固定不动吸食汁液造成危害。咖啡盔蜡蚧自身对植株的影响较小，通常因吸食汁液导致幼嫩的叶片畸形或导致嫩枝及嫩芽生长不良，但不致死；严重时因虫体分泌蜜露而滋生煤烟病，使整个叶面覆盖黑色霉层，影响植物光合作用，导致落叶和落果。

【分类地位】 咖啡盔蜡蚧（*Saissetia coffeae*）属半翅目（Hemiptera）同翅亚目（Homoptera）蜡蚧科（Coccidae）盔蜡蚧属（*Saissetia*）。

【寄主植物】 小粒咖啡、柑、橘、橙、柚、柠檬、杜鹃、荔枝、铁树、茶、秋海棠、棕榈、番荔枝、铁线蕨、罗伞树、苹果、南瓜、杉、杧果、桂花、漆树、象牙树、鸡蛋花、番石榴、重阳木、吊兰等多种植物。

【形态特征】

雌成虫　体表被蜡层，蜡壳颜色棕褐色或棕红色。虫体椭圆形，背部常向上隆起成半球形，年轻成虫体黄褐色，有光泽；前期雌成虫体背常有H形纹，虫体大小为（2.0 ~ 5.0）mm×（1.5 ~ 2.5）mm；体背面老熟后硬化，背部布满圆形或椭圆形小亮斑；眼椭圆形，靠近头部体缘；背刺钝锥状，分布于体背；亚缘瘤5 ~ 7对；体缘毛大多分支，偶有细尖顶弯者，缘毛间距远短于毛长；体腹面膜质，触角8节，第3节最长，偶有6节或7节，触角具间毛3对。

雄成虫　介壳紫褐色，边缘为白色或灰白色，长椭圆形，后端延长，色灰白，长约1mm，宽约0.7mm。虫体橙黄色，足、触角、交尾器及雄盾片为褐色，体长约0.75mm，翅透明。

卵　长椭圆形，红棕色，大小为（0.3 ~ 0.5）mm×（0.1 ~ 0.3）mm。

若虫　体卵形，口器发达，极长，延伸至腹部末端。触角相对较长，第1~3节分节明显，第1节极大；第2节圆柱形；第3节极短；第4节极长；第5节微曲有毛，很长，具环状纹。体为橙黄色，体长0.23~0.25mm。

【发生规律】 该虫1年仅发生1代，以高龄若虫或雌成虫越冬。翌年3月随着温度升高，高龄若虫完全进入成虫期；5月上旬雌成虫陆续开始产卵，6月进入产卵高峰期，单雌产卵量为600 ~ 3 000粒；7月卵开始孵化，若虫孵化后在蜡壳内停留2 ~ 3d，于下午高温时段开始涌散；7月中下旬若虫表面开始陆续出现膜质层蜡壳；8月随着虫龄增加，体背面膜质层开始变硬；10月以后开始进入越冬期，该虫喜通风透气性较差的咖啡园。

【防治方法】

（1）植物检验检疫。加强植物检验检疫，禁止从咖啡盔蜡蚧发生区调运咖啡苗木。

（2）农业防治。加强咖啡园水肥管理，提高咖啡植株抗病虫能力；科学栽培，建议按照株行距1m×2m的规格进行合理栽植，维持咖啡园良好通风透气性；结合整形修剪技术，剪除有虫枝条，集中销毁。

（3）生物防治。保护利用咖啡盔蜡蚧天敌昆虫，在咖啡园间悬挂七星瓢虫卵卡，捕食咖啡盔蜡蚧低龄若虫。

（4）化学防治。在咖啡盔蜡蚧若虫涌散期，使用99%矿物油乳油100 ~ 200倍液或5%高效氯氟氰菊酯水乳剂2 000 ~ 2 500倍液，于16：00 ~ 18：00时段进行喷雾，每10d喷施1次，轮换用药。

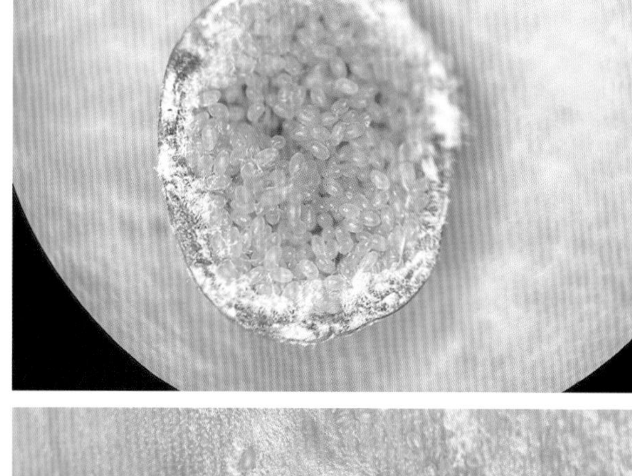

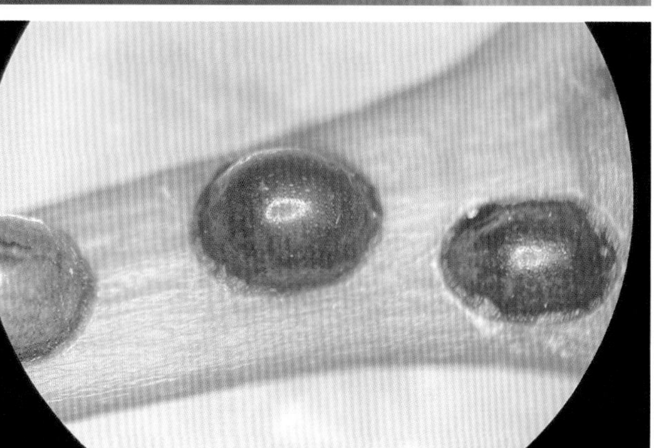

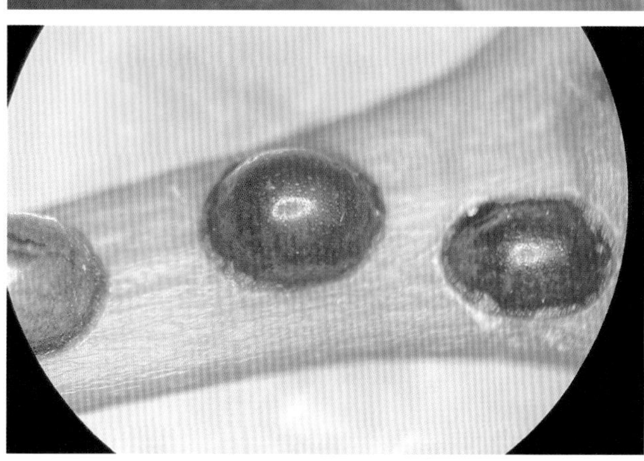

咖啡盔蜡蚧成虫

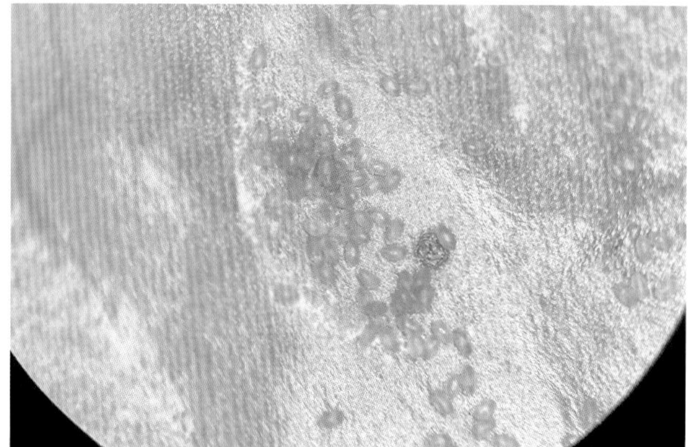

咖啡盔蜡蚧卵

咖啡盔蜡蚧成虫及若虫危害小粒咖啡嫩枝

咖啡盔蜡蚧与蚂蚁形成互利关系

咖啡盔蜡蚧危害小粒咖啡

咖啡盔蜡蚧分泌蜜露滋生煤烟病

咖啡盔蜡蚧群集危害

4. 刷毛绵蜡蚧

【分布】 刷毛绵蜡蚧又名垫囊绿绵蜡蚧、柿绿绵蚧、柿绵蚧、咖啡绿绵蚧和绵垫蚧。国外分布不详；国内主要分布于云南、福建、安徽、湖北、江西、湖南、台湾、广东、广西、四川等省份。

【危害特点】 该虫以成虫和若虫刺吸咖啡叶片吸食汁液，导致叶片变薄、卷叶，严重时导致叶片脱落；同时，也可分泌蜜露诱发煤烟病，但在咖啡植株上种群较低，危害并不严重。

【分类地位】 刷毛绵蜡蚧（*Puivinaria psidii*）属半翅目（Hemiptera）同翅亚目（Homoptera）蜡蚧科（Coccidae）绵蜡蚧属（*Puivinaria*）。

【寄主植物】 夹竹桃、无花果、米仔兰、番荔枝、番石榴、榕树、波罗蜜、栀子、鹰爪花、梅、樱桃、杏、李、苏铁、小粒咖啡、荔枝、龙眼、柚子、茶、橙子、柠檬、苹果、桑树、棕榈、黄连木、杨桐、杧果、樟树等。

【形态特征】

成虫　雌成虫体椭圆形，背中有褐色纵带，鲜活虫体深绿色，大小为（2.0 ~ 4.5）mm ×（1.5 ~ 3.0）mm。成虫体背面膜质，有许多不规则椭圆形亮斑；眼圆形或椭圆形，靠近头部体缘。背刺细锥状、任意分布；亚缘瘤9 ~ 14个；管状腺小且散布；微管腺分布于亮斑中；肛前孔在肛板前呈一长群分布；肛板三角形，前缘凹后缘凸，前缘略短于后缘；肛板端毛4根，腹脊毛3根；肛环位于肛板前，肛筒缨毛2对，肛环毛8根，肛环孔2 ~ 3列；体缘毛刷状，少数端尖，前、后气门凹间有缘毛13 ~ 20根；气门凹浅，气门刺3根，中央气门刺长为侧气门刺的2 ~ 4倍。体腹面膜质，触角8节，触角间毛6 ~ 7对；足正常，胫跗关节处具显著的硬化斑，胫节长于跗节；跗冠毛细，爪冠毛粗，顶端均膨大，爪无小齿；腹毛散布；亚缘毛1列；阴前毛3对；胸气门2对，气门被硬化框包围；气门路上五孔腺成1 ~ 3腺宽排列，前气门路上有五孔腺23 ~ 54个，后气门路上有五孔腺30 ~ 58个；多孔腺主要为10孔，在阴门周围密布，可延伸至第3或4腹节上分布，各足基侧亦有少量分布。

刷毛绵蜡蚧成虫

卵　淡黄色。

若虫　虫体呈椭圆形，淡黄绿色，略扁平，近透明。

【发生规律】 刷毛绵蜡蚧1年发生3 ~ 4代，以若虫和雌成虫在叶背面、嫩梢上越冬。翌年2月雌成虫开始形成卵囊，一般将卵产于卵囊内，初孵若虫危害新梢嫩叶、花穗及果实，约1d内开始固定取食，雌虫产完卵后逐渐干瘪死亡；5 ~ 6月是危害高峰期，可导致煤烟病发生，致使叶片变黑。

【防治方法】

（1）农业防治。结合整形修剪，剪除受害枝叶，集中销毁；修除过密枝条，增强咖啡园间通风透气性。

（2）生物防治。保护利用天敌，使害虫种群维持在较为稳定的水平。

5. 橘绿绵蜡蚧

【分布】 橘绿绵蜡蚧又名橘绿绵蚧、柑橘绵蚧、龟形绵蚧、黄绿絮介壳虫。国内分布于浙江、江西、福建、台湾、广东、广西、湖北、湖南、四川、云南、江苏、上海、贵州及北方温室。

【危害特点】 该虫以若虫和成虫群集在咖啡叶片背面吸取汁液造成危害，被害植株叶片生长不良，虫体排泄大量蜜露，滋生煤烟病。

【分类地位】 橘绿绵蜡蚧（*Chloropulvinaria aurantii*）属半翅目（Hemiptera）同翅亚目（Homoptera）蜡蚧科（Coccidae）绿绵蜡蚧属（*Chloropulvinaria*）。

【寄主植物】 柑、橘、香蕉、枇杷、柿、茶、无花果、荔枝、龙眼、橄榄、柚、橙、柠檬及小粒咖啡等。

【形态特征】

成虫　雌成虫体椭圆形，扁平，体色青黄或黄褐，大小约为4.0mm × 3.1mm；体边缘颜色较暗，有绿色或褐色的斑环，在背中线有纵行褐色带纹；触角8节，第3节最长，第2节和第8节次之，第6节和第7节最短；足细长，腿节和胫节几乎等长，但腿节较粗；爪冠毛发达，较粗，顶端膨大为球形；气门周围无圆筒状硬化。雌成虫产卵期不仅分泌白色绵状卵囊，还被柔软的白色蜡茸；卵囊较宽，背面有明显的3条纵脊；其分泌卵囊的5个蜡腺位于腹面前中间一点，第2对胸足足基上沿和第3对胸足足基下沿各有1对蜡腺。

卵　初产时为黄绿色，孵化前鹅黄色。

【发生规律】 该虫1年发生2代，以若虫在枝、叶上越冬。翌年3月下旬若虫开始活动，4月中旬雄成虫羽化、交尾；受精雌成虫于5月上旬体迅速膨大，背部明显隆起，并多数转移至叶背固定。第1代若虫期5 ～ 7月，7月下旬第1代成虫陆续分泌卵囊并产卵于其中，雌雄性比1 ： 2.6。单雌产卵700 ～ 1 500粒，平均1 000粒，卵孵化盛期为5月下旬。

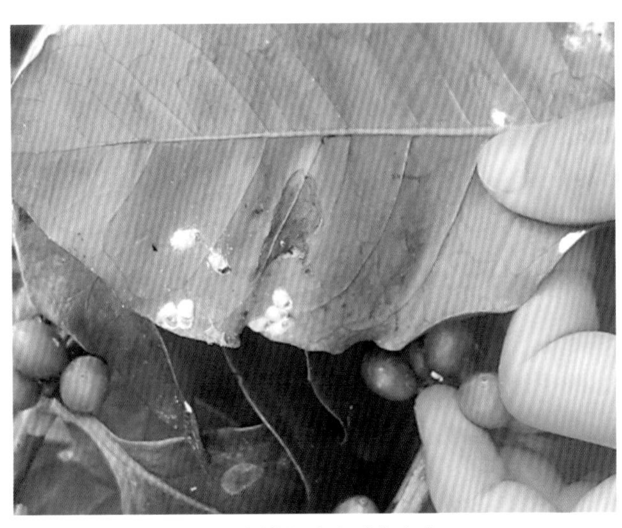

橘绿绵蜡蚧成虫群集危害

橘绿绵蜡蚧成虫在叶片正面危害

橘绿绵蜡蚧成虫在叶片背面危害

【防治方法】

（1）农业防治。结合咖啡园整形修剪，剪除受害及有虫枝条，进行集中销毁；增强咖啡园通风透气性，加强水肥管理，增强树势，提高植株抗虫性；避免与柑橘类作物套作，防止虫源交叉危害。

（2）生物防治。保护利用天敌昆虫，控制自然种群。

（3）化学防治。若虫孵化期为化学防治的关键时期，使用植物源杀虫剂夹竹桃叶水提取液10倍液、夹竹桃叶醇提取液10倍液、银杏外种皮水提取液10倍液、银杏外种皮醇提取液10倍液或5%高效氯氟氰菊酯水乳剂2 000 ～ 2 500倍液进行防控，其他虫期表面具有蜡层覆盖，化学防治效果较差。

粉蚧科（Pseudococcidae）

1. 堆蜡粉蚧

【分布】 国外分布不详；国内分布于广西、广东、福建、云南等省份。

【危害特点】 该虫主要以若虫和成虫在小粒咖啡的嫩枝、嫩叶及浆果上取食汁液造成危害。卵孵化后初孵若虫开始短距离爬行，寻找到适合固定的位置，将口针刺入植物组织后固定终身不动，危害初期导致叶片、嫩枝、幼果生长不良，畸形；随着危害期的增长，叶片叶柄、嫩芽、幼果果柄开始营养输送不良，导致落叶、嫩芽枯萎、落果或黑果，成熟期的浆果受害，则会导致果面着色不均衡，受害部位出现褪绿状；此外，该虫与蚂蚁可形成互利关系，如防控不当，可导致种群迅速扩大，也可分泌蜜露，滋生煤烟病，因黑色霉层覆盖，导致植株光合作用受阻。

【分类地位】 堆蜡粉蚧（*Nipaecoccus vastalor*）属半翅目（Hemiptera）同翅亚目（Homoptera）粉蚧科（Pseudococcidae）堆粉蚧属（*Nipaecoccus*）。

【寄主植物】 该害虫寄主植物众多，可危害杧果、枇杷、荔枝、龙眼、桃、李、柿、人心果、石榴、茶、肉桂、余甘子及小粒咖啡等多种经济作物。

【形态特征】

雌成虫 虫体被有厚厚的白色蜡质粉堆，粉堆多呈横向网格状排列，偶有纵向中部和两端排列，部分虫体微微露出，但不明显。由腹部顶端至末端形成1个向后延伸近长球形的白色卵囊。虫体暗红色，近圆形，体长2.5 ～ 3.5mm；触角瘤状，共7节；足3对，与虫体相比显得很小。具有后背裂，无前背裂，后背裂偶开口小，不容易发现。第3腹节和第4腹节间具明显的1个腹裂。虫体背面分布有长短粗细不一的圆锥形体刺，腹部背面中央的体刺较粗壮，头和胸部的体刺稍微细短。

雄成虫 体紫褐色，体长约1mm，前翅发达半透明，腹部末端具1对白蜡质长毛尾刺。

卵 椭圆形，红紫褐色，长约0.4mm。

若虫 紫褐色，与雌成虫相似，初孵若虫体表无蜡质粉堆，固定取食后开始分泌白色蜡质物，随着生长期的增长，体表蜡层逐渐增厚。

【发生规律】 在云南，堆蜡粉蚧1年发生3 ～ 4代，以若虫或雌成虫在植株树干上、树干裂缝内或害虫危害孔道内越冬。翌年2月，随着气温回升，虫体开始活动，喜成群聚集性危害；3月下旬产卵于卵囊内，单雌产卵量150 ～ 200粒；4月上旬至5月下旬卵孵化后，若虫依靠苗木调运或风雨进行传播扩散危害，以若虫爬行进行近距离传播，若虫寻找到合适的位置后，即开始固定取食危害；5月中旬一直持续至10月上旬均可见若虫和成虫堆积危害，具明显的世代重叠现象。4 ～ 5月和8 ～ 10月种群数量最大，危害最为严重。雄虫很难发现，主要以孤雌生殖为主。

【防治方法】

（1）植物检验检疫。苗木调运过程中做好严格的检验检疫工作，调运前和调运后均需要使用化学药剂集中防治1次。

（2）农业防治。结合咖啡园整形修剪，增强林间通风透气性，营造不适合堆蜡粉蚧的生存环境；对虫口种群数量大、危害较为严重、失去经济价值的受害枝条，可直接剪除，集中销毁；采用生草栽培技术，在咖啡园行间种植新诺顿豆、蝴蝶豆、大翼豆等豆科植物，营造适合天敌昆虫，如瓢虫、草蛉、寄生蜂等天敌昆虫的栖息环境，吸引天敌捕食或寄生害虫。

（3）生物防治。保护利用天敌昆虫，如粉蚧长索跳小蜂。

（4）化学防治。在危害高峰期，可将22.4%螺虫乙酯乳油4 500倍液或25%噻嗪酮可湿性粉剂2 000倍液+48%毒死蜱乳油1 000倍液混合使用，连续喷雾2 ～ 3次，每10d防控1次。

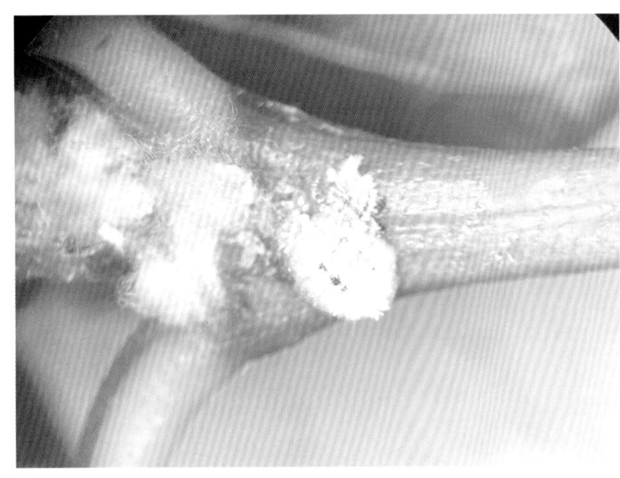

堆蜡粉蚧成虫

堆蜡粉蚧卵囊

堆蜡粉蚧危害小粒咖啡嫩梢

堆蜡粉蚧分泌蜜露滋生煤烟病

堆蜡粉蚧危害状

堆蜡粉危害小粒咖啡导致叶片畸形

2. 南洋臀纹粉蚧

【分布】 南洋臀纹粉蚧又名紫粉蚧、紫臀纹粉蚧、南洋刺粉蚧及咖啡根粉蚧，起源于菲律宾群岛，主要分布在亚洲热带地区及大洋洲。国外主要分布于日本、孟加拉国、文莱、柬埔寨、缅甸、菲律宾、印度、印度尼西亚、老挝、马来西亚、斯里兰卡、越南、也门、肯尼亚、毛里求斯、塞舌尔、南非、巴布亚新几内亚、多米尼加共和国、海地等国家或地区；国内主要分布于台湾、广东、广西、云南（景洪、元江、保山）以及海南等地。

【危害特点】 南洋臀纹粉蚧主要以若虫和雌成虫寄生于咖啡树根部吸食汁液，起初在根颈部2 ~ 3cm处危害，后逐渐延伸至主、侧根，造成植株早衰、叶黄，根部发黑、腐烂，最终导致整株凋萎、枯死。

【分类地位】 南洋臀纹粉蚧（*Planococcus lilacinus*）属半翅目（Hemiptera）同翅亚目（Homoptera）粉蚧科（Pseudococcidae）臀纹粉蚧属（*Planococcus*）。

【寄主植物】 南洋臀纹粉蚧寄主植物有39科62属70余种，包括台湾相思、阔荚合欢、圆滑番荔枝、刺果番荔枝、牛心番荔枝、番荔枝、五月茶、旱芹、落花生、槟榔、波罗蜜、面包树、阳桃、龙头竹、羊蹄甲、土蜜藤、木豆、杜虹花、依兰、吉贝、酸橙、柠檬、柚、柑、橘、椰子、变叶木、小粒咖啡、中粒咖啡、大粒咖啡、毛叶破布木、清明花、巴豆、刺桐、乌墨、银叶树、大花紫薇、野梧桐、杧果、人心果等多种植物。

【形态特征】

雌成虫　体长1.3 ~ 2.5mm，体宽0.8 ~ 1.8mm。雌成虫触角8节，眼在触角后面。胸足充分发育，粗大，后足基节和胫节上有许多透明孔。腹脐大而有节间褶横过。背孔2对，内缘硬化，孔瓣上有20 ~ 22个三格腺。肛环近背末，有成列环孔和6根长环毛，尾瓣略突，腹面有硬化棒，端毛长于环毛。刺孔群18对，各有2根锥刺，末对有20个三格腺和3根附毛，位于浅硬化片上，其他刺孔群具7 ~ 12个三格腺。三格腺均匀分布于背、腹面。多格腺仅在腹部腹面，第4 ~ 7腹节中区排列成单横列，第8、9节成带，阴门附近分布也较多。体背无管腺，腹面管腺较少，在体缘成群，在第4 ~ 7腹节中区、亚中区呈单横列，少数在其他体面，特别是足基节附近。体毛细长，背毛较粗，其长度随标本变化较大，腹部第6节背毛最长，其长度约为50μm。

【发生规律】 在云南，南洋臀纹粉蚧1年发生2代，以若虫在小粒咖啡根部或土层内完成越冬，具明显的世代重叠现象。翌年3月越冬若虫开始陆续活动取食危害，20d左右可见成虫，3月中下旬至4月下旬为第1代成虫期；4月下旬雌成虫开始产卵于卵囊内，卵期仅1 ~ 2d，单雌产卵量超过100粒；5月中下旬可见第2代成虫，成虫期一直持续至7月下旬。雨季，因土层湿度增加，南洋臀纹粉蚧开始陆续爬行至地表或在高于地表的小粒咖啡主干上取食危害，该时期常见大头蚁、小家蚁等与其形成互利关系。大头蚁、小家蚁等将南洋臀纹粉蚧虫体圈养于蚁巢内，吸食其分泌的蜜露，反过来又保护其免受天敌的侵扰，进一步增加了南洋臀纹粉蚧对咖啡植株的危害。当种群过大时也会转移至小粒咖啡园内藿香蓟、禾本科杂草等的根部取食危害，增加了翌年害虫的种群基数。

【防治方法】

（1）植物检验检疫。加强植物检验检疫，禁止从南洋臀纹粉蚧发生区调运咖啡苗木。

（2）农业防治。在咖啡园行间进行生草栽培，增加南洋臀纹粉蚧的寄主植物，减轻对咖啡的危害；加强水肥管理，有条件的咖啡园可进行淹水处理。

（3）生物防治。保护利用天敌昆虫。南洋臀纹粉蚧共有天敌昆虫5目7科18种，包括介壳虫跳小蜂、粉绒短角跳小蜂、长索跳小蜂、艾蚜小蜂、双谷瘿蚋、纵条瓢虫、孟氏隐唇瓢虫以及端黄小毛瓢虫、方突毛瓢虫、小毛瓢虫、食蚧夜蛾、布衣云灰蝶、灰纹小灰蝶、亚非玛草蛉等。

（4）化学防治。在若虫孵化前，对咖啡植株进行药剂灌根处理。先将表土扒开，然后浇灌药液，药剂可选48%毒死蜱乳油1 000倍液、5%高效氯氟氰菊酯水乳剂1 000倍液等。

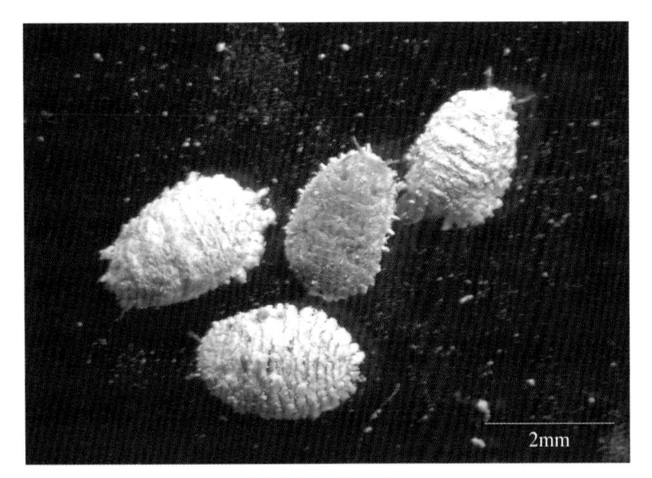

南洋臀纹粉蚧成虫

南洋臀纹粉蚧危害咖啡导致植株萎蔫

南洋臀纹粉蚧卵

南洋臀纹粉蚧危害咖啡根部

南洋臀纹粉蚧在咖啡树干基部的危害状

南洋臀纹粉蚧与蚂蚁形成互利共生关系

3. 扶桑绵粉蚧

【分布】 扶桑绵粉蚧是一种全球恶性入侵害虫，为我国重要的入境检疫对象，原产于北美洲。国外分布于美国、智利、阿根廷、巴西、印度、巴基斯坦等国家；国内，2008年首次在广东发现，之后相继在云南、台湾、福建、江西、浙江、湖南、广西、海南、四川等10多个省份有过分布报道。

【危害特点】 该虫以成虫和若虫分布在咖啡植株嫩枝、叶片上吸食汁液造成危害。种群数量较低时，通常分布于嫩叶叶腋或嫩芽处，隐匿难以发现，随着种群数量的扩大，开始聚集于嫩芽处或叶柄附近危害，受害植株叶片萎蔫，嫩茎干枯，植株生长缓慢或停止，花蕾、花、叶片脱落。扶桑绵粉蚧排泄的蜜露诱发的煤烟病影响叶片光合作用，导致叶片干枯脱落，植株生长受抑制，严重时可造成幼龄期小粒咖啡植株大量死亡。

【分类地位】 扶桑绵粉蚧（*Phenacoccus solenopsis*）属半翅目（Hemiptera）同翅亚目（Homoptera）粉蚧科（Pseudococcidae）绵粉蚧属（*Phenacoccus*）。

【寄主植物】 扶桑绵粉蚧寄主植物很多，国内外包括57科207种，以锦葵科、茄科、菊科、豆科植物为主；我国共有寄主植物56科166种，其中茜草科植物小粒咖啡为扶桑绵粉蚧在我国新记录的寄主植物。

【形态特征】

雌成虫　表皮柔软，体背被有白色薄蜡粉，在体节分节处蜡粉少或无，显出皮层的颜色；腹面蜡粉很薄，周缘通常还有放射状蜡突；足红色，通常发达，可以短距离爬行；腹脐黑色，被有薄蜡粉，在胸部可见0 ～ 2对，腹部可见3对黑色斑点；体缘有蜡突，均短粗，腹部末端4 ～ 5对较长；除去蜡粉后，在前、中胸背面亚中区可见2条黑斑，腹部1 ～ 4节背面亚中区有2条黑斑。

雄成虫　体微小，红褐色，长1.4 ～ 1.5mm，触角10节，长约为体长的2/3；足细长，发达；腹部末端具有2对白色长蜡丝；前翅正常发达，平衡顶端有1根钩状毛。

卵　呈卵圆形，浅黄色，扁平。

若虫　体呈卵圆形，低龄若虫体浅黄色。

【发生规律】 扶桑绵粉蚧繁殖能力强，多营孤雌生殖，单雌平均产卵400 ～ 500粒，种群增长迅速，1年发生10代以上，世态重叠现象明显。卵产在卵囊内，每囊有卵150 ～ 600粒，且多数孵化为雌虫，卵期很短，孵化多在母体内进行，因而产下的是小若虫，一龄若虫行动活泼，从卵囊爬出后短时间内即可取食危害，属于卵胎生。卵经3 ～ 9d孵化为若虫，若虫期22 ～ 25d，在气温10 ～ 20℃时开始繁殖，正常情况下，25 ～ 30d左右1代。在冷凉地区，以卵或其他虫态在植物上或土壤中越冬；热带地区终年繁殖危害。

【防治方法】

（1）植物检验检疫。加强植物检验检疫，禁止从扶桑绵粉蚧发生区调运咖啡苗木。

（2）农业防治。定期铲除咖啡园间杂草，避免杂草滋生而诱发该虫危害；扶桑绵粉蚧危害较为严重的咖啡枝条可直接剪除，集中销毁；采用深耕冬灌的方法，可以减少或消灭越冬虫态，降低和减少翌年害虫越冬基数，减轻危害发生；加强咖啡园水肥管理，提高咖啡植株抗病虫能力。

（3）生物防治。保护利用天敌及生防菌，如亚利桑那跳小蜂、亚金跳小蜂、异色瓢虫、球孢白僵菌等。

（4）化学防治。低龄若虫期使用5%高效氯氟氰菊酯水乳剂2 000 ～ 2 500倍液进行防治。

扶桑绵粉蚧成虫

扶桑绵粉蚧聚集性危害状

4. 柑橘粉蚧

【分布】 柑橘粉蚧又名橘粉蚧、橘臀纹粉蚧、紫苏粉蚧。国外分布不详；国内分布于重庆、四川、云南等多个省份。

【危害特点】 该虫以若虫和雌成虫常群聚在咖啡叶片正反面、果蒂、顶芽、枝条的凹处或枝芽眼处危害，严重时引起落叶、落果、嫩枝弯曲畸形，并诱发煤烟病。

【分类地位】 柑橘粉蚧（*Planococcus citri*）属半翅目（Hemiptera）同翅亚目（Homoptera）粉蚧科（Pseudococcidae）臀纹粉蚧属（*Planococcus*）。

【寄主植物】 该虫寄主植物众多，对柑橘、苹果、葡萄、龙眼、菠萝、石榴、枇杷、椰子、腰果、橄榄、梨、柿、无花果、桑、烟草及小粒咖啡等经济作物均有危害。

【形态特征】

雌成虫　淡橙色或粉红色，椭圆形，虫体大小为（3.0 ～ 4.0）mm×（2.0 ～ 2.5）mm；背面体毛长而粗，腹面体毛纤细；足3对，粗大；体被白色粉状蜡质，体缘有18对粗短的白色蜡刺，腹末1对最长；将产卵时腹部末端形成白色絮状卵囊。

雄成虫　褐色，长约0.8mm，具翅1对，淡蓝色，半透明，有纵脉2根，腹末有白色尾丝1对。

卵　淡黄色，椭圆形。

若虫　淡黄色，椭圆形，略微扁平，腹末有尾毛1对，固定取食后即开始分泌白色蜡粉覆盖虫体，并在周缘分泌出针状蜡刺。雌若虫经3次蜕皮变成成虫；雄若虫经4次蜕皮变成有翅成虫。

蛹　长椭圆形，淡褐色，长约1mm。

茧　长圆筒形，被稀疏的白色蜡丝。

【发生规律】 柑橘粉蚧主要以雌成虫在树皮缝隙及树洞内越冬，1年发生3 ～ 4代，具明显世代重叠现象。初孵若虫经一段时间的爬行后，多群集于嫩叶主脉两侧及枝梢的嫩芽、腋芽、果柄、果蒂处，或两果相接处，或两叶相交处固定取食，但每次蜕皮后常稍作迁移。该虫喜生活在阴湿稠密的咖啡树上，生长发育的适宜温度为22 ～ 25℃。

【防治方法】

（1）农业防治。及时修剪，改善咖啡园内通风透气性；尽量避免咖啡和柑橘类作物套种，防止交叉感染；危害较为严重的枝条可直接剪除，减少虫口数量。

（2）生物防治。保护利用天敌昆虫，如圆斑弯叶瓢虫、孟氏隐唇瓢虫、豹纹花翅蚜小蜂、粉蚧长索跳小蜂、粉蚧玉棒跳小蜂等。

（3）化学防治。危害较为严重时，可使用25%噻嗪酮悬浮剂1 500倍液或18%吡虫·噻嗪酮悬浮剂1 500倍液，林间喷布2 ～ 3次，间隔期15d左右。

柑橘粉虱群集危害状

柑橘粉虱雌成虫

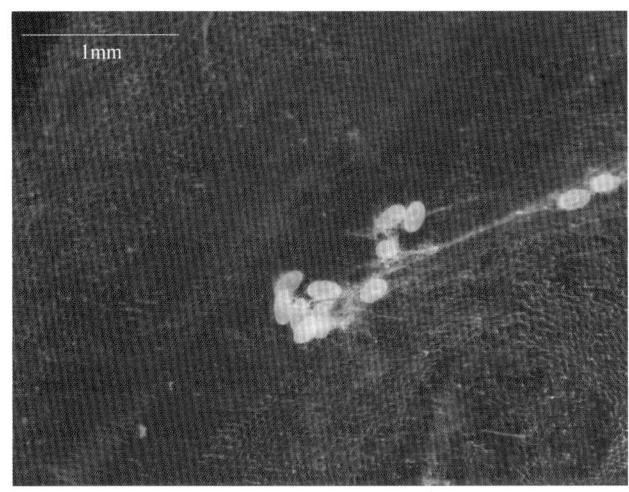

柑橘粉虱卵

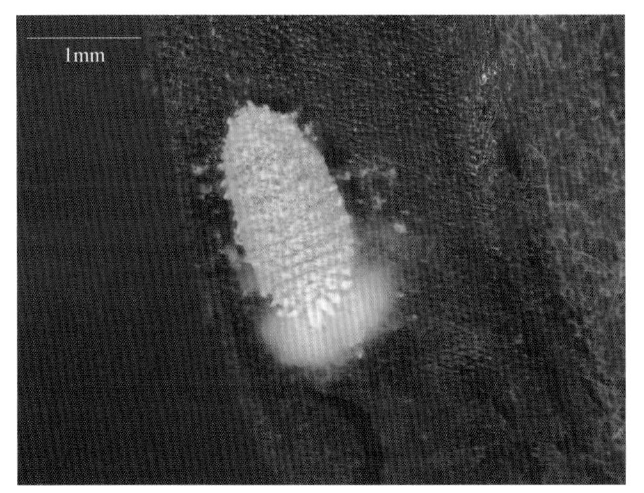

柑橘粉虱成虫产卵

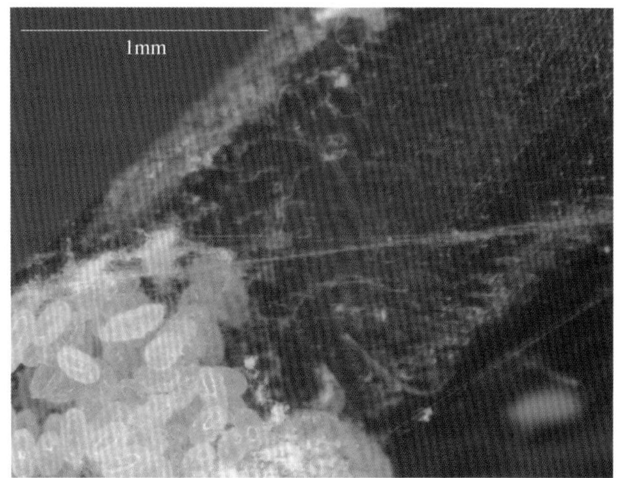

柑橘粉虱卵及若虫

5. 双条拂粉虱

【分布】 双条拂粉虱又称丝粉虱。分布广泛，在非洲及亚洲均有分布；国内鲜有分布报道，在广东、云南等省份有分布。

【危害特点】 该虫主要以雌成虫和若虫群聚性吸食咖啡嫩枝、叶片汁液，导致咖啡叶片枯黄萎缩脱落，嫩枝干枯，同时分泌蜜露而滋生煤烟病。

【分类地位】 双条拂粉蚧（*Ferrisia virgata*）属半翅目（Hemiptera）同翅亚目（Homoptera）粉蚧科（Pseudococcidae）中国拂粉蚧属（*Ferrisia*）。

【寄主植物】 该虫寄主植物众多，包括番木瓜、番荔枝、番茄、茄子、甘蔗、茶、花生、杧果、菠萝、夹竹桃、小粒咖啡等200多种农林作物，小粒咖啡为国内新记录寄主植物。

【形态特征】

雌成虫　活体灰色，呈卵圆形，触角8节，体长2.5 ~ 3.0mm，体宽1.5 ~ 2.0mm，体表覆盖白色粒状蜡质分泌物，背部具2条黑色竖纹，无蜡状侧丝，仅尾端具2根粗蜡丝（长约为虫体的1/2）和数根细蜡丝。

【发生规律】 双条拂粉蚧1年可发生多代，通常聚集在咖啡嫩梢及嫩叶上危害，全年可发生，没有明显越冬期。初孵若虫通常在母体附近短距离活动，三龄若虫以后虫体表面陆续出现白色絮状物，此时附近常伴有蚂蚁取食其分泌的蜜露。单雌产卵64 ~ 78粒；卵期较短，仅2 ~ 3d。

【防治方法】

（1）植物检验检疫。加强植物检验检疫工作，禁止从虫害发生区调运咖啡苗木，防止虫害远距离传播。

（2）农业防治。加强咖啡园水肥管理，合理控制咖啡植株枝条，增强咖啡园通风透气性，提高咖啡植株的抗虫性；剪除危害严重和害虫种群数量较大的枝条，进行集中销毁。

（3）生物防治。保护利用天敌昆虫，如外来刻顶跳小蜂等。

（4）化学防治。危害高峰期，使用10%高效氯氟氰菊酯水乳剂2 000倍液或22.4%螺虫乙酯悬浮剂3 000倍液，林间喷布2 ~ 3次，每10 ~ 15d喷施1次。

双条拂粉蚧群集危害状

双条拂粉蚧若虫在叶片背面危害

蚧科（Coccoidae）

咖啡绿蚧

【分布】 咖啡绿蚧又名绿软蜡蚧。分布广泛，国外分布于非洲、东南亚各国、印度洋及太平洋大多数岛屿；国内主要分布于云南、广东、广西、海南等热带或亚热带地区，在云南全部咖啡产区均有该虫的分布危害。

【危害特点】 该虫主要以若虫和成虫危害咖啡叶片、嫩枝及浆果。在叶片上主要沿主叶脉危害，在嫩枝上主要分布于纵形凹陷处危害，在浆果上分布于整个果面危害。除初孵若虫可移动外，其余虫体均固定不动，以口针插入植物组织内固定吸食汁液造成危害，轻则导致叶片畸形、枝条节间距变短、果实

变小，重则导致落叶和果实空瘪或落果；此外，虫体分泌的蜜露还可滋生煤烟病，导致叶面、果面漆黑一片，严重影响植株的光合作用。受害较为严重的咖啡园可导致咖啡减产20%以上，甚至绝产。

【分类地位】 咖啡绿蚧（*Coccus viridis*）属半翅目（Hemiptera）同翅亚目（Hompoptera）蚧科（Coccoidae）软蜡蚧属（*Coccus*）。

【寄主植物】 小粒咖啡、中粒咖啡、油棕、杧果、龙眼、柑橘等15科20余种。

【形态特征】

雌成虫 卵形或卵圆形，中部宽，两端窄，扁平状，中间微隆，呈绿色或浅绿色，体长2 ~ 4mm，体背中部有深色纵向弯曲的纹带；体后胸部有管状腺，在腹部腹面第5 ~ 8腹节上，各具1对体毛；无翅，虫体背面平滑，不分节；成虫则因足和触角退化而固定不动。

雄成虫 不常见，体长0.96 ~ 1.35mm，翅展0.75 ~ 0.99mm，触角长0.46 ~ 0.61mm。

卵 呈圆形，体边缘扁平，中间稍作隆起，初产为白色透明状，后期黄色不透明。

若虫 共6龄。一龄若虫具足和触角，可短距离爬行，体呈浅绿色；二龄以后若虫体表开始分泌膜质层，虫体固定不动，体呈浅绿色或绿色。

【发生规律】 在云南，该虫1年可发生多代，全年均有发生，无明显越冬现象，以孤雌生殖进行繁殖。初孵若虫在母体下短暂停留，而后开始涌散。高温干旱季节，在通风透气性较差的咖啡园发生尤为严重；雨季种群数量急剧下降，该时期寄生真菌和寄生蜂寄生率非常高；冬季低温期成虫繁殖率降低，危害程度稍减轻。常与臭蚁和长足光结蚁等形成互利关系，获得蚂蚁的保护，免受天敌昆虫的滋扰。

【防治方法】

（1）农业防治。加强咖啡园水肥管理，提高咖啡植株生长势；结合咖啡园整形修剪，剪除受害枝条，集中处理；剪除过密枝条，增加咖啡园通风透光性。

（2）物理防治。咖啡植株树体基部缠绕粘虫胶，驱除蚂蚁，破坏蚂蚁与咖啡绿蚧间的互利共生关系，减轻蚂蚁对天敌昆虫的滋扰。

（3）生物防治。保护利用大红瓢虫、七星瓢虫、红环瓢虫、二星瓢虫及寄生真菌，危害不严重的咖啡园可林间悬挂七星瓢虫卵卡，捕食咖啡绿蚧若虫。

（4）化学防治。盛发期使用10%氯氟氰菊酯乳油1 000 ~ 1 500倍液或22.4%螺虫乙酯乳油3 000 ~ 3 500倍液进行林间喷雾，20d左右喷施1次，连续喷药2 ~ 3次。

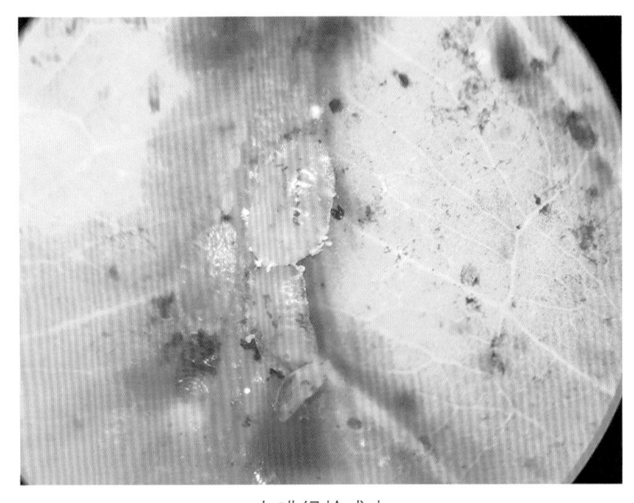
咖啡绿蚧成虫

咖啡绿蚧危害咖啡浆果

咖啡绿蚧危害咖啡嫩叶

咖啡绿蚧危害咖啡枝梢

咖啡园悬挂七星瓢虫卵卡

咖啡绿蚧分泌蜜露滋生煤烟病

双线盗毒蛾幼虫捕食咖啡绿蚧

咖啡绿蚧天敌取食若虫

蚜科（Aphididae）

橘二叉蚜

【分布】 橘二叉蚜又名茶二叉蚜和可可蚜。分布广泛，国内分布于河北、河南、山东、四川、湖北、云南、贵州、浙江杭州等地，在云南所有咖啡种植区均有发生。

【危害特点】 该虫以若虫和成虫在咖啡嫩尖及嫩叶上吸食汁液危害，被害叶向反面卷曲或稍纵卷。严重时新梢不能抽出，引起落花；同时，还可分泌蜜露滋生煤烟病，使叶片、果面漆黑一片。

【分类地位】 橘二叉蚜（*Toxoptera aurantii*）属半翅目（Hemiptera）同翅亚目（Hompoptera）蚜科（Aphididae）二叉蚜属（*Toxoptera*）。

【寄主植物】 柑、橘、脐橙、枸骨、紫薇、金丝桃、冬青、木绣球、小粒咖啡、小叶榕、山桃、杧果等多种经济作物。

【形态特征】

有翅孤雌蚜　体呈卵圆形，大小约为2mm×1mm，体黑色、黑褐色或红褐色；胸、腹部色稍浅；腹部无斑纹；触角第1～2节及其他节端部黑色，喙端节、足除胫节中部外其余全骨化呈灰黑色，腹管、尾片、尾板及生殖板黑色；头部有皱褶纹；中额瘤稍隆，额瘤隆起外倾；触角长约1.5mm，具纹；喙超过中足基节；胸部背面有网纹；中胸腹岔短柄；足光滑，腿节有卵圆形腺状体，后足胫节基部有1行发音短刺；腹部背面微显网纹；气门圆形，骨化灰黑色；缘瘤位于前胸及腹部1节以上，第7节缘瘤最大；腹管长筒形，基部粗大，向端部渐渐变细，有微瓦纹，有缘突和切迹；腹管长0.29mm，为尾长的1.2倍；尾片粗锥形，中部收缩，端部有小刺突瓦纹，其上着生长毛19～25根；尾板长方块形，有长短毛19～25根；生殖板有14～16根毛。

无翅孤雌蚜　呈长卵形，大小约为1.80mm×0.83mm，体黑色或黑褐色，有光泽，头部有皱褶纹，胸部背面有网纹，有缘瘤，位于前胸背板及腹部第1、7节，第7节缘瘤最大，体毛短，头部10根，第8节1对长毛；中额瘤稍隆；触角长约1.5mm，第3节在端部2/3处有5～6个圆形次生感觉圈排成1行；前翅中脉分二叉，后翅正常。

卵　长椭圆形，一端稍细，大小为（0.5～0.7）mm×（0.2～0.3）mm，初期为浅黄色，后逐渐变为棕色至黑色，具光泽。

若虫　特征与无翅孤雌蚜相似，体小；一龄若虫体长0.2～0.5mm，淡黄色至淡棕色，触角4节；二龄若虫触角5节；三龄若虫触角6节。

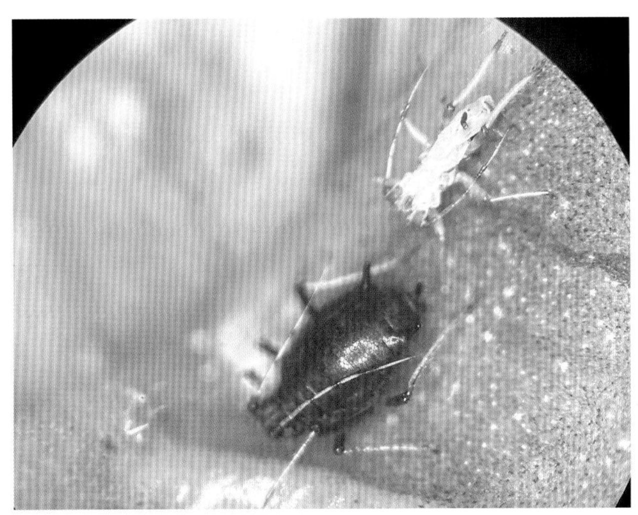

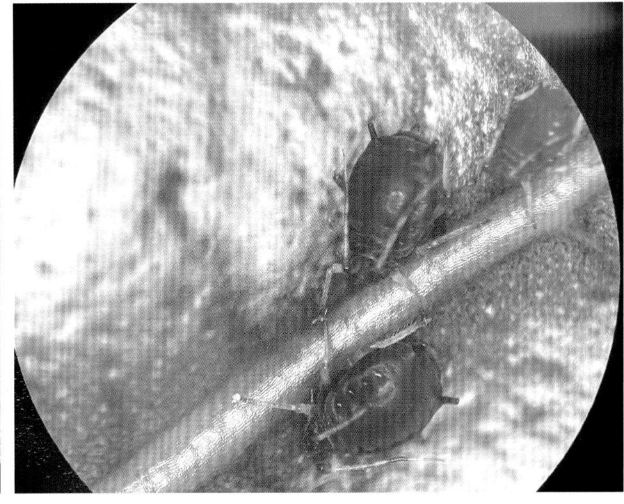

橘二叉蚜无翅孤雌蚜

【发生规律】 该虫在云南1年发生20代以上，以无翅孤雌蚜和老熟若虫越冬。翌年3 ~ 4月开始活动，取食新梢和嫩叶，以春末夏初和秋天种群数量最大，危害最为严重。一般当叶片老化，食物缺乏或虫口密度过高时产生有翅孤雌蚜进行短距离飞行传播危害。

【防治方法】

（1）农业防治。发生虫口数量大、虫口密度高时，可摘除受害枝条，集中销毁；种群数量较小时，可人工抹除叶片背面的虫体。

（2）生物防治。橘二叉蚜天敌昆虫众多，危害初期可通过在小粒咖啡园定期悬挂七星瓢虫卵卡，捕食蚜虫。

（3）化学防治。当虫口密度高、种群数量大时，可采用99%绿颖矿物油400倍液，或10%吡虫啉可湿性粉剂3 000 ~ 3 500倍液，或3%啶虫脒乳油2 000 ~ 3 000倍液林间喷雾，交替使用。

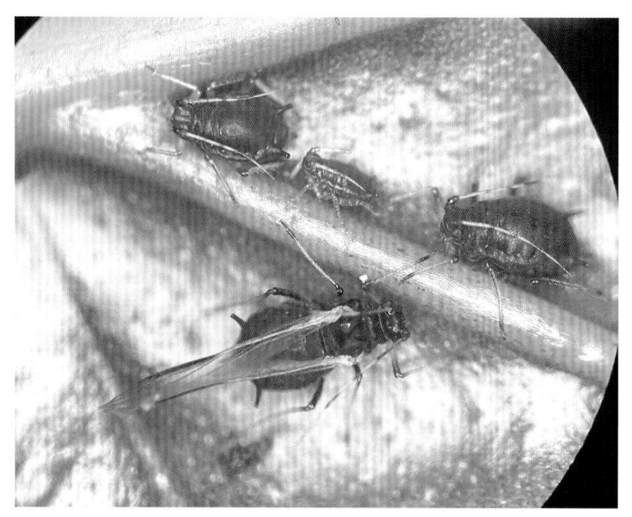

橘二叉蚜有翅蚜

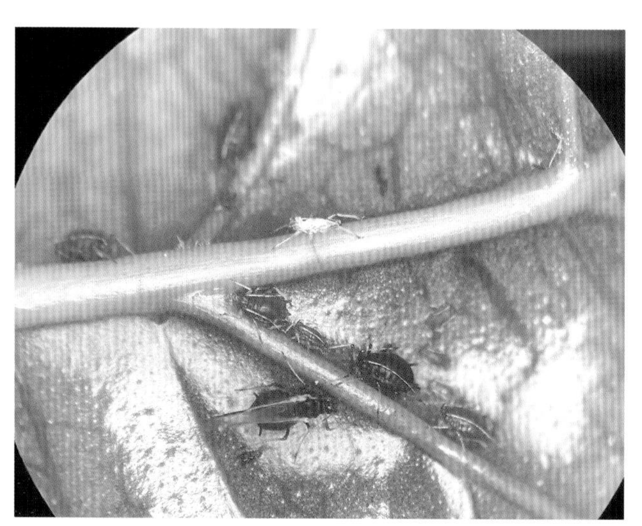

橘二叉蚜群集危害小粒咖啡嫩叶叶脉

橘二叉蚜群集危害状

橘二叉蚜危害小粒咖啡嫩叶

蜡蝉科（Dictyopharidae）

伯瑞象蜡蝉

【分布】 伯瑞象蜡蝉又名长吻象蜡蝉、长头蜡蝉、象蜡蝉、苹果象蜡蝉。国外分布不详；国内分布

于云南、四川、海南、台湾、广东、陕西、山东、江苏、浙江、湖北、江西、福建等省份。

【危害特点】 以成虫和若虫吸食咖啡嫩枝、嫩叶、浆果等组织汁液造成危害，影响植株生长，成虫和若虫均呈群集性危害。

【分类地位】 伯瑞象蜡蝉（*Dictyophara patruelis*）属半翅目（Hemiptera）同翅亚目（Homoptera）蜡蝉科（Dictyopharidae）象蜡蝉属（*Dictyophara*）。

【寄主植物】 小粒咖啡、杧果、甘蔗、苹果等经济作物。

【形态特征】

成虫　体长约15mm，翅展约22mm，体黄绿色。头明显向前突出，呈长圆柱形，前端稍狭；顶长约等于头胸长度之和，侧缘全长具脊线，脊线与基部的中脊绿色，中央有两条橙色纵条，到端部消失；复眼淡褐色，单眼黄色；颜狭长，侧缘与中央的脊线绿色，其间有两条橙色纵条，唇基末端和喙有黑色条纹。腹背淡褐色，腹面黄绿色，翅透明，脉纹淡黄色或浓绿色，前翅端部脉纹与翅痣多为混色，侧面有橙色条纹。

若虫　体淡褐色，腹部末端有束状蜡丝，至终龄若虫羽化之前，蜡丝会消失。

【发生规律】 该虫1年可发生2～3代，以卵进行越冬，成虫种群6～9月较大，危害也较为严重。成虫和若虫均善跳跃，轻触后立即跳跃，成虫和若虫具有群集特征，成虫和若虫清晨均不喜动。

伯瑞象蜡蝉成虫

伯瑞象蜡蝉成虫（侧面）

伯瑞象蜡蝉成虫（背面）

伯瑞象蜡蝉成虫群集危害

【防治方法】

（1）农业防治。结合咖啡园整形修剪，剪除过密枝条，保持咖啡园通风透气性；剪除枝条上的卵块，集中销毁，减少虫口数量。

（2）生物防治。保护利用天敌昆虫，维持害虫自然种群稳定。

（3）化学防治。伯瑞象蜡蝉对咖啡危害较小，不建议使用化学防治；但如果在6～9月种群数量较大时，可使用15%茚虫威乳油2 000～2 500倍液，或10%联苯菊酯乳油2 500倍液，林间喷雾1次，降低成虫种群数量。

角蝉科（Membracidae）

白纹弧角蝉

【分布】 白纹弧角蝉又名白条弧角蝉。分布于我国的云南（勐腊、耿马、隆阳）、湖南、广东、海南、广西、贵州等省份。

【危害特点】 该虫以成虫和若虫群集性吸食咖啡嫩梢、嫩枝及嫩叶的汁液；此外，虫体还可以分泌蜜露诱发煤烟病，同时分泌的蜜露也会吸引蚂蚁形成互利共生关系，导致危害更加严重。

【分类地位】 白纹弧角蝉（*Leptocentrus albolineatus*）属半翅目（Hemiptera）同翅亚目（Homoptera）角蝉科（Membracidae）弧角蝉属（*Leptocentrus*）。

【寄主植物】 可可、胡椒、小粒咖啡、黄槿、余甘子等经济作物。

【形态特征】

成虫　体长8.0～8.5mm，头和前胸背板棕黑色或黑色，上着生细毛，前胸背板上有3个突起的犄角，上犄角呈三棱形，末端尖锐，后犄角从前胸背板后缘延伸，犄角端部弧形弯曲，一直延伸至后翅，并与后翅缘相互接触，末端尖锐；前胸背板侧面至小盾片为白色状纹。前翅狭长透明，烟黑色，翅脉发达。

【发生规律】 该虫在云南1年发生多代，全年均可发生，无明显越冬现象。成虫和若虫多栖息在咖啡的嫩枝、叶柄、嫩叶背面等部位群集性取食危害，卵多产于枝条和茎干上。成虫和若虫阴雨天和清晨活动缓慢或基本不活动，晴天活动较频繁，善跳跃。

【防治方法】

（1）农业防治。清晨或阴雨天，摘除成虫和若虫群集性危害枝条，集中销毁；加强咖啡园水肥管理，提高咖啡植株抗病虫性。

（2）生态防治。保持咖啡园行间杂草群落，使咖啡园植物类群维持较高水平，吸引白纹弧角蝉取食，减少对咖啡的危害。

（3）生物防治。保护利用天敌昆虫及鸟类，使白纹弧角蝉自然种群维持在稳定水平。

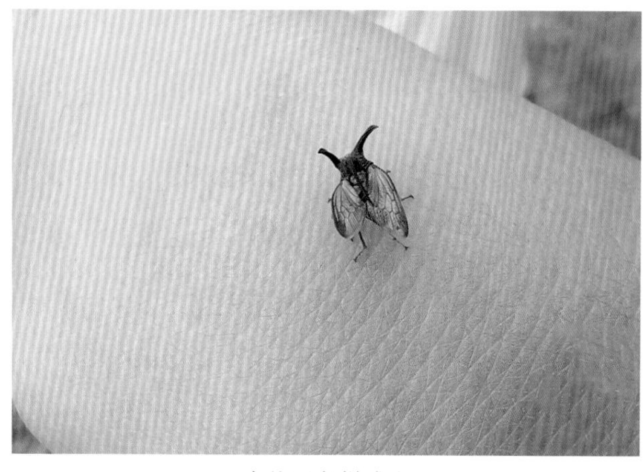

白纹弧角蝉成虫

白纹弧角蝉成虫与长足光结蚁发生互利共生关系

蛾蜡蝉科（Fulgoridae）

1. 白蛾蜡蝉

【分布】 白蛾蜡蝉又名紫络蛾蜡蝉、青翅衣。国外分布情况不详；目前国内分布于广西、广东、福建、台湾及云南等省份。

【危害特点】 该虫以成虫、若虫群集在较荫蔽的枝干、嫩枝、花穗、果柄上刺吸汁液，种群数量较大时，远远看去受害枝条白白一层；其排泄物也会诱发煤烟病，导致寄主植物枝叶及果面被黑色霉层包裹，严重影响植株的光合作用，致使树势衰弱，造成落果或品质降低。

【分类地位】 白蛾蜡蝉（*Lawana imitata*）属半翅目（Hemiptera）同翅亚目（Homoptera）蛾蜡蝉科（Fulgoridae）络蛾蜡蝉属（*Lawana*）。

【寄主植物】 该虫食性杂，寄主植物众多。小粒咖啡、茶、油茶、柑橘、桃、李、梅、石榴、无花果、木瓜、梨、胡椒、杧果、龙眼、荔枝、波罗蜜、法国梧桐、刺槐、银桦、喜树、女贞、日本扁柏等经济作物或林木均可作为其寄主植物。

【形态特征】

成虫　体色为白色或淡绿色，体长19～25mm，体表被白色蜡质粉末；头顶锥形突出；颊区具明显的脊，复眼呈褐色，触角着生于复眼下方；前胸向头部呈弧形凸出；中胸背板非常发达，中胸背板背面有3条细脊状隆起；前翅近三角形，顶角近直角，臀角向后呈锐角，外缘平直，后缘近基部略弯曲；径脉和臀脉中段黄色，臂脉基部蜡粉较多，集中成白点，后翅白色或淡绿色，半透明；后足发达，善跳跃。

卵　长椭圆形，淡黄白色，表面有细网纹，卵块呈长方形。

若虫　体长7～8mm，稍微扁平，胸部宽而大，翅芽发达，翅芽端部平截，体白色，布满絮状的蜡状物，腹末端呈截断状，分泌蜡质较多。

【发生规律】 白蛾蜡蝉在云南1年发生2代，以成虫在寄主枝叶茂密处越冬，具明显世态重叠现象。随着气温升高，3月中旬成虫开始进入产卵期，产卵期为3月中旬至5月下旬；4月上旬卵开始孵化，进入若虫期，若虫期为4月上旬至7月下旬；6月上旬进入成虫期，8月下旬成虫期结束，第1世代完成。7月下旬，雌成虫开始产卵，卵期为7月下旬至8月下旬；8月上旬卵开始孵化，进入若虫期，一直持续至9月下旬；9月上旬进入成虫期，成虫开始寻找配偶交配，11月随着温度降低，开始进入越冬态。

【防治方法】

（1）农业防治。剪去枯枝，防止成虫产卵；加强咖啡园管理，改善通风透光条件，增强树势；出现白色絮状物时，用木杆或竹竿触动使若虫落地，并将其捕杀；加强咖啡园水肥管理，增强树势，提高抗病虫能力。

（2）化学防治。可使用15%茚虫威乳油2 000～2 500倍液，或10%联苯菊酯乳油2 500倍液，林间喷雾1次，降低成虫种群数量。

白蛾蜡蝉诱发煤烟病

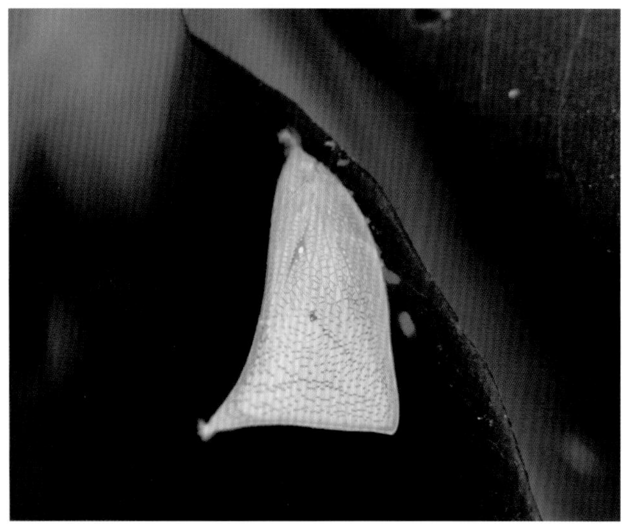

白蛾蜡蝉成虫

白蛾蜡蝉若虫

白蛾蜡蝉群集危害（成虫）

白蛾蜡蝉群集危害（若虫）

白蛾蜡蝉的絮状物

2.碧蛾蜡蝉

【分布】 碧蛾蜡蝉又称碧蜡蝉、黄翅羽衣。国外分布不详；国内分布于山东、江苏、上海、浙江、江西、湖南、福建、广东、广西、海南、四川、贵州、云南等省份。

【危害特点】 该虫以成虫、若虫常群居寄主植物枝条、嫩尖、叶片上，吸食植物汁液造成危害，严重时枝叶表面布满白色蜡质物，致使植物生长受阻，同时，还可诱发煤烟病。但在咖啡植株上种群数量较小，可见成虫或若虫分散于咖啡叶片或枝条上取食，危害较小。

【分类地位】 碧蛾蜡蝉（*Ceisha distinctissima*）属半翅目（Hemiptera）同翅亚目（Homoptera）蛾蜡蝉科（Fulgoridae）碧蛾蜡蝉属（*Ceisha*）。

【寄主植物】 澳洲坚果、杧果、柑橘、荔枝、龙眼、小粒咖啡等经济作物。

【形态特征】

成虫　整体呈黄绿色或淡绿色，体长约7mm，翅展21mm，顶短，向前略微突起，侧缘脊状褐色；额长大于宽；复眼黑褐色，单眼黄色；前胸背板短，中胸背板长，上有3条平行纵脊及2条淡褐色纵带；腹部浅黄褐色，覆白色蜡质粉；前翅宽阔，外缘平直，翅脉黄色，脉纹密布似网纹，红色细纹绕过顶角经外缘伸至后缘爪片末端；后翅灰白色，翅脉淡黄褐色；足胫节、跗节色略深；静息时，翅常纵叠成屋脊状。

卵　纺锤形，长约1mm，乳白色。

若虫　老熟若虫体长约8mm，长形，体扁平，腹末截形，绿色，全身覆盖白色絮状蜡粉，腹末附白色长的絮状蜡丝。

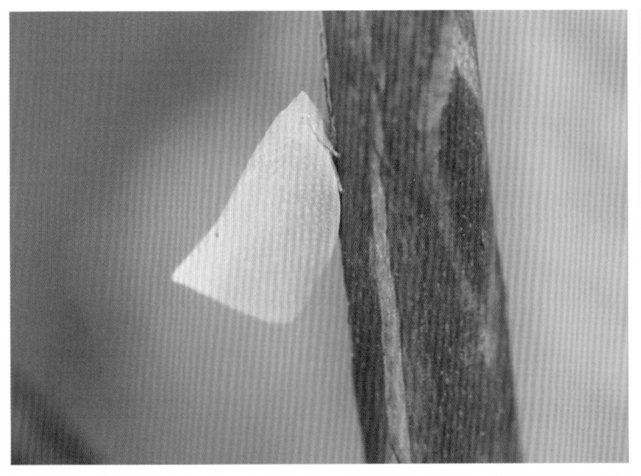
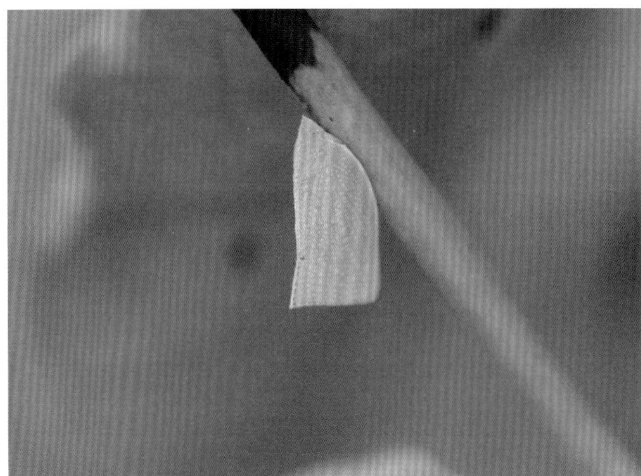

碧蛾蜡蝉成虫

【发生规律】 该虫1年发生代数因地域而变，差异较大，绝大多数区域1年仅发生1代，以卵在枯枝中越冬。翌年5月上中旬卵开始陆续孵化，7～8月若虫进入老熟期，陆续羽化为成虫，至9月受精雌成虫产卵于小枯枝表面和木质部。偶有发生2代，以卵或成虫越冬，第1代成虫6～7月发生，第2代成虫10月下旬至11月发生，一般若虫发生期3～11个月。

【防治方法】

（1）农业防治。枝条上害虫种群数量较大时，可剪除受害枝条，集中进行销毁；结合咖啡园整形修剪，增加咖啡园通风透气性，加强咖啡园水肥管理，增强咖啡植株生长势；冬季清除咖啡枯枝，破坏产卵环境。

（2）化学防治。害虫种群过大时，可使用10%吡虫啉可湿性粉剂2 000～3 000倍液，或25%噻嗪酮可湿性粉剂1 000～2 000倍液，喷雾防治1次。

广翅蜡蝉科（Ricaniidae）

带纹疏广翅蜡蝉

【分布】 关于带纹疏广翅蜡蝉的分布记录几乎没有，该虫采集于云南省保山市隆阳区潞江镇赧亢村。

【危害特点】 该虫以成虫和若虫刺吸小粒咖啡嫩枝、嫩叶的汁液，使受害植株衰弱，叶片变黄脱落，严重时，枝梢枯萎，排泄物容易诱发煤烟病。

【分类地位】 带纹疏广翅蜡蝉（*Euricania facialis*）属半翅目（Hemiptera）同翅亚目（Homoptera）广翅蜡蝉科（Ricaniidae）疏广翅蜡蝉属（*Euricania*）。

【寄主植物】 小粒咖啡。

【形态特征】

成虫　虫体长约6mm，自然状态下翅宽10mm，翅透明，翅脉清晰可见，前翅外缘一圈呈黑褐色或黑色，外翅左右两侧中后端各有两个黄斑。

若虫　体白色微偏绿，复眼红色，尾部具辐射状蜡质毛簇。

带纹疏广翅蜡蝉成虫

【发生规律】 不详。

【防治方法】

（1）农业防治。加强小粒咖啡园水肥管理，增强咖啡植株树势，及时铲除杂草。

（2）物理防治。在成虫期可用黄板诱杀。

（3）生物防治。保护利用天敌，控制害虫自然种群；在湿度高的地区或季节，提倡喷洒每毫升含800万孢子的白僵菌稀释液控制害虫种群。

（4）化学防治。害虫种群较大时，可使用15%茚虫威乳油2 500～3 500倍液，或24%溴虫腈悬浮剂1 500～1 800倍液，或10%联苯菊酯乳油3 000～5 000倍液，林间喷雾2～3次，控制害虫种群。

沫蝉科（Cercopidae）

白带尖胸沫蝉

【分布】 白带尖胸沫蝉又名吹泡虫。国外分布不详；国内分布于安徽、浙江、湖北、江西、湖南、福建、台湾、广东、广西、贵州及云南等省份。

【危害特点】 该虫主要以成虫和若虫在寄主嫩枝基部或在枝条与叶柄处吸取汁液，若虫期会分泌大量的白色泡沫状黏稠物遮掩虫体。

【分类地位】 白带尖胸沫蝉（*Aphrophora intermedia*）属半翅目（Hemiptera）同翅亚目（Homoptera）沫蝉科（Cercopidae）尖胸沫蝉属（*Aphrophora*）。

【寄主植物】 柑橘和小粒咖啡等经济作物。

【形态特征】

成虫　体梭形，棕褐色，体长9.8 ~ 11.4mm，前翅有一明显的灰白色横带，后足胫节的外侧有两个棘状突起，停息时头部微微向上抬起。

【发生规律】 该虫1年发生1代，以卵在枝条上或枝条内越冬。翌年4月越冬卵开始陆续孵化，5月中下旬进入孵化盛期，若虫经4次蜕皮于6月中下旬羽化为成虫，成虫羽化后需吸食嫩梢基部汁液，进行营养补充。成虫受惊扰时，即行弹跳或进行短距离的飞翔，7 ~ 8月成虫开始交尾、产卵，卵产在新梢内，雌成虫寿命较长，可达30 ~ 90d，单雌可产卵几十粒乃至数百粒。

【防治方法】

（1）人工防治。定期巡视咖啡园，发现白色泡沫状黏液时，使用塑料手套抹杀白色泡沫下的虫体，降低害虫种群。

（2）农业防治。加强咖啡园水肥管理，增强咖啡生长势，提高咖啡植株抗病虫性。

（3）化学防治。虫口密度较大时，可选择有机磷类杀虫剂喷杀。

白带尖胸沫蝉成虫

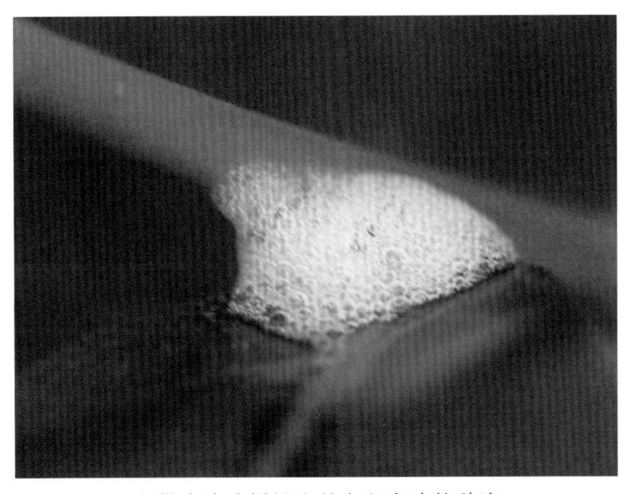

白带尖胸沫蝉排出的白色泡沫状黏液

等翅目（Isoptera）

白蚁科（Termitidae）

黑翅土白蚁

【分布】 国外分布于缅甸和泰国；国内分布于河南、安徽、陕西、甘肃、江苏、浙江、湖北、湖南、贵州、四川、重庆、江西、福建及云南等多省份。

【危害特点】 该虫主要通过修筑蚁巢将咖啡植株树干包裹，然后取食树皮，甚至心材，破坏韧皮部，较轻时导致形成层破坏，影响树干增粗；破坏木质部则导致光合作用降低，植株生长缓慢；破坏木纤维和韧皮部纤维，影响树干强度，使植株容易折断；严重时可导致植株死亡。

【分类地位】 黑翅土白蚁（*Odontotermes formosanus*）属等翅目（Isoptera）白蚁科（Termitidae）土白蚁属（*Odontotermes*）。

【寄主植物】 小粒咖啡、油茶、泡桐、栗等林木以及樱花、梅花、桂花、海棠、蔷薇、蜡梅等观赏类植物。

【形态特征】

有翅生殖蚁　体长12 ~ 16mm，体棕褐色；翅展23 ~ 25mm，翅为黑褐色；触角19节，念珠状；前胸背板后缘中央向前凹入，中央具1个“十”字形淡黄色斑，两侧各有1个圆形或椭圆形淡色点，其后有1个小而带分支的淡色点。蚁王为雄性有翅生殖蚁发育而成，体型较大，翅极易脱落，体壁硬化程度高，体略有收缩。蚁后为雌性有翅生殖蚁发育而成，体大小为（70 ~ 80）mm ×（13 ~ 15）mm，无翅，色较深，体壁较硬，腹部长而大，白色腹部上呈现褐色斑块。

兵蚁　共5龄，末龄兵蚁体长5 ~ 6mm；头部深黄色，胸、腹部淡黄色至灰白色，头部发达，背面呈卵形，长大于宽；复眼退化；触角16 ~ 17节；上颚镰刀形，在上颚中部前方有一明显的刺。前胸背板元宝状，前窄后宽，前部斜翘起。前、后缘中央皆有凹刻。兵蚁有雌雄之别，但无生殖能力。

工蚁　共5龄，末龄工蚁体长4.6 ~ 6.0mm；头黄色，胸、腹灰白色；头侧缘与后缘连成圆弧形；囟位于头顶中央，呈小圆形的凹陷，后唇基显著隆起，中央有缝；触角17节，第2节长于第3节。

卵　长椭圆形，长约0.8mm，乳白色，一边较为平直。

【发生规律】 黑翅土白蚁“社会性”分工明显。其主巢筑在0.8 ~ 3.0m深的土中。群体中工蚁比例达90%。巢内的一切工作如筑巢、修路、抚育白蚁、寻食等都由工蚁承担。兵蚁的数量仅次于工蚁，为巢群的保卫者，保障蚁群不被其他天敌入侵。每遇外敌，兵蚁即以强大的上颚进攻，并能分泌一种黄褐色液体以御外敌。有翅成虫于3月出现在巢内，4 ~ 6月出现在近蚁巢的地面上。每巢有1群或多群，在羽化孔下有候飞室。候飞室与主巢相距3 ~ 8m。气温高于20℃，相对湿度高于85%的雨天，有翅成虫于19：00前后婚飞，经过婚飞后，脱翅的成虫钻入地下营建新巢。工蚁食性很杂。黑翅土白蚁工蚁、兵蚁的眼已退化，活动时有畏光性，所以取食地面上的食物时，都要用泥土筑成泥路、泥被作掩蔽。但是有翅成虫却不畏光，分飞时有强烈的趋光性。

【防治方法】

（1）人工防治。发现蚁巢后人工挖除，消灭蚁后、蚁王及有翅繁殖蚁。

（2）物理防治。4 ~ 6月为有翅生殖蚁的分群期，利用有翅蚁的趋光性，在雨后傍晚时分，使用灯光诱杀有翅生殖蚁，并在诱虫灯下放置具水的水盆。

（3）生物防治。鸟类为该虫的主要捕食性天敌。保护鸟类栖息环境，吸引鸟类在咖啡园筑巢，捕杀有翅生殖蚁。

（4）化学防治。喷施灭蚁灵，每巢用药量3 ~ 30g，可有效降低白蚁的危害。

黑翅土白蚁蚁后

黑翅土白蚁危害状

蜚蠊目（Blattaria）

姬蠊科（Blattellidae）

德国蜚蠊

【分布】 德国蜚蠊又名德国小蠊和德国姬蠊。食性杂，分布广，几乎全国各地均有分布。

【危害特点】 该虫以若虫和成虫啃食咖啡花瓣，造成伤口，引发病害，严重时造成咖啡花器脱落。

【分类地位】 德国蜚蠊（*Blattella germanica*）属蜚蠊目（Blattaria）姬蠊科（Blattellidae）小蠊属（*Blattella*）。

【寄主植物】 该虫寄主植物较多，包括小粒咖啡、鬼针草等多种植物。

【形态特征】

成虫　体扁平，呈长椭圆形，体长11 ~ 15mm，体淡褐色；前胸背板盾状，覆盖住头部；各足相似，基节宽大，跗节由5节组成；腹部共10节，从背面可见8 ~ 9节，雄虫腹面可看到8节，雌虫腹面仅看到6节，雄虫背面偶有驱拒腺开口，可分泌臭气；雌虫产卵管短小，藏于腹部第7节内；雄虫外生殖器复杂，不对称，被生有1对腹刺的第9节所掩盖；尾须多节；无鸣器和听器。

卵　较小，扁平状，暗褐色，内含卵20 ~ 40粒。

若虫　发育中翅芽不反转，若虫5 ~ 7次蜕皮后进入成虫期。

【发生规律】 该虫喜栖息于杂草丛中、石块下、土缝中、树皮裂缝中、叶片背面或落叶层下，以成虫、若虫或卵在黑暗或无风的荫蔽环境越冬。夜晚活动取食，偶有清晨或傍晚爬到咖啡植株上取食叶片和花瓣的情况，通常4月初始见，7 ~ 9月为危害高峰期，10月后开始陆续减少。

【防治方法】

（1）农业防治。结合咖啡园清园、深耕等农事操作，破坏成虫和若虫栖息环境，降低虫口基数。

（2）生物防治。保护利用天敌昆虫及生防菌，如贵州绿僵菌。

（3）化学防治。咖啡开花期，在咖啡园内使用0.5%呋虫胺或2.5%吡虫啉等杀蟑饵剂，杀死成虫和若虫，减少其对咖啡花瓣的啃食，其余时期均不建议开展化学防治。

德国蜚蠊成虫

 鳞翅目（Lepidoptera）

斑蛾科（Zygaenidae）

茶斑蛾

【分布】 茶斑蛾又称茶叶斑蛾。国内分布于浙江、江苏、安徽、江西、福建、台湾、湖南、广东、海南、四川、贵州、云南等省份。

【危害特点】 该虫以幼虫取食咖啡叶片造成危害。低龄幼虫仅取食下表皮和叶肉，残留上表皮，形成半透明状枯黄薄膜，老熟幼虫将叶片食成缺刻状，严重时全叶食尽，仅留主脉和叶柄。

【分类地位】 茶斑蛾（*Eterusia aedea*）属鳞翅目（Lepidoptera）斑蛾科（Zygaenidae）茶斑蛾属（*Eterusia*）。

【寄主植物】 油茶、青红榆、小粒咖啡等多种植物。

【形态特征】

成虫　体长17 ~ 20mm，翅展56 ~ 66mm；雄蛾触角双栉齿状；雌蛾触角基部丝状，上部栉齿状，端部膨大，粗似棒状；头胸腹基部和翅均为黑色，略带蓝色，具缎样光泽；头至第2腹节青黑色，有光泽；前翅基部有数枚黄白色斑块，中部内侧黄白色斑块连成一横带，中部外侧散生11个斑块；后翅中部黄白色横带甚宽，近外缘处亦散生若干黄白色斑块。

卵　椭圆形，鲜黄色，近孵化时转灰褐色。

幼虫　老熟幼虫体长20 ~ 30mm，圆形，似菠萝状，体黄褐色，肥厚，多瘤状突起，中、后胸背面各具瘤突5对，腹部第1 ~ 8节各有瘤突3对，第9节生瘤突2对，瘤突上均簇生短毛。

蛹　长约为20mm，黄褐色。

茧　呈长椭圆形，褐色。

【发生规律】 该虫1年发生2代，以老熟幼虫在咖啡或茶丛等基部分杈处或枯叶下、土隙内越冬。翌年3月中下旬气温上升后上树取食，4月中下旬开始结茧化蛹，5月中旬至6月中旬成虫羽化产卵，第1代幼虫发生期在6月上旬至8月上旬，8月上旬至9月下旬化蛹，9月中旬至10月中旬第1代成虫羽化产卵，10月上旬第2代幼虫开始发生。卵期7 ~ 10d；幼虫期第1代65 ~ 75d，第2代长达7个月左右；蛹期24 ~ 32d；成虫寿命7 ~ 10d。成虫喜动善飞翔，具趋光性。成虫具异臭味，受惊后，触角摆动，口吐泡沫。昼夜均活动，多在傍晚于咖啡园周围植物上交尾。雌雄交尾后1 ~ 2d产卵，3 ~ 5d产卵结束，卵成堆产在咖啡植株或附近其他树木枝干上，每堆数十粒至百余粒，单雌产卵量为200 ~ 300粒。雌蛾数量较雄蛾多。初孵幼虫多群集于寄主植物树冠中下部或叶背面取食，二龄后逐渐分散，在寄主植物树冠丛中下部取食叶片，沿叶缘咬食致叶片成缺刻。幼虫行动迟缓，受惊后体背瘤状突起处能分泌出透明黏液，但无毒。老熟后在老叶正面吐丝，结茧化蛹。

【防治方法】

（1）人工防治。幼虫发生期，人工捕捉幼虫集中销毁。

（2）农业防治。冬季深翻土层，清除病株、杂草、落叶，破坏害虫越冬场所，减少翌年虫源。

茶斑蛾成虫

（3）生物防治。保护天敌昆虫及利用生防菌，如用每毫升含0.5 ~ 0.25亿孢子的青虫菌、杀螟杆菌或苏云金杆菌溶液进行林间喷布。

（4）化学防治。幼虫发生高峰期，使用15%茚虫威乳油2 500 ~ 3 000倍液或10%联苯菊酯乳油3 000倍液，林间喷雾防治。

刺蛾科（Limacodidae）

1. 胶刺蛾

【分布】 胶刺蛾又名中点刺蛾、白痣刺蛾。国外主要分布于印度、印度尼西亚、巴布亚新几内亚等国家；国内主要分布于江西、广东、广西、福建、贵州、云南等省份。

【危害特点】 该虫主要以幼虫取食咖啡叶片造成危害，受害咖啡叶片边缘呈缺刻状，中间形成孔洞，高龄幼虫食量大，一晚可将1片叶取食干净，仅剩余叶柄和主叶脉，危害状尤为明显，但该虫种群数量较小，并不是危害咖啡的主要害虫。

【分类地位】 胶刺蛾（*Chalcocelis albigutata*）属鳞翅目（Lepidoptera）刺蛾科（Limacodidae）姹刺蛾属（*Chalcocelis*）。

【寄主植物】 油茶、小粒咖啡等经济作物。

【形态特征】

雌成虫　体长12 ~ 15mm，翅展25 ~ 30mm，体淡黄色，触角丝状，前翅中室下有一浅红斑纹，具灰白色锯齿状内线，其上具一白点。

雄成虫　体色较灰，体长10 ~ 13mm，翅展23 ~ 27mm，触角基部栉形，略呈浅黄色，前翅中室偏上有一小白点，其下具一黑色梯形斑。

卵　体椭圆形，大小为（0.9 ~ 1.3）mm×（0.7 ~ 0.8）mm，表面较光滑，淡黄色，略透明。

幼虫　一至三龄时体色为黄白色，前后两端颜色更深，体背中央有1对黄褐斑；老龄幼虫椭圆形，大小为（15 ~ 22）mm×（8 ~ 10）mm，头隐于前胸内，体分节不甚明显，腹面扁平，背隆起且呈浅绿色，无任何斑纹，表面光滑，质地柔软，形似水滴。

蛹　椭圆形，大小为（10 ~ 13）mm×（8 ~ 9）mm，初期呈淡绿色，老熟时呈黑褐色，腹节背面有短刺，无粗毛。

【发生规律】 胶刺蛾1年发生4代，以第4代蛹越冬。4月下旬老熟幼虫开始不取食，陆续化蛹，5月中下旬为化蛹高峰期，蛹期持续27 ~ 48d；6月上旬开始破蛹羽化，出现成虫，羽化后2 ~ 3d开始寻找配偶交配产卵；卵散产于叶面上，单片叶上产卵1粒或2 ~ 4粒，卵期11 ~ 18d；幼虫期39 ~ 58d，7月中下旬至9月中旬为幼虫危害期；之后老熟幼虫下树结茧越冬。

【防治方法】

（1）人工防治。幼虫发生期，人工摘除有虫叶片，集中销毁。

（2）农业防治。冬季深翻土层，破坏害虫越冬环境，减少越冬虫口基数。

（3）生物防治。利用天敌昆虫，如贝刺蛾绒茧蜂等进行生物防治。

（4）化学防治。幼虫发生高峰期，使用15%茚虫威乳油2 500 ～ 3 000倍液或10%联苯菊酯乳油3 000倍液，林间喷雾防治1次。

胶刺蛾老熟幼虫及危害状

胶刺蛾老熟幼虫

2. 短爪鳞刺蛾云南亚种

【分布】 短爪鳞刺蛾云南亚种相关报道较少，在云南省保山市隆阳区、龙陵县，西双版纳勐海县及普洱市景东县有过相关分布报道。

【危害特点】 该虫以幼虫取食咖啡叶片，可将叶片吃成很多孔洞，或在叶片边缘取食造成缺刻，严重时导致整片叶被取食，仅剩叶柄。

【分类地位】 短爪鳞刺蛾云南亚种（*Squamosa brevisunca yunnanensis*）属鳞翅目（Lepidoptera）刺蛾科（Limacodidae）鳞刺蛾属（*Squamosa*）。

【寄主植物】 小粒咖啡、茶、油桐，小粒咖啡为短爪鳞刺蛾云南亚种新记录寄主植物。

【形态特征】

成虫 体浅黄褐色，翅展36 ～ 42mm，胸背和腹背前2节有一纵行竖立毛簇，毛簇末端和臀毛簇黑色。前翅浅黄褐色掺有黑色雾点，尤以前缘下较浓，外缘较明亮，常有乳白色丝绸光泽；横脉外有1枚带光泽的近圆形大斑，斑的内半部蓝黑色，外半部红褐色，中央被一亮线所切；1A+2A脉中央有一较大的黑点；亚端线细黑色，在R_4脉上呈一内向齿形曲。后翅黄褐色到暗褐色。雄性外生殖器爪形突短小，端部二分叉浅，齿状。颚形突较粗，末端钝。抱器瓣相对狭长，基部宽，逐渐向端部变窄，末端圆。阳茎端基环大，端部有1对不对称的突起，左侧突起细长，呈C形；右侧突起宽片状，末端呈小喙状。阳茎细长而直，末端有1枚小刺突，阳茎端基环侧突较短。

【发生规律】 不详。

【防治方法】

（1）农业防治。采果后结合施肥和翻耕，将咖啡树根际附近枯枝、落叶及表土清至行间，深埋入土。夏季低龄幼虫集聚危害时，摘除虫叶，集中销毁。

（2）生物防治。刺蛾类寄生性天敌众多，注意保护利用天敌昆虫，控制自然种群。

（3）化学防治。二至三龄幼虫初发期使用15%茚虫威乳油2 500 ～ 3 000倍液或10%联苯菊酯乳油3 000倍液林间喷雾防治。

短爪鳞刺蛾云南亚种幼虫及危害状

3. 中国绿刺蛾

【分布】 国外分布于日本、俄罗斯；国内分布于北京、天津、河北、吉林、黑龙江、上海、浙江、福建、江西、河南、湖北、湖南、广东、广西、四川、云南、陕西、甘肃、台湾等省份。

【危害特点】 该虫以幼虫取食咖啡叶片，可将叶片危害成多个孔洞或在叶片边缘取食造成缺刻，严重时导致整片叶被取食，仅剩叶柄。

【分类地位】 中国绿刺蛾（*Parasa sinica*）属鳞翅目（Lepidoptera）刺蛾科（Limacodidae）绿刺蛾属（*Parasa*）。

【寄主植物】 该虫食性杂，可取食小粒咖啡、玉米、李、梨等多种植物。

【形态特征】

成虫　体长9 ~ 10mm，翅展23 ~ 26mm；触角和下唇须为暗褐色，头顶和胸背绿色；腹背苍黄色，前翅绿色，基斑褐色；外缘线较宽，向内突出二钝齿，其一在Cu_2脉上，较大，另一在M_2脉上；外缘及缘毛黄褐色，后翅淡黄色，外缘稍带褐色，臀角暗褐色；雄性外生殖器与青绿刺蛾相似，但颚形突端部尖而不分叉。

【发生规律】 该虫1年发生1 ~ 2代，结茧在枝干上越冬。成虫昼伏夜出，有趋光性，羽化后即可交配、产卵，卵多成块产于叶背，每块有卵数十粒呈鱼鳞状排列。低龄幼虫有群集性，稍大后分散活动危害。

【防治方法】 同短爪鳞刺蛾云南亚种。

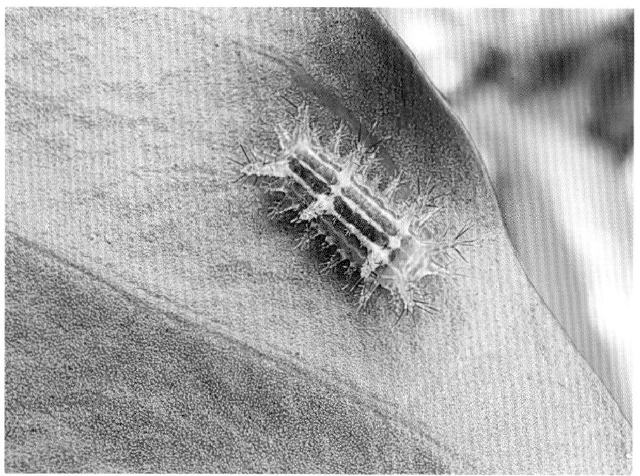

中国绿刺蛾幼虫

尺蛾科（Geometridae）

1. 大钩翅尺蛾

【分布】 国外主要分布于印度、缅甸、印度尼西亚、菲律宾等国家；国内主要分布于云南、福建、海南、贵州等省份。

【危害特点】 该虫以幼虫取食叶片及嫩梢造成危害。初孵幼虫爬行迅速，受惊扰即吐丝下垂，卵孵化时常见幼虫集结成串珠状下垂，经风吹飘荡而扩散。2 ~ 3h后即行觅食，一至二龄幼虫只啃食叶片表皮或叶缘，使叶片呈缺刻状或穿孔状，三龄以上幼虫可食整片叶，还取食嫩梢，常将叶片吃光，仅留下光秃的枝条。

【分类地位】 大钩翅尺蛾（*Hyposidra talaca*）属鳞翅目（Lepidoptera）尺蛾科（Geometridae）钩翅尺蛾属（*Hyposidra*）。

【寄主植物】 小粒咖啡、龙眼、荔枝、柑橘、油茶、黑荆树等经济作物。

【形态特征】

成虫　体黄褐色至灰紫黑色，翅灰黄褐色，雌雄体型大小差异较大，雌虫体长16 ~ 24mm、翅展38.0 ~ 56.5mm，雄虫体长12.0 ~ 17.5mm、翅展28.5 ~ 38.0mm；头部灰黄褐色；触角雄性为羽状，雌性为丝状；成虫前翅顶角外凸呈钩状，翅面斑纹较翅色略深，内线纤细，中域为一外缘呈锯齿状的深色宽带；后翅外缘中部有微小凸角，翅面斑纹同前翅，但通常较弱。

卵　椭圆形，大小为（0.7 ~ 0.8）mm×（0.4 ~ 0.5）mm，卵壳表面具有许多排列整齐的小颗粒，卵初期青绿色，后期渐变为橘黄色、紫红色，近孵化期为黑褐色。

幼虫　共5龄。老熟幼虫体长27 ~ 45mm，体浅黄色至黄色；头浅黄色，具褐色斑纹；幼虫头部与前胸及腹部第1 ~ 6节间背、侧面有1条白色斑点带；第8腹节背面有4个白斑点，腹面具褐色圆斑；臀足间有一大圆黑斑，腹线灰白色，亚腹线浅黄色；气门椭圆形，气门筛黄色，围气门片黄色；第1腹节气门周围有3个白色斑；胸足红褐色；腹足黄色，具褐色斑，趾钩双序中带。

蛹　纺锤形，褐色，大小为（10 ~ 25）mm×（3 ~ 5）mm，气门深褐色，臀棘尖细，端部分为两叉，基部两侧各有1枚刺状突。

【发生规律】 大钩翅尺蛾1年可发生多代，以蛹在土层中越冬。翌年3月中旬成虫开始羽化，成虫喜傍晚或晚上羽化，19：00 ~ 20：30为羽化盛期，羽化时，成虫顶破蛹壳后钻出土表，迅速爬动一段距离，开始爬上树干或周围植株上，刚羽化的成虫腹部细长柔软，经2 ~ 3min腹部收缩为正常，7 ~ 9min后翅完全展平，并不断抖动双翅，竖立体上，经15 ~ 21min，翅硬化平展；成虫羽化后第2天凌晨3：00 ~ 5：00开始交尾，单雌一生仅交尾1次；交尾后第2天夜晚开始寻找产卵位置，产卵多在19：00 ~ 22：00进行，产卵时雌虫产卵管伸出8 ~ 11mm，探查产卵位置，卵粒相聚成堆，多产在嫩梢或叶片上，个别产在树皮裂缝里，卵常分2 ~ 5次产完，第1次产卵最多，以后逐次减少。单雌平均产卵592粒，卵粒数为269 ~ 1 102粒，卵期4 ~ 9d。卵经4 ~ 9d后孵化，孵化时间多在19：00 ~ 22：00；幼虫期23 ~ 43d。蛹期越冬代为101 ~ 122d，其余各代为7 ~ 16d，成虫寿命3 ~ 9d。

【防治方法】

（1）人工防治。幼虫发生盛期，定期巡园，人工摘除幼虫危害枝叶或产卵叶片，集中销毁。

（2）农业防治。结合咖啡园整形修剪，剪除受害枝条，集中销毁，减少虫口数量；冬季深翻土层，破坏越冬虫态的越冬场所，减少翌年危害虫源。

（3）物理防治。成虫盛发期，利用趋光性，使用诱虫灯诱杀成虫。

（4）药剂防治。幼虫盛发期，低龄幼虫对药剂更为敏感，防治时间宜控制在三龄前，防治效果好。可选用2.5%溴氰菊酯乳油，或10%氯氰菊酯乳油，或20%甲氰菊酯乳油，或1.8%阿维菌素乳油，或25%除虫脲可湿性粉剂，或32 000IU/mg苏云金杆菌可湿性粉剂，或5%除虫菊酯乳油等杀虫剂进行防控。

大钩翅尺蛾幼虫

大钩翅尺蛾危害状

2.大造桥虫

【分布】 大造桥虫又名尺蠖、步曲、棉大造桥虫、瘤尺蠖、水杉尺蠖等。分布广泛，亚洲、欧洲及非洲均有分布；国内在黑龙江、吉林、辽宁、北京、天津、河北、山西、内蒙古、上海、江苏、浙江、安徽、福建、江西、山东、台湾、广东、广西、海南、重庆、四川、云南、贵州等省份均有分布。

【危害特点】 该虫具高暴发性危害特点，以幼虫取食寄主植物嫩叶、嫩芽造成危害，幼虫孵化后即开始取食，一至二龄时只取食叶肉，留下叶脉及表皮；三至四龄后食成缺刻状；五龄后食量倍增，取食量占幼虫期的90%以上，三龄前幼虫白天静伏于叶柄或小枝上，很少取食，受到震动后即吐丝下垂。

【分类地位】 大造桥虫（*Ascotis selenaria*）属鳞翅目（Lepidoptera）尺蛾科（Geometridae）*Ascotis*属。

【寄主植物】 大造桥虫食性广泛，寄主植物众多，包括小粒咖啡、水杉、桑树、漆树、樟树、甘蓝、大豆、花生、大白菜、棉花、刺苋、艾草、蒿类、小蓟、柑橘、枣树、鳄梨、苹果、樱桃、茶树等多种蔬菜和经济作物。

【形态特征】

成虫　体型中等，雄虫体长13 ~ 18mm，翅展24 ~ 47mm，触角栉齿状；雌虫体长14 ~ 20mm，翅展38 ~ 50mm，触角丝状；体灰色至褐灰色，变化较大；成虫头部棕褐色，下唇须灰褐色，额中部及中胸前缘各一黑色横带，各腹节后缘背中线两侧各有1个黑斑；翅灰褐色，前后翅内外横线及亚外缘线均有黑褐色波状纹，内外横线间近翅的前缘处有1个灰白色斑，其周缘为灰黑色；前翅顶角处有1个模糊浅色三角形斑，前后翅外缘锯齿状，缘线各翅脉间有1个黑点，缘毛灰褐色掺杂黄白色。

卵　呈椭圆形，大小约为0.73mm × 0.39mm，卵壳表面有许多纵向排列的凸粒，卵由青绿色逐渐过渡为淡黄色，卵壳皱缩。

幼虫　共6龄。整个发育阶段体色变化大，幼虫体色由灰褐色渐变为青白色，最终为灰黄色或黄绿色，老熟幼虫体长42 ~ 57mm；头部黄褐至褐绿色，头顶两侧有暗色点状纹；背线、基线及腹线淡褐色或紫褐色，体节间线黄色；腹部第2节背中央近前缘处有1对深黄褐色毛瘤；胸足3对，腹足2对，分别着生在第6腹节和臀节上，趾钩双序中带。

蛹　初期略微呈绿色，后期红深褐色有光泽，大小为（12.0 ~ 22.5）mm×（3.6 ~ 5.3）mm，气门深黑色，尾端较尖，臀棘2根。

【发生规律】 该虫通常1年发生3代，偶有4代，以蛹在10cm以下的土层中或树皮缝隙间越冬。翌年4月中旬成虫开始出现并产卵，除第1代外，其余31 ~ 56d完成1代，一般卵期约6d，幼虫期16 ~ 31d，蛹期5 ~ 10d，成虫期3 ~ 9d。第1代发生在4月下旬至5月上中旬；第2代发生在5月下旬至6月上中旬；第3代发生在6月下旬至7月上中旬；第4代发生在7月下旬至8月上中旬。成虫多于傍晚羽化，羽化后即可交尾，夜间产卵，卵块状排列，每块10 ~ 70粒不等，单雌产卵560 ~ 1 080粒，卵产于寄主植物的嫩梢或叶片、叶柄和小枝等处，以树冠南面较多。同虫所产之卵80%在同一天孵出，孵出时间多在19：00 ~ 21：00，孵出率90%以上，成虫趋光性弱，白天隐伏于树丛中，受惊时进行短距离飞行。幼虫经15 ~ 25d老熟后入土化蛹。

【防治方法】

（1）人工防治。利用幼虫受到轻微震动即开始吐丝下垂的特性，在幼虫期通过震动树体，收集吐丝下垂的幼虫，进行集中销毁。

（2）农业防治。可通过轻修剪和边缘修剪等不同修剪方式降低虫口数量，并将剪下来的枝叶移出咖啡园，集中处理或粉碎还田。另外，可结合翻耕土壤降低蛹羽化率从而降低种群数量。

（3）物理防治。利用成虫的趋光性，可在成虫羽化期安装诱虫灯进行诱杀，如该虫对黑光灯敏感。

（4）生物防治。大造桥虫天敌昆虫有枣尺蠖肿跗姬蜂、桑尺蠖脊腹茧蜂、黏虫赤眼蜂、玉米螟赤眼蜂、螟黄赤眼蜂和寄生蝇。其中，黏虫赤眼蜂、玉米螟赤眼蜂、螟黄赤眼蜂为卵寄生昆虫，对大造桥虫的卵寄生率24h高达40%以上；人工释放桑尺蠖脊腹茧蜂，寄生率70% ~ 80%。还可用32 000IU/mg苏云金杆菌可湿性粉剂400倍液防治。

（5）化学防治。幼虫盛发期，低龄幼虫对药剂更为敏感，防治时间宜控制在三龄前，防治效果好。可选用20%甲氰菊酯乳油2 000 ~ 3 000倍液，或1.8%阿维菌素乳油2 000倍液，或25%除虫脲可湿性粉剂1 000倍液，或10%虫螨腈悬浮剂2 000倍液，或5%除虫菊酯乳油800倍液进行林间喷雾防治。

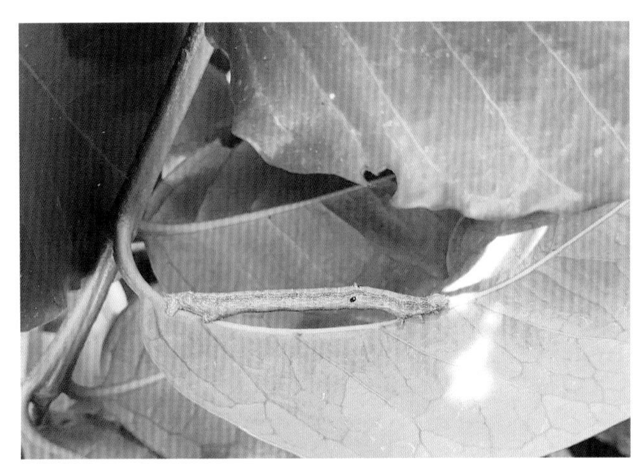

大造桥虫幼虫

大造桥虫预蛹

大造桥虫蛹

大造桥虫成虫

3. 油桐尺蠖

【分布】 油桐尺蠖又名大尺蠖、桉尺蠖、量步虫。该虫分布广泛，在我国的浙江、福建、湖南、湖北、四川、贵州、广东、广西、安徽、河南、云南等多个省份均有分布，在云南的元江、双江及保山等地均有发生。

【危害特点】 该虫主要以幼虫取食植物叶片和嫩枝造成危害。因取食部位不同，危害特征也有差异，取食叶片边缘呈缺刻状，取食叶中心呈孔洞状，取食叶柄导致叶片脱落，取食嫩枝则导致嫩尖从取食部位断裂，最终枯萎。油桐尺蠖在小粒咖啡植株上种群较小，危害不严重，对咖啡的生长和产量影响不大。

【分类地位】 油桐尺蠖（*Buzura suppressaria*）属鳞翅目（Lepidoptera）尺蛾科（Geometridae）*Buzura*属。

【寄主植物】 主要危害油桐、油茶、乌桕、柑橘、荔枝、龙眼、杨梅、漆树、麻栎、栗等经济作物，在小粒咖啡上偶有发现，但不严重。

【形态特征】

成虫　灰白色，翅密布黑色斑点和黄褐色条纹，雌虫体长22 ~ 25mm，翅展60 ~ 70mm，触角丝状，胸部密布灰色细毛；前翅和后翅基线、中横线及亚外缘线呈黄褐色波状横纹，外缘呈波浪状刻纹，具黄褐色缘毛；前翅反面呈灰白色，中央具1个黑色斑点；后翅色泽、斑纹与前翅一致；腹部肥大，末端具黄褐色簇毛；雄虫较雌虫小，体长19 ~ 23mm，翅展50 ~ 58mm，触角羽状，体、翅的颜色、斑纹与雌蛾基本相同，前、后翅基横线及亚端部较细，腹末稍尖，无绒毛。

卵　椭圆形，长0.7 ~ 0.8mm，堆成卵块。

幼虫　老熟幼虫体色多变，有深褐色、灰绿色、青绿色等多种，体长60 ~ 65mm，在小粒咖啡植株上多为青绿色；头部密布棕色颗粒点状物，头顶中央凹陷，两侧具角状突起；前胸背板具2个突起物，腹部第8节微微突起，腹部各节具颗粒状小点。

蛹　圆锥形，长19 ~ 25mm，头部具1对褐色小突起，臀棘明显，基部膨大，端部针状。

【发生规律】 该虫在云南西部1年发生2代，以蛹在土层或枯枝落叶层越冬。翌年4月下旬至5月上旬开始羽化，5月中旬至6月下旬第1代幼虫开始危害，7月上旬进入蛹期；8月中旬第2代成虫羽化，8月下旬至9月下旬第2代幼虫开始危害，10月上旬陆续化蛹，进入越冬期。雌成虫卵多产于叶片背面或主干表皮，卵呈块状堆放，初孵幼虫依靠爬行和风进行传播。

【防治方法】

（1）农业防治。春冬两季结合咖啡清园，清除园内枯枝落叶，集中销毁；深耕翻土，破坏油桐尺蠖越冬环境。

（2）物理防治。利用油桐尺蠖成虫的趋光性，于成虫羽化期在咖啡园悬挂黑光灯诱杀成虫，减少虫口数量。

（3）药剂防治。幼虫期使用20%甲氰菊酯乳油2 000 ～ 3 000倍液，或1.8%阿维菌素乳油2 000倍液，或25%除虫脲可湿性粉剂1 000倍液，或10%虫螨腈悬浮剂2 000倍液，或32 000IU/mg苏云金杆菌可湿性粉剂400倍液，或5%除虫菊酯乳油800倍液，林间喷雾防治1次。

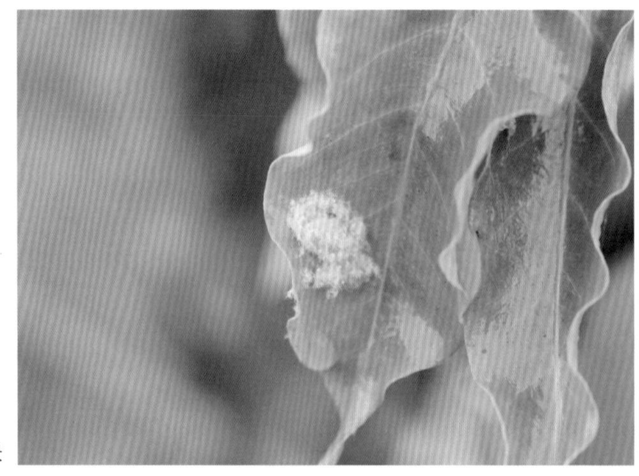

油桐尺蠖卵块

油桐尺蠖低龄幼虫

油桐尺蠖高龄幼虫

油桐尺蠖幼虫群集危害

油桐尺蠖幼虫及其危害状

毒蛾科（Lymantriidae）

1. 双线盗毒蛾

【分布】 国外分布于缅甸、马来西亚、新加坡、斯里兰卡、印度等国家；国内主要发生于广东、广西、福建、云南等南方省份。

【危害特点】 以幼虫取食咖啡叶片造成危害。危害严重时叶片被全部取食，仅剩余主叶脉；虫口数量较高时，会取食咖啡花蕾、花器及幼嫩浆果，导致落花和落果，产量降低。

【分类地位】 双线盗毒蛾（*Porthesia scintillans*）属鳞翅目（Lepidoptera）毒蛾科（Lymantriidae）盗毒蛾属（*Porthesia*）。

【寄主植物】 该虫寄主范围广，如黑荆树、山乌桕、龙眼、荔枝、玉米、小粒咖啡、豆科植物及十字花科植物等。

【形态特征】

成虫　体暗褐色，体长9 ~ 14mm，翅展20 ~ 38mm；头部和颈部橙黄色，胸部浅黄褐色，腹部褐色，腹部末端肛毛簇橙黄色；前翅棕褐色，微带紫色光泽；内横线与外横线黄色，向外呈波浪状弧形，有的个体不清晰；前缘、外缘和缘毛柠檬黄色，外缘黄色部分被棕褐色部分分隔成3段；后翅黄色。

卵　扁球形，初期乳白色，后期暗褐色，直径约0.8mm，成块状黏合在一起，上覆盖黄色绒毛。

幼虫　老熟幼虫体长21 ~ 28mm，灰黑色，有长毒毛；头部浅褐色至褐色，前胸橙红色，背面有3条黄色纵纹，侧瘤橘红色，向前凸出；中胸背面有2条黄色纵纹和3条黄色横纹；后胸背线黄色；第3 ~ 7腹节和第9腹节背中有黄色纵带，其中央贯穿红色细纵线；第1、第2和第8腹节背面有绒球状黑色毛瘤，上有白色斑点；第9腹节背面有倒“丫”字形黄色斑；各腹节两侧有黑色毛瘤。

蛹　褐色，长8 ~ 13mm，背面有稀疏毛，头胸肥大，臀棘圆锥形，丝质茧黄褐色，上有稀疏毒毛。

【发生规律】 该虫1年发生4代以上，以幼虫越冬。该虫平均1个月产生1代幼虫。幼虫孵化初期，在叶片背面危害，取食叶肉，至三龄时，开始取食叶片边缘，导致叶片缺刻，一至二龄幼虫聚集性取食，三龄幼虫分散取食，老熟幼虫入表土层结茧化蛹。成虫具有一定的趋光性。幼虫也会捕食介壳虫的若虫。

【防治方法】

（1）人工防治。定期检查咖啡枝条上有无卵块、一龄和二龄幼虫聚集，如有聚集，直接剪除枝条，集中销毁。

（2）农业防治。咖啡园定期使用旋耕机深翻土层，破坏结茧化蛹场所，减少危害虫源。

（3）物理防治。利用成虫趋光性，在咖啡园间设置诱虫灯，诱杀成虫。

（4）生物防治。该虫天敌昆虫较多，注意保护利用天敌昆虫控制自然种群。

（5）化学防治。幼虫高发期，使用2.5%溴氰菊酯乳油，或10%氯氰菊酯乳油，或20%氰戊菊酯乳油，或20%甲氰菊酯乳油等杀虫剂进行林间喷雾。

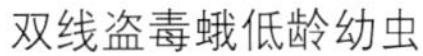

双线盗毒蛾低龄幼虫

双线盗毒蛾老熟幼虫

2. 咖啡茸毒蛾

【分布】 咖啡茸毒蛾别名茶茸毒蛾、茶黑毒蛾。国内主要分布于浙江、湖南、四川、江西、安徽、贵州、云南、台湾等省份。

【危害特点】 该虫主要以幼虫取食咖啡叶片造成危害。危害初期食量较小，取食嫩叶导致叶面出现孔洞；随着幼虫龄期增加，食量增大，并且具有暴食性，当虫口量较大时，一晚可将整个植株叶片吃光，危害非常严重。

【分类地位】 咖啡茸毒蛾（*Dasychira baibarana*）属鳞翅目（Lepidoptera）毒蛾科（Lymantriidae）茸毒蛾属（*Dasychira*）。

【寄主植物】 油茶、茶树、红木荷、云南山枇花、茶梨、小山茶花、尼泊尔桤木、滇桤木、圆叶米饭花、米饭花及小粒咖啡等。

【形态特征】

成虫　雌蛾体长15 ~ 20mm，翅展32 ~ 40mm，雄蛾稍小。成虫体、翅栗黑色，前翅基部色深，外横线黑色，细而弯曲，近顶角处具颜色不一的纵纹3 ~ 4条，翅中部近前缘处具一灰白色近圆形斑块，下方有一黑褐色斑块，外下方生一白斑点。后翅色较浅，无斑纹，腹部纵列黑色毛丛3 ~ 4个。

【发生规律】 咖啡茸毒蛾1年发生4 ~ 5代，主要以蛹和卵进行越冬，偶有幼虫、成虫越冬的情况。危害较为严重的有3代，即3 ~ 5月的第1代幼虫，6 ~ 7月的第2代幼虫，10 ~ 11月的第4代幼虫。完成1个世代通常需要60 ~ 70d，单雌产卵200 ~ 700粒，成虫具有较强的趋光性，咖啡园内的杂木、杂草均为该虫的产卵场所。

【防治方法】

（1）人工防治。幼虫发生初期，人工捕捉咖啡园内的幼虫，进行集中销毁。

（2）农业防治。清除园内枯枝杂草，破坏害虫越冬场所和产卵环境，减少虫口数量。

（3）物理防治。利用成虫强趋光性，使用诱虫灯诱杀成虫。

（4）生物防治。保护利用天敌昆虫及生防菌，如喜马拉雅聚瘤姬蜂、黑侧沟姬蜂、大刀螳螂、白僵菌、绿僵菌等；也可捕捉雌成虫，利用雌虫性激素诱杀雄虫。

（5）化学防治。在第1代、第2代及第4代幼虫危害高峰期前，使用10%氯氟氰菊酯乳油1 500 ~ 2 000倍液林间喷雾2 ~ 3次，杀死幼虫，降低虫口数量。

咖啡茸毒蛾幼虫

咖啡茸毒蛾幼虫危害状

咖啡茸毒蛾茧

咖啡茸毒蛾成虫

3. 小白纹毒蛾

【分布】 小白纹毒蛾别名毛毛虫、刺毛虫、棉古毒蛾。国外分布不详；国内主要分布于云南、广西、福建、江西、广东、台湾等省份。

【危害特点】 该虫以幼虫取食咖啡叶片造成危害。危害初期主要取食咖啡嫩叶，导致嫩叶叶面出现孔洞。随着虫龄增加，食量增大，尤其是高龄幼虫具暴食行为，一晚可将整株叶片全部取食，严重影响咖啡植株的生长。

【分类地位】 小白纹毒蛾（*Orgyia postica*）属鳞翅目（Lepidoptera）毒蛾科（Lymantriidae）古毒蛾属（*Orgyia*）。

【寄主植物】 杧果、波罗蜜、荔枝、龙眼、番石榴、腰果、毛叶枣及小粒咖啡等热带、亚热带经济作物。

【形态特征】

成虫　体中小型，雌雄成虫异型，雌蛾无翅，雄蛾有翅。雌蛾体长15 ~ 17mm，黄白色。雄蛾体长9 ~ 12mm，棕褐色。触角羽毛状，前翅棕褐色，基线和内横线黑色、波浪形，横脉纹棕色带黑边和白边；外横线黑色、波浪形，前半外弯，后半内凹；亚外缘线黑色、双线、波浪形；亚外缘区灰色，有纵向黑纹；外缘线由一列间断的黑褐色线组成。

卵　球形，直径约0.7mm，白色，有淡褐色轮纹。

幼虫　老熟幼虫体长约36mm，浅黄色。前胸背面两侧和第8腹节背面中央各有一棕色长毛束，第1～4腹节背面有4个黄色毛刷，第1～2腹节两侧各有一束灰白色长毛。

蛹　长约18mm，茧黄色，带黑色毒毛。

【发生规律】 小白纹毒蛾1年可发生6代，分别为3月下旬至5月上旬、5月上旬至6月中旬、6月中旬至7月下旬、7月中旬至9月下旬、9月下旬至11月中旬、12月下旬至翌年3月下旬。世代重叠，因此每年6～8月可见各种虫态同时存在。以幼虫越冬，翌年3月上旬开始结茧化蛹。雌蛾产卵于茧外或附近其他植物上，每头雌蛾平均产卵383粒。夏季卵期6～9d，幼虫期8～22d，蛹期4～10d；冬季卵期17～27d，幼虫期24～61d，蛹期15～25d。完成一个世代经历40～50d。幼虫孵出后群集于植株上危害，后再分散，大发生时可将植株叶片全部食光。

【防治方法】

（1）人工防治。幼虫发生初期，人工捕捉咖啡叶片上的幼虫，集中销毁。

（2）农业防治。越冬期清除咖啡园杂草落叶，破坏害虫越冬场所，减少翌年危害虫源。

（3）物理防治。利用成虫趋光性，使用黑光灯诱杀成虫。

（4）生物防治。该虫寄生天敌较多，通常情况下可将其种群数量抑制下去，常见的天敌有毒蛾绒茧蜂、黑股都姬蜂、古毒蛾追寄蝇等。

（5）化学防治。幼虫高发期，使用10%氯氟氰菊酯乳油1 500～2 000倍液林间喷雾2～3次，杀死幼虫。

小白纹毒蛾幼虫

小白纹毒蛾幼虫危害状

4. 榆黄足毒蛾

【分布】 国外分布于朝鲜、日本及俄罗斯；国内分布于河北、山西、内蒙古、辽宁、吉林、黑龙江、山东、河南、陕西及云南等省份。

【危害特点】 初龄幼虫只食叶肉，残留叶脉，形成孔洞。老龄幼虫将叶缘食成缺刻，其停留之处密布丝网，以便其附着站立，严重时可将叶片吃光。

【分类地位】 榆黄足毒蛾（*Ivela ochropoda*）属鳞翅目（Lepidoptera）毒蛾科（Lymantriidae）黄足毒蛾属（*Ivela*）。

【寄主植物】 该虫寄主植物报道较少，主要危害榆树、小粒咖啡，小粒咖啡为新记录寄主植物。

【形态特征】

成虫　雌雄成虫大小有差异，雄虫翅展25 ~ 30mm，雌虫翅展32 ~ 40mm。触角干白色，栉齿黑色，下唇须鲜黄色，体白色，足白色，前足腿节端半部、胫节和跗节鲜黄色，中足和后足胫节端半部和跗节鲜黄色，前、后翅白色。雄性外生殖器钩形突细长，微向腹面弯曲，基部宽，其两侧各有一向内弯的突起；抱器瓣圆勺形，内面基部有两个突起，其一为圆形突起，上生许多长刺，另一为囊形膜质突起，内侧生许多小刺；阳茎短，圆柱形，末端尖锐，基部膨大。雌性外生殖器肛乳头大，布长毛，后表皮突短，前表皮突长，粗壮；囊导管短且骨质化强；交配囊长形，交配囊刺小，圆形。

榆黄足毒蛾成虫

卵　椭圆形，灰黄色，外被灰黑色分泌物。

幼虫　体长25 ~ 35mm，头栗色，体浅黄绿色，气门上线苍白色，气门下线米黄色，气门黑色；瘤黑色，其上生黄白色毛簇，基部周围黑色，腹部第1、2节和第8节瘤大，生黑色毛簇；翻缩腺黑褐色；腹部第8、9节背面绯橙色。

蛹　长约15mm，体黄绿色，腹面青灰色，复眼红褐色；中胸两侧各有一黑褐色毛束，竖起；中胸和腹部第4 ~ 7节背面有黑色和黑褐色斑；腹部第1 ~ 3节前半部褐色，上布褐色短毛丛；臀棘黑色。

【发生规律】 该虫1年发生2代，以低龄幼虫在树皮裂缝中越冬。翌年4月开始活动取食，5月至6月下旬为蛹期，成虫期为5月下旬至7月中旬；8月中旬至10月上旬成虫产卵，9月上旬卵开始孵化，10月初低龄幼虫开始在树皮缝隙中结薄茧越冬。成虫趋光性强，羽化后成虫交尾并于第2 ~ 3d产卵，卵块产于嫩枝叶上或叶背面，排列成串，外被灰黑色分泌物，每个卵块含卵平均10余粒，老熟幼虫在叶面上、树干缝隙中或杂草上吐少量丝结茧化蛹，第一代幼虫危害最为严重。

【防治方法】

（1）人工防治。成虫期，清晨人工捕捉成虫或在产卵期摘除叶片上的卵块，减少虫口数量。

（2）农业防治。越冬期清除咖啡园杂草、落叶及树皮裂缝内的蛹；加强咖啡园水肥管理，提高咖啡抗病虫能力。

（3）物理防治。利用成虫趋光性，使用黑光灯诱杀成虫。

（4）化学防治。幼虫高发期，使用10%氯氟氰菊酯乳油1 500 ~ 2 000倍液林间喷雾1次，杀死幼虫。

木蠹蛾科（Cossidae）

咖啡豹蠹蛾

【分布】 咖啡豹蠹蛾又称咖啡木蠹蛾。国外主要分布于印度、斯里兰卡、印度尼西亚等国家；国内主要分布于云南、广东、浙江、江西、福建、台湾、四川等省份。

【危害特点】 该虫主要以幼虫危害小粒咖啡植株主干端部。初孵幼虫开始取食咖啡主干表皮层，随着危害的进行，幼虫一直取食至木质部，之后幼虫开始沿着树干顶端或基部蛀食，每5 ～ 10cm形成1个排粪孔，排粪孔下侧叶片表面或地表经常可见到黑色或灰白色的粪便颗粒。蛀食孔道中空，严重影响植株的水分和养分传输，较幼嫩的植株则导致顶端直接枯萎死亡，并沿取食部位折断；老熟枝干，受害初期顶部叶片萎蔫、黄化，受害后期顶端直接枯萎死亡，受风雨或人为等外力影响时，容易从排粪孔处折断。

【分类地位】 咖啡豹蠹蛾（*Zeuzera coffeae*）属鳞翅目（Lepidoptera）木蠹蛾科（Cossidae）豹蠹蛾属（*Zeuzera*）。

【寄主植物】 小粒咖啡、可可、茶树、鳄梨、金鸡纳、番石榴、石榴、梨、苹果、桃、枣、荔枝、龙眼、柑橘、棉花、杨、木槿、大红花、余甘子和台湾相思等多种植物。

【形态特征】

成虫　雌雄成虫个体大小不同，雌成虫体长26 ～ 30mm，翅展39 ～ 45mm；雄成虫体长20 ～ 25mm，翅展35 ～ 38mm。虫体呈灰白色，布满清蓝色斑点，肉眼看呈黑色；口器退化，复眼黑色；雌成虫触角丝状，雄成虫触角基半部羽状，端半部丝状，触角呈黑色，具白色短绒毛；胸部密布灰白色长绒毛，中胸背部具6个圆斑，圆斑密布青蓝色鳞片，两侧左右对称；翅面灰白色，前翅翅脉间密布大小不等的短斜斑点，呈青蓝色，翅外缘具8个近圆形青蓝色斑点。腹部密布灰白色细毛，第1 ～ 3节密布灰白色长绒毛和鳞片；第4 ～ 8节背面密布青蓝色鳞片和稀疏灰白色短绒毛，腹部每节背面及两侧均生大小不一的青蓝色斑点；胸足被黄褐色或灰白色绒毛，胫节及跗节密布青蓝色鳞片；雄虫前足胫节内侧着生1个比胫节略短的前胫突。

卵　长椭圆形，长0.9 ～ 1.0mm，初期为杏黄色或乳白色，末期为紫黑色。

幼虫　初孵幼虫体呈紫黑色，体长1.5 ～ 2.0mm，随着虫体的生长，色泽逐渐过渡为暗紫红色；老熟幼虫整体呈暗紫红色，体长30 ～ 40mm，头部红褐色，头顶、上颚、单眼区均为黑色，前胸背板黑色或黑斑，偏硬，后缘具锯齿状小刺1排，中胸至腹部各具有成排的黑色颗粒状隆起。

蛹　长圆筒形，褐色，雌蛹长16 ～ 27mm，雄蛹长14 ～ 19mm，蛹前端具1个尖的突起，色泽较深；腹部第3 ～ 9节的背侧面、腹面有小刺排列，腹部末端具6对臀棘。

【发生规律】 该虫在云南1年发生1代，以幼虫在蛀食孔道内越冬。翌年2月中旬至3月下旬开始继续蛀食主干。4月上旬老熟幼虫取食木质层，形成1个预羽化孔，并吐丝与木屑混合将羽化孔堵塞，在羽化孔附近开始化蛹。4月中下旬可见成虫羽化，羽化孔可见蛹壳外挂，5月上旬至6月下旬为成虫羽化高峰期。6月中下旬成虫陆续交尾产卵，6月下旬至7月中旬为卵孵化期。7月下旬至8月上中旬低龄幼虫在植株主干或较粗枝条的木质部和韧皮部间危害，成熟后逐渐取食至木质部，并沿木质部上下蛀食危害。

【防治方法】

（1）人工防治。定期巡园，发现受害植株，沿着受害部位10 ～ 15cm的位置剪除受害枝条或主干，集中销毁。

（2）农业防治。结合整形修剪，在冬季或初春剪除干枯虫枝，集中销毁，减少虫源，通过与其他经济作物构建遮阴体系，营造不适合该虫的栖息环境；清除咖啡园周边野生寄主植物。

（3）物理防治。利用成虫趋光性，在田间安装太阳能频振式杀虫灯或悬挂高压汞灯，诱杀成虫；越冬期，从排粪孔插入铁丝钩，钩死幼虫；有条件的咖啡园可使用防虫纱网建设网棚，阻碍成虫进入咖啡园。

（4）化学防治。幼虫期，可使用4.3%高氯·甲维盐乳油1 500 ～ 2 000倍液或10%高效氯氟氰菊酯水乳剂1 500 ～ 2 000倍液通过注射器沿着最顶端排粪孔注射，杀死蛀道内的幼虫；成虫羽化期、产卵期、卵孵化期、一龄幼虫期均可使用4.3%高氯·甲维盐乳油1 500 ～ 2 000倍液或10%高效氯氟氰菊酯水乳剂1 500 ～ 2 000倍液进行防治，建议每10 ～ 15d防治1次。

咖啡豹蠹蛾幼虫

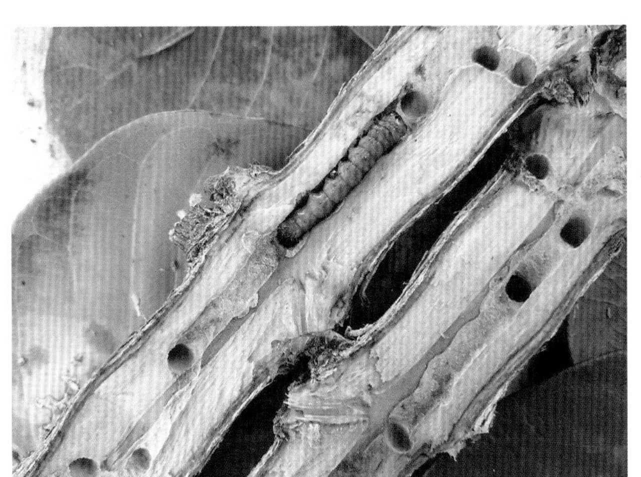

咖啡豹蠹蛾老熟幼虫

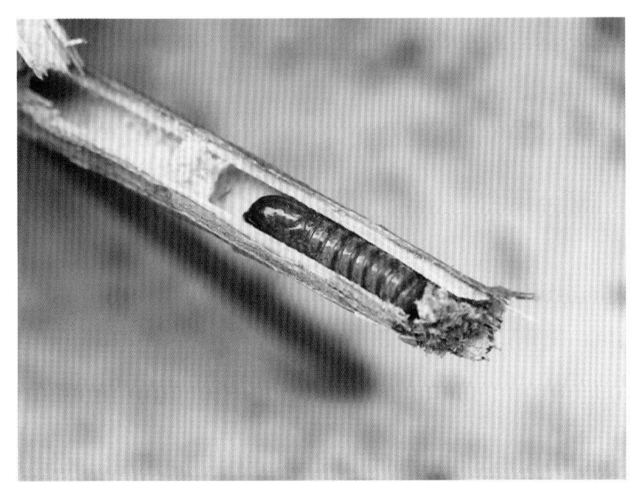

咖啡豹蠹蛾老熟幼虫（化蛹前）

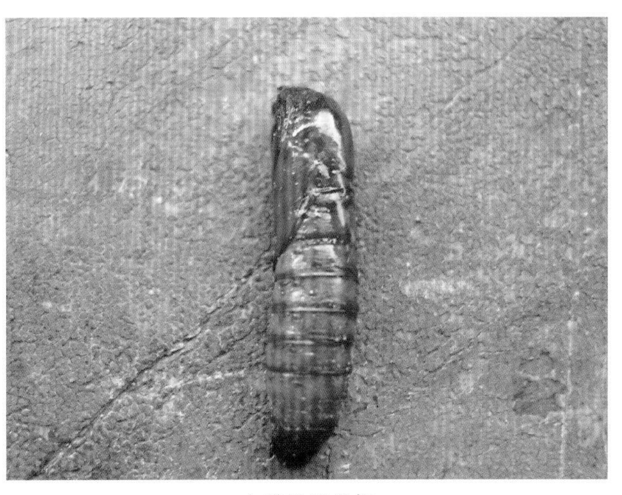

咖啡豹蠹蛾蛹

咖啡豹蠹蛾成虫
（蒋华供图）

咖啡豹蠹蛾危害孔

咖啡豹蠹蛾粪便

咖啡豹蠹蛾危害状

夜蛾科（Noctuidae）

1. 胡桃豹夜蛾

【分布】 国外分布于日本和俄罗斯；国内主要分布于福建、浙江、江西、江苏、湖北、四川、河北、北京、山东、黑龙江、吉林及云南等省份。

【危害特点】 该虫主要以幼虫取食咖啡叶片造成危害。幼虫食量大，老熟幼虫具暴食性，危害初期导致植株叶片出现缺刻或孔洞，但随着危害的进行会在一夜间大量叶片出现孔洞或缺刻，严重时甚至仅剩余1根主叶脉或叶柄。

【分类地位】 胡桃豹夜蛾（*Sinna extrema*）属鳞翅目（Lepidoptera）夜蛾科（Noctuidae）豹夜蛾属（*Sinna*）。

【寄主植物】 该虫主要危害胡桃科山核桃属、枫杨属、青钱柳属、胡桃属、黄杞属、化香树属植物，泡桐科泡桐属植物及茜草科的小粒咖啡。

【形态特征】

成虫　体长15 ~ 17mm，翅展32 ~ 40mm；头白色，下唇须白色，向上伸，第2节达额中部，第3节长，喙发达，额平滑。雌虫触角丝状，基部白色，雄虫触角有纤毛。胸部白色，颈板左右各有一橘黄斑，

翅基片基部有一整齐的橘黄长条，后胸微带淡褐色，足白色带灰褐色，前足胫节及跗节微深褐色；前翅橘黄色，有许多白色多边形斑，翅尖圆，外缘曲度平稳，顶角白色，内有4个大黑斑，外缘后半部又有3个小黑斑，R_2-R_4合1柄，有副室；后翅白色，微带淡褐光彩，Sc仅在基部与R相接，M_1与M_2在中室顶角，M_3在中室下角；腹部浅灰褐色，节间灰白色。

胡桃豹夜蛾成虫

卵　呈立式，扁圆形，纵轴（高）0.75mm，底轴（直径）约1.00mm，卵顶有一圆形区域，略平，中央为一帽形突起，精孔位于此；卵面有纵脊36条，横脊16条，二者组成众多纵长方形的小方格；卵初产时灰白色，近孵化时浅褐色。

幼虫　共6龄。一至二龄体浅黄色，三至四龄体淡绿色，五龄呈青绿色，六龄呈褐绿色。老熟幼虫体长26～30mm，头黄褐色，上唇深裂成V形；冠缝长于额，头壳指数约为2/3；头两侧颅侧区的侧下方各有6个单眼，前5个单眼排列成一弧形线，第6个单眼突出在弧形线外的下前方；第1、2单眼特别接近，第4、5单眼远离，其距离约为第1、2单眼距离的3倍。腹足5对，趾钩为单序中带。

蛹　被蛹型，长卵形，雌蛹大小为（16.3～18.3）mm×（5.0～6.6）mm，雄蛹大小为（13.2～15.4）mm×（4.2～5.2）mm；后足伸达过第4腹节前缘，第4～6腹节腹面前缘均有约1mm宽的褐色环带；肛门在第10节腹面中央，其周围有水流纹状皱痕。

茧　长21～23mm，浅黄色，一端粗厚，另一端细窄；粗端略平截，其前缘顶部中央有一峰状尖突，沿尖突前下方至茧粗端底线中点有一纵长“羽化缝”。

【发生规律】 该虫1年发生6代，以老熟幼虫在灌木下层及地表杂草层中结茧化蛹越冬，世代重叠现象明显。3月中旬越冬蛹开始羽化，羽化期持续至4月中旬，越冬代结束；3月中旬羽化后2～3d交尾，多发生在夜晚，雌蛾1生仅交配1次，雄蛾可交配多次；于3月下旬开始产卵，4月下旬结束，卵散产于叶背，单雌产卵279粒左右，产卵5～7d开始孵化，孵化期多集中于下午高温时段；4月下旬幼虫开始化蛹，5月上旬开始羽化进入成虫期，第1代于6月上旬结束。第1代至第5代，大约60d完成1代，越冬代受温度影响，时间较长。

【防治方法】

（1）农业防治。冬季清除咖啡园灌木、杂草及地被物中的蛹，集中销毁；加强咖啡园水肥管理，提高抗虫能力。

（2）物理防治。利用成虫趋光性，于成虫羽化高峰期在咖啡园悬挂诱虫灯，诱杀成虫。

（3）生物防治。保护利用天敌昆虫及生防菌，控制害虫种群，如夜蛾瘦姬蜂、日本追寄蝇、家蚕追寄蝇、舞毒蛾黑瘤姬蜂、广大腿小蜂、星豹蛛、三突花跳蛛、角红蟹蛛、白僵菌、绒茧蜂。

（4）化学防治。幼虫期使用4.3%高氯·甲维盐乳油1 500～2 000倍液或10%高效氯氟氰菊酯水乳剂1 500～2 000倍液林间喷雾，杀死幼虫。

2. 斜纹夜蛾

【分布】 斜纹夜蛾又名莲纹夜蛾、花蛾、黑头蛾。该虫分布广泛，是一种具有远距离迁飞能力的害虫，在国外，新西兰、美国夏威夷州、印度、巴基斯坦、韩国、日本等国家或地区均有分布；在国内各地均有分布。

【危害特点】 该虫以幼虫取食植物叶片造成危害。三龄前幼虫以取食植物叶肉为主，致使叶片大缺刻或孔洞，植株被害后剩下表皮和主叶脉，呈纱窗状；四龄以上幼虫，具有暴食性，植物茎叶均被取食，严重时全株叶片均可被吃光，通常危害部位有肉眼可见的颗粒状黑色粪便。在小粒咖啡上，仅四龄以上幼虫会取食咖啡叶片，多为食物不足时才会取食，但取食咖啡叶片后可以完成生活史。

【分类地位】 斜纹夜蛾（*Prodenia litura*）属鳞翅目（Lepidoptera）夜蛾科（Noctuidae）夜蛾属（*Prodenia*）。

【寄主植物】 斜纹夜蛾属典型的多食性、暴食性食叶类害虫，寄主植物广泛，主要危害十字花科、茄科植物，对烟草、油菜、蔬菜、棉花、桑等作物的危害尤为严重。斜纹夜蛾为小粒咖啡新记录叶部害虫。

【形态特征】

成虫 体长16 ~ 27mm，翅展33 ~ 46mm；头、胸及前翅褐色；前翅略带紫色闪光，具有复杂的黑褐色斑纹，内、外横线灰白色、波浪形，中间有明显的白色斜阔带纹。雄蛾肾纹中央黑色，环纹和肾纹间有一条灰白色宽而长的斜纹，自前缘中部伸至外横线近内缘1/3处；雌蛾有3条灰白色细长斜纹，3条斜纹间形成2条褐色纵纹；后翅灰白色，具紫色闪光，腹末有茶褐色长毛。

卵 半球形，卵初期黄白色，孵化前紫黑色。卵集中产成块状，每块数十粒至几百粒，常3 ~ 4层不规则重叠排列，上覆成虫黄色绒毛。

幼虫 共6龄。体色变化很大，虫口密度大时幼虫体色较深，多为黑褐色或暗褐色；密度小时，多为暗灰绿色；一般幼龄期的体色较淡，随幼虫龄期增加，虫体颜色加深，三龄前幼虫体线隐约可见腹部第1节的1对三角形黑斑；四龄以后体线明显，背线和亚背线呈黄色，沿亚背线上缘每节两侧各有1对黑斑，其中腹部第1节的黑斑最大，近菱形，第7 ~ 8节的黑斑也较大，为新月形。

蛹 被蛹型，蛹长18 ~ 23mm，褐色至暗褐色，第4 ~ 7节背面近前缘密布小刻点，腹末有臀刺1对；雄蛹最后一腹节上端，生殖器明显突出。

【发生规律】 斜纹夜蛾在云南1年发生6代，无越冬滞育现象。3月中旬至5月上旬为第1代；5月中上旬至6月下旬为第2代；6月下旬至7月中旬为第3代；7月下旬至9月上旬为第4代；9月上中旬至10月中下旬为第5代；10月中下旬至翌年3月中旬为第6代（越年代），该代生长发育速度较慢，蛹羽化率不超过40%。斜纹夜蛾雌蛾能产3 ~ 5个卵块，每个卵块100 ~ 200粒卵，在22.5 ~ 26.5℃，4 ~ 5d卵即孵化为幼虫。

【防治方法】

（1）农业防治。定期进行除草，减少斜纹夜蛾食物源；使用旋耕机进行中耕翻土，消除土中的幼虫和蛹；在咖啡园行间套种豆科植物，吸引斜纹夜蛾集中取食，进行集中喷药除虫；咖啡采收后及时清园，残株落叶带出园外集中处理；结合咖啡园其他农事活动摘除卵块和初孵幼虫的叶片，对大龄幼虫也可人工捕捉并带到园外集中销毁。

斜纹夜蛾老熟幼虫

斜纹夜蛾老熟幼虫取食咖啡叶片

（2）物理防治。斜纹夜蛾成虫具有较强的趋光性和趋化性，可利用黑光灯、频振式杀虫灯、糖醋液（糖：醋：酒：水＝3：4：1：2）等进行诱杀。有条件的地方可积极推广应用频振式杀虫灯进行防治。

（3）生物防治。保护和利用天敌昆虫。斜纹夜蛾天敌众多，如夜蛾黑卵蜂、长距姬小蜂等。虽然它们的寄生率都不高，但对斜纹夜蛾的自然控制起着重要的作用，在实践生产中要积极保护利用。也可用性引诱剂诱杀。

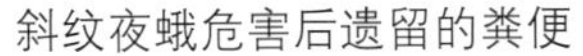
斜纹夜蛾危害后遗留的粪便

斜纹夜蛾成虫

天蛾科（Sphingidae）

咖啡透翅天蛾

【分布】 咖啡透翅天蛾又名咖啡天蛾。国外分布于日本、缅甸、斯里兰卡、印度及澳大利亚等国家；国内主要分布于云南、广西、四川、台湾、浙江、江西、福建等省份。

【危害特点】 该虫以幼虫取食咖啡叶片造成危害。低龄幼虫取食叶肉，造成小斑点；二龄幼虫开始蚕食叶片，造成小孔洞；三龄幼虫取食叶片，导致叶片出现不规则缺刻；四龄幼虫食量暴增；五龄幼虫进入暴食期，食量巨大，危害严重时，整片叶均可被取食，仅留下叶柄。

【分类地位】 咖啡透翅天蛾（*Cephonodes hylas*）属鳞翅目（Lepidoptera）天蛾科（Sphingidae）透翅天蛾属（*Cephonodes*）。

【寄主植物】 小粒咖啡、栀子、弯管花、团花及花椒等。

【形态特征】

成虫　翅展20～34mm，胸部背面黄绿色，腹面白色；腹部前端草青色，中部紫红色，后部杏黄色，尾部毛丛黑色；腹部腹面黑色，第5、6节两侧有白斑；触角黑色，前半部粗大，端部尖而曲；翅透明，脉棕黑色，基部草绿色，顶角黑色；后翅内缘至后角有浓绿色鳞毛；雄性外生殖器上的钩形突呈倒足形，顶端尖，向前上方伸出；背兜椭圆形，颚形突圈带形，囊突大半圆形；抱器左右不对称，平板型有毛丛；抱器腹突臂形，中间细，前半部膨大，顶端边有齿，下方有带齿的海绵状骨化片；阳茎端粗壮、两侧有舌状突，内阳茎外翻呈膜质球状包，较细，骨化强，似矛头状，一侧有一钝齿，顶端光滑。

卵　球形，长1.0～1.3mm，鲜绿色至黄绿色。

幼虫　共5龄。初龄幼虫体长5～7mm，体黄绿色，腹部第8节背面具黑色尾角，胸、腹具黑灰色4分支的刚毛。末龄幼虫体长52～65mm，浅绿色；头部椭圆形；前胸背板具颗粒状突起，各节具沟纹8条；亚气门线白色，其上生黑纹；气门上线和气门下线均为黑色，围住气门；气门线浅绿色。

蛹　长25 ~ 38mm，红棕色，后胸背中线各生1条尖端相对的突起线，腹部各节前缘具细刻点，臀棘三角形，黑色。

【发生规律】 咖啡透翅天蛾在云南1年发生3代，以蛹在薄土层中结薄茧越冬。翌年4月开始破茧羽化进入第1代成虫期，第2代成虫期7月开始，第3代成虫期10月可见。成虫羽化一般在清晨，并于当天傍晚进行交配，次日产卵。产卵前成虫在寄主植物上空来回飞翔，飞翔过程中，成虫腹部轻触叶片，将卵散产于咖啡嫩叶上，偶有产于枝条或老叶上的情况，一般每叶1 ~ 3粒卵，单雌产卵200余粒。卵孵化后，初孵幼虫先取食卵壳，1 ~ 2h后开始取食嫩叶。成虫是为数不多喜白天活动的蛾类。

【防治方法】

（1）人工防治。幼虫发生期，人工捕捉幼虫，集中销毁。

（2）农业防治。利用咖啡透翅天蛾在薄土层结薄茧化蛹越冬的特点，冬季使用微型旋耕机浅翻咖啡园土层，破坏其越冬环境，减少翌年危害虫源。

（3）化学防治。幼虫发生期，使用20%甲氰菊酯乳油2 000 ~ 3 000倍液，林间喷雾1次，杀死幼虫。

咖啡透翅天蛾幼虫

咖啡透翅天蛾幼虫取食咖啡叶片

天蚕蛾科（Saturniidae）

乌桕大蚕蛾

【分布】 国外分布于泰国、马来群岛、印度、缅甸、印度尼西亚等国家或地区；国内分布于浙江、江西、福建、广东、广西、湖南、台湾、海南、云南等省份。

【危害特点】 该虫以幼虫取食寄主植物叶片造成危害。幼虫食量大，导致叶片缺刻，或取食叶片仅剩下主叶脉或叶柄。在食物不足的情况下，会取食咖啡叶片。

【分类地位】 乌桕大蚕蛾（*Attacus atlas*）属鳞翅目（Lepidoptera）天蚕蛾科（Saturniidae）*Attacus*属。

【寄主植物】 该虫寄主植物包括乌桕、樟、柳、大叶合欢、甘薯、狗尾草、苹果、冬青、桦木、小粒咖啡、毛枝坚夹木、白兰等20余种。

【形态特征】

成虫　大型蛾类，翅展180 ~ 210mm，前翅顶角显著突出，体翅赤褐色；前、后翅的内线和外线白色；内线的内侧和外线的外侧有紫红色镶边及棕褐色线，中间夹杂有粉红及白色鳞毛；中室端部有较大的三角形透明斑；外缘黄褐色并有较细的黑色波状线；顶角粉红色，近前缘有1块半月形黑斑，下方土黄色并间有紫红色纵条，黑斑与紫条间由锯齿状白色纹相连；后翅内侧棕黑色，外缘黄褐色并有黑色波纹端线，内侧有黄褐色斑，中间有赤褐色点。

【发生规律】 该虫1年发生2代，成虫在4 ~ 5月及7 ~ 8月出现，以蛹在附着于寄主上的茧中过冬。成虫产卵于主干、枝条或叶片上，有时成堆，排列规则。成虫飞行能力弱，具有趋光性。

【防治方法】

（1）人工防治。在成虫羽化期，人工捕捉成虫，因其2000年被列入《国家保护的有重要生态学、科学、社会价值的陆生野生动物名录》，捕捉后建议释放至周围森林或次生林中。

（2）农业防治。加强咖啡园水肥管理，提高咖啡植株抗虫能力；成虫越冬期前，清除咖啡枯枝落叶，破坏害虫越冬环境；其余时期在不影响咖啡植株生长的情况下，保留咖啡行间杂草，吸引乌桕大蚕蛾幼虫取食，降低对咖啡叶片的取食。

乌桕大蚕蛾成虫

灯蛾科（Arctiidae）

1. 伊贝鹿蛾

【分布】 国外分布不详；国内主要分布于云南、海南、广西、广东等省份。

【危害特点】 该虫以幼虫取食咖啡新梢及嫩叶，导致叶片缺刻或孔洞，甚至光秆，也可取食花芽，导致开花率和结实率降低。

【分类地位】 伊贝鹿蛾（*Syntomoides imaon*）属鳞翅目（Lepidoptera）灯蛾科（Arctiidae）鹿子蛾亚科（Syntominae）鹿子蛾属（*Syntomoides*）。

【寄主植物】 茜草科小粒咖啡，其余寄主植物不详。

【形态特征】

成虫　体长约12mm，翅展24 ~ 28mm，黑色，额黄色或白色，触角顶端白色，颈板黄色，腹部基部与第5节有黄带；前翅中室下方m_1和m_3透明斑块相连呈大斑块，中室端半部m_2斑楔形，m_4、m_5斑较大，m_4斑上方具一透明小点，m_4和m_5之间在端部有一透明斑，有时缺，后翅后缘黄色，中室至后缘具一透明斑，占翅面1/2或稍多。

卵　椭圆形，表面不规则，橙黄色，腹面为鲜红色。

幼虫　共7龄。蛞蝓状，黑褐色，体肥厚，较扁，头及体上毛瘤为橙红色，毛瘤上具橙黄色长毛。

蛹　纺锤形，长约14mm，橙黄色，腹面为鲜红色。

【发生规律】 该虫1年发生3代，以幼虫越冬。翌年3月越冬幼虫开始恢复取食，危害咖啡嫩叶及嫩梢。卵多产于嫩梢或嫩叶背面，通常几十粒单层整齐排列，初孵幼虫先取食卵壳，后群聚于嫩叶上取食叶肉组织，二龄幼虫后开始分散取食，随着虫龄增加，食量逐渐增加。老熟幼虫在叶片或枝梢上结茧化蛹。成虫具有趋光性。

【防治方法】

（1）人工防治。人工摘除叶片背面或枝梢上的蛹；初孵幼虫期，在幼虫还没有分散前摘取受害嫩叶及枝条，减少虫口数量。

（2）农业防治。冬季结合清园，清除咖啡园枯枝杂草及落叶层，结合冬季施肥，使用旋耕机深翻土层，破坏其越冬环境，减少翌年危害虫源。

（3）物理防治。利用成虫趋光性，于成虫发生期在咖啡园悬挂诱虫灯，诱杀成虫。

（4）化学防治。幼虫高发期，使用10%氯氰菊酯乳油，或20%氰戊菊酯乳油，或20%甲氰菊酯乳油2 000 ～ 3 000倍液林间喷雾。

伊贝鹿蛾成虫

2. 南鹿蛾

【分布】 主要分布于广西、云南等省份，在云南的普洱、保山等地有过分布报道。

【危害特点】 该虫以幼虫取食咖啡嫩叶造成危害。通常可见受害叶片出现边缘缺刻或孔洞，但因种群数量较少，对咖啡植株生长及产量几乎没有影响。

【分类地位】 南鹿蛾（*Amata sperbius*）属鳞翅目（Lepidoptera）灯蛾科（Arctiidae）鹿子蛾亚科（Syntominae）鹿蛾属（*Amata*）。

【寄主植物】 禾本科植物、小粒咖啡等。

【形态特征】

成虫　翅展24 ～ 35mm；黑色，额黄色或白色，触角顶端白色，后胸具黄斑，腹部第1节与第5节有金黄色带；翅斑透明，前翅m_1斑方形，m_2斑梯形，m_3斑为一斜斑，m_5斑比m_6斑稍长，m_4斑上方常具一透明点，近翅顶处缘毛白色；后翅中室下方具一透明斑，后缘金黄色，2脉上方具一透明点。雌蛾肛毛簇赭黄色。

【发生规律】 不详。

【防治方法】

（1）人工防治。成虫不喜动，在成虫及幼虫发生期，人工捕捉成虫及幼虫进行集中销毁，减少虫口数量。

南鹿蛾成虫交尾

（2）农业防治。清除咖啡园杂草，减少南鹿蛾其他食物来源；加强咖啡园水肥管理，增强咖啡植株生长势，提高咖啡植株抗病虫性。

（3）物理防治。利用成虫趋光性，使用诱光灯诱杀成虫。

（4）生物防治。保护利用天敌昆虫及生防菌，降低害虫的自然种群。

3.美国白蛾

【分布】 美国白蛾又名美国白灯蛾、秋幕毛虫、秋幕蛾，是重要的世界性检疫害虫，原产地为北美洲。国外主要分布于日本、韩国、朝鲜、土耳其、匈牙利、捷克、斯洛伐克、前南斯拉夫、罗马尼亚、奥地利、美国、加拿大；国内主要分布于云南、辽宁、河北、山东、天津等省份。

【危害特点】 该虫主要以幼虫取食咖啡叶片。一至二龄幼虫只取食叶肉，留下叶脉，叶片呈透明纱网状；三龄幼虫开始将叶片取食为缺刻状；三龄前的幼虫群集在一个网幕内危害，四龄幼虫开始分成若干个小群体，形成几个网幕，藏匿其中取食；四龄末的幼虫食量大增，五龄以后分散为单个个体取食并进入暴食期；咖啡叶片容易被取食光。

【分类地位】 美国白蛾（*Hyphantria cunea*）属鳞翅目（Lepidoptera）灯蛾科（Arctiidae）白蛾属（*Hyphantria*）。

【寄主植物】 美国白蛾属典型的多食性害虫，可危害林木、果树、农作物和野生植物等200多种植物，其中主要危害多种阔叶树。最嗜食的植物有桑、白蜡槭（糖槭），其次为胡桃、苹果、梧桐、李、樱桃、柿、榆和柳等，近年来发现美国白蛾有取食小粒咖啡的情况。

【形态特征】

成虫　翅展28～38mm，体呈白色，下唇须上方黑色，触角干及栉齿下方黑色，翅基片及胸部有时具黑纹，前足基节橘黄色有黑斑，腿节上方橘黄色，胫节和跗节具黑带，腹部背面黄色或白色，背面、侧面具有1列黑点；前翅白色或乳白色，斑纹多变，雄蛾由纯白色无斑点到具浓密的黑色斑点，或散布浅褐色斑点，具有浓密黑点的个体则内线、中线、外线、亚端线在中脉处向外折角，再斜向后缘，中室端具黑点，外缘中部有1列黑点；后翅一般无斑点或中室端有一黑点，亚端线处若干斑点位于5脉与2脉处。雌蛾前、后翅白色，通常无斑点。

卵　直径约0.53mm，近球形，闪光绿或淡黄绿色，表面有小凹坑。

幼虫　共7龄。老熟幼虫体长28～35mm，头黑色，具光泽。体黄绿色至灰黑色，背线、气门上线、气门下线浅黄色。背部毛瘤黑色，体侧毛瘤多为橙黄色，毛瘤上着生白色长毛丛。腹足外侧黑色。气门白色，椭圆形，具黑边。根据幼虫形态，可分为两型，即黑头型和红头型，其在低龄期就明显可辨。三龄后，从体色、色斑、毛瘤及其上的刚毛颜色上更易区别。

【发生规律】 该虫1年发生3代，偶有4代，以蛹在树皮裂缝、地表枯枝落叶层或地表土层中越冬。翌年4月中旬开始出现成虫，4月下旬至5月上旬为成虫产卵期；5月上旬至6月中旬为幼虫发生期；6月中旬至6月下旬进入蛹期，6月下旬至7月中旬进入成虫期，第1代完成。6月下旬第2代开始产卵，7月中旬卵期结束；7月上旬至8月上旬进入幼虫期；7月下旬至8月中旬进入蛹期；8月上旬至8月下旬为成虫期，第2代结束。第3代，8月下旬开始产卵；8月中旬至9月下旬为幼虫期；9月下旬后开始陆续化蛹，进入越冬期。成虫羽化，多在16：00～19：00时间段内发生，进入夏季后，温度逐渐升高，羽化的时间推迟到18：00～19：00。单雌产卵500～800粒。幼虫刚孵化出来时吐丝，裹起1～3片叶成网幕，刚开始网幕小，随着虫情的发展，裹进去的叶片越来越多，网幕的体积越来越大，最大的直径可超过1m。

【防治方法】

（1）植物检验检疫。加强对区域内苗木的检疫，各级相关检疫部门要认真开展检疫执法工作，杜绝疫区内的咖啡苗木未经过处理就外运或者调入。

（2）人工防治。结网盛期（二至三龄）时人工剪除网幕，每隔21d左右处理1次，集中销毁。

（3）物理防治。利用成虫趋光性，于成虫期在咖啡园悬挂诱虫灯诱杀成虫；化蛹下树前在距离地面上方1.5m左右的树干上捆上草把，捆绑时注意上方松、下方紧，可诱集幼虫，虫害发生高峰阶段需要每7d更换1次草把。

（4）农业防治。冬季清除咖啡园杂草及落叶层，深翻土层，破坏害虫越冬环境，减少翌年危害虫源。

（5）生物防治。保护利用天敌昆虫，如咖啡园释放周氏啮小蜂寄生幼虫；成虫期，可利用性信息素诱杀成虫。

（6）药剂防治。在幼虫期，利用生物农药0.83%阿维菌素溶液，或0.25%藜芦碱溶液或白屈菜总生物碱提取物杀死幼虫；另外，二至三龄幼虫期可选择苏云金杆菌500倍液或白僵菌可湿性粉剂2 000倍液林间喷雾杀死幼虫。

美国白蛾成虫

美国白蛾成虫（侧面）

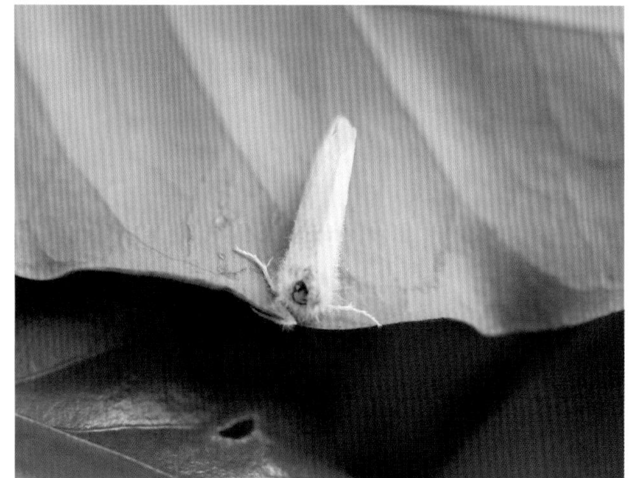

美国白蛾成虫（背面）

4. 八点灰灯蛾

【分布】 国外分布不详；国内分布在山西、陕西、内蒙古、四川、云南、西藏及华东、华中、华南等地。

【危害特点】 该虫以幼虫取食咖啡叶片造成危害。低龄幼虫啃食茎叶，影响树势生长。老熟幼虫虫体较大，食量多，一晚可将整个咖啡树叶片吃尽。

【分类地位】 八点灰灯蛾（*Creatonotus transiens*）属鳞翅目（Lepidoptera）灯蛾科（Arctiidae）灰灯蛾属（*Creatonotus*）。

【寄主植物】 蔬菜、柑橘、桑、茶、小粒咖啡等。

【形态特征】

成虫　体长20mm，翅展38 ~ 54mm，头胸白色，稍带褐色，下唇须3节，额侧缘和触角黑色；胸足具黑带，腿节上方橙色；腹部背面橙色，腹末及腹面白色，腹部各节背面、侧面和亚侧面具黑点；前翅灰白色，略带粉红色，除前缘区外，脉间带褐色，中室上角和下角各具2个黑点，其中1个黑点不明显；后翅亦灰白色，有时具黑色亚端点数个；雄虫前翅浅灰褐色，前缘灰黄色，中室亦有黑点4个，后翅颜色较深。

卵　黄色，球形，底稍平。

幼虫　体长35 ~ 43mm，头褐黑色具白斑，体黑色，毛簇红褐色，背面具白色宽带，侧毛突黄褐色，丛生黑色长毛。

蛹　长约22mm，土黄色至枣红色，腹背上有刻点。

茧　薄，灰白色。

八点灰灯蛾成虫

【发生规律】 该虫1年发生2 ~ 3代，以幼虫越冬。翌年3月开始活动，5月中旬成虫羽化，70d左右完成1代，卵期8 ~ 13d，幼虫期16 ~ 25d，蛹期7 ~ 16d。成虫多在夜间活动，把卵产在叶背或叶脉附近，卵数粒或数十粒为1堆，单雌产卵量约140粒。幼虫孵化后在叶背取食；老熟幼虫多在地面爬行，并吐丝黏叶结薄茧化蛹，部分可不吐丝，直接在枯枝落叶下化蛹。

【防治方法】

（1）农业防治。深翻土层，清除田间落叶杂草，减少越冬虫源。

（2）化学防治。幼虫高发期，利用40%氰戊菊酯乳油3 000倍液林间喷布2 ~ 3次，间隔期7d以上。

5. 粉蝶灯蛾

【分布】 粉蝶灯蛾分布广泛，国外分布于日本、印度、尼泊尔、不丹、马来西亚、印度尼西亚苏门答腊岛；国内几乎遍及全国。

【危害特点】 该虫以幼虫取食咖啡叶片造成危害，导致叶片缺刻，但危害不严重。

【分类地位】 粉蝶灯蛾（*Nyctemera adversata*）属鳞翅目（Lepidoptera）灯蛾科（Arctiidae）蝶灯蛾属（*Nyctemera*）。

【寄主植物】 该虫寄主植物有柑橘、无花果、狗舌草、菊科（菊芹属、飞蓬属、菊三七属、毛连菜属、千里光属）植物、红凤菜、小粒咖啡等。

【形态特征】

成虫　翅展44 ~ 56mm，头黄色，颈板黄色，额、头顶、颈板、肩角、胸部各节具1个黑色斑点，翅基片具黑点2个；腹部白色，末端黄色，背面、侧面具黑点列；前翅白色，翅脉暗褐色，中室中部有一暗褐色横纹，中室端部有一暗褐色斑，Cu_2脉基部至后缘上方有暗褐纹，Sc脉末端起至Cu_2脉之间为暗褐色斑，臀角上方有一暗褐色斑，臀角上方至翅顶缘毛暗褐色；后翅白色，中室下角处有1个暗褐色斑，亚端线暗褐色斑纹4 ~ 5个。

粉蝶灯蛾成虫

【发生规律】 不详。

【防治方法】

（1）农业防治。在不影响咖啡植株正常生长的前提下，保留咖啡行间杂草，吸引害虫取食，减少对咖啡的危害。

（2）物理防治。利用成虫趋光性，在咖啡园设置诱虫灯诱杀成虫。

（3）生物防治。该虫对小粒咖啡危害不严重，建议保护利用自然天敌，使害虫种群维持在稳定的水平。

6. 分鹿蛾

【分布】 主要分布于云南的玉溪、文山、普洱及保山等地。

【危害特点】 该虫以幼虫取食咖啡嫩叶造成危害。通常可见受害叶片出现边缘缺刻或孔洞，但因种群数量较少，对咖啡植株生长及产量几乎没有影响。

【分类地位】 分鹿蛾（*Amata divisa*）属鳞翅目（Lepidoptera）灯蛾科（Arctiidae）鹿子蛾亚科（Syntominae）鹿蛾属（*Amata*）。

【寄主植物】 禾本科植物、小粒咖啡等。

【形态特征】

成虫　翅展32～42mm；触角黑色、白色，尖端较长；头黑色；额白色，颈板黑色，翅基片黑色具橙色斑；胸部黑色，带蓝绿色光泽，中、后胸两侧各具一橙黄色斑块，胸足黑色，具白纹；腹部墨绿色，有5个橙黄带，位于前5节上，腹面的黄带色浅；翅黑色，发蓝绿光泽，翅斑较大，前翅前缘下方有一黄带，基部有黄鳞，m_1与m_3斑间仅以黑纹相隔，m_1斑近方形，m_2斑楔形，m_3斑较长，几达翅缘，其上附一斜斑，m_4斑长形，其上附一斑，m_4与m_5斑间被一黑色放射带相隔，3脉与2脉间有一黑齿；后翅具2斑，在2脉处成齿状，后缘有黄鳞。

【发生规律】 不详。

【防治方法】 同南鹿蛾。

分鹿蛾成虫

卷叶蛾科（Tortricidae）

褐带长卷叶蛾

【分布】 褐带长卷叶蛾又名咖啡卷叶蛾、柑橘长卷蛾、花淡卷叶蛾、后黄卷叶蛾。国外分布于印度、泰国、马来西亚、印度尼西亚、斯里兰卡；国内主要分布于云南、江西、福建、台湾、广东、湖南、四川、西藏、海南等省份。

【危害特点】 该虫以幼虫取食咖啡嫩叶及芽尖造成危害。幼虫吐丝将嫩叶结成团，虫体藏匿于其中取食危害。被害严重时，幼叶残缺破碎、枯死脱落。

【分类地位】 褐带长卷叶蛾（*Homona coffearia*）属鳞翅目（Lepidoptera）卷叶蛾科（Tortricidae）*Homona*属。

【寄主植物】 该虫寄主植物有柑橘、茶、荔枝、龙眼、杨桃、梨、苹果、桃、李、石榴、梅、樱桃、核桃、枇杷、柿、栗、银杏及小粒咖啡等植物。

【形态特征】

成虫　体呈暗褐色，雌虫体长8 ~ 10mm，翅展25 ~ 30mm；雄虫体长6 ~ 8mm，翅展16 ~ 19mm。头部较小，头顶有浓褐色鳞片，下唇须上翘至复眼前缘；前翅暗褐色，近长方形，基部有黑褐色斑纹，从前缘中央前方斜向后缘中央后方有一深褐色带，顶角亦常呈深褐色；后翅为淡黄色；雌虫翅显著长过腹末，雄虫则仅能遮盖腹部，且前翅具宽而短的前缘折，静止时常向背面卷折。

褐带长卷叶蛾幼虫

卵　淡黄色，椭圆形，大小为（0.80 ~ 0.85）mm×（0.55 ~ 0.65）mm，卵多排列成鱼鳞状，上覆胶质薄膜。卵块椭圆形，大小约8mm×6mm。

幼虫　共6龄。一龄幼虫体长1.2 ~ 1.6mm，头黑色，前胸背板和前、中、后足深黄色；二龄幼虫体长2 ~ 3mm，头部、前胸背板及3对胸足黑色，体黄绿色；三龄幼虫体长3 ~ 6mm，形态色泽与二龄幼虫相似；四龄幼虫体长7 ~ 10mm，头深褐色，后足褐色，其余为黑色；五龄幼虫体长12 ~ 18mm，头部深褐色，前胸背板黑色，体黄绿色；六龄幼虫体长20 ~ 23mm，体黄绿色，头部黑色或褐色，前胸背板黑色，头与前胸相接处有一较宽的白带。

蛹　雌蛹体长12 ~ 13mm，雄蛹体长8 ~ 9mm，均为黄褐色，第10腹节末端狭小，具8条卷丝状臀棘。

【发生规律】 该虫1年发生4 ~ 5代，以老熟幼虫或蛹在卷叶或杂草丛中越冬。翌年2月中旬成虫羽化，成虫多在清晨羽化，傍晚交尾，交尾后3 ~ 4h开始产卵。卵多产于叶片主脉附近或稍凹处，单雌产卵2 ~ 3块，孵化后幼虫开始迅速分散活动。幼虫吐丝粘连嫩叶结成虫苞，幼虫藏匿其中。老熟幼虫化蛹在叶苞内，或转移到老叶上将相邻的叶片卷叠在一起，在其中吐丝结茧化蛹。

【防治方法】

（1）农业防治。冬季剪除被害虫枝，清除咖啡园枯枝落叶，铲除杂草，减少越冬虫口数量；定期巡园，检查摘除卵块，捕捉幼虫。

（2）生物防治。保护利用天敌昆虫。在卷叶蛾产卵前期释放松毛虫赤眼蜂，每代卷叶蛾放蜂3 ~ 4次。

（3）化学防治。初孵幼虫期，在幼虫尚未完成卷叶前，使用10%氯氰菊酯乳油或20%氰戊菊酯乳油或20%甲氰菊酯乳油2 000 ~ 3 000倍液进行林间喷雾，其余幼龄虫期因在虫苞内藏匿危害，不建议进行化学防控。

蓑蛾科（Psychidae）

白囊蓑蛾

【分布】 白囊蓑蛾又名橘白蓑蛾、白袋蛾和白避债蛾。国外分布不详；国内主要分布于长江流域以南，在云南、四川、广东、广西、台湾、海南等省份均有分布。

【危害特点】 该虫主要以幼虫取食咖啡叶片。初龄幼虫取食叶片成网孔状，老龄幼虫取食叶片成孔洞或缺刻，严重时整个叶片被取食殆尽。

【分类地位】 白囊蓑蛾（*Chalioides kondonis*）属鳞翅目（Lepidoptera）蓑蛾科（Psychidae）*Chalioides*属。

【寄主植物】 小粒咖啡、柑橘、苹果、龙眼、荔枝、枇杷、杧果、核桃、椰子、梨、梅、柿、枣、栗、茶树、油茶、大豆、油桐、扁柏、女贞、桉树、樟树、枫杨、乌桕、木麻黄、松、柏、杨、柳、榆、竹等。

【形态特征】

雄成虫　体长8～10mm，翅展18～24mm；胸、腹部褐色，头部和腹部末端黑色，体密布白色长毛；触角栉形；前后翅均白色透明，前翅前缘及翅基淡褐色，前后翅脉纹淡褐色，后翅基部有白毛。

雌成虫　体长约9mm，黄白色，蛆状，无翅。

卵　椭圆形，细小，长0.6～0.8mm，淡黄色至鲜黄色，表面光滑。

幼虫　老熟幼虫体长约30mm，头部褐色，有黑点纹，躯体各节上均有深褐色点纹，规则排列。

蛹　雌蛹蛆状，雄蛹具翅芽，赤褐色。

蓑囊　长圆锥形，灰白色，由虫丝构成，其表面光滑，不附任何枝叶及其他碎片。

【发生规律】　该虫1年发生1代，以高龄幼虫在虫囊内越冬。越冬幼虫翌年3月开始活动，6月中旬至7月中旬开始化蛹，6月底至7月底成虫羽化，稍后开始产卵。幼虫于7月中下旬开始出现，8～9月为主要危害期。幼虫喜清晨、傍晚或阴天进食。初孵幼虫先取食卵壳，其后爬出护囊，吐丝随风飘散进行扩散，停留后即吐丝结茧，围裹虫体，形成蓑囊，活动时携囊而动，取食时头部伸出囊外，受惊吓后头缩回蓑囊内，随着幼虫的生长，蓑囊逐渐变大。

【防治方法】

（1）人工防治。定期巡园，人工摘除蓑囊，防止白囊蓑蛾扩散蔓延。

（2）化学防治。8～9月幼虫危害高峰期，于清晨、傍晚或阴天幼虫取食期，使用20%甲氰菊酯乳油2 000～3 000倍液林间喷雾1～2次，杀死幼虫。

白囊蓑蛾蓑囊及其危害状

白囊蓑蛾蓑囊

螟蛾科（Pyralidae）

甜菜白带野螟蛾

【分布】　国外分布不详；国内分布于黑龙江、吉林、辽宁、内蒙古、宁夏、青海、陕西、山西、北京、河北、山东、安徽、江苏、上海、浙江、江西、福建、台湾、湖南、湖北、广东、广西、贵州、重庆、四川、云南、西藏等省份。

【危害特点】　该虫以幼虫取食咖啡叶片造成危害。低龄幼虫在叶背啃食叶肉，留下上表皮成天窗状，蜕皮时拉一薄网；三龄后叶片受害状为网状缺刻。

【分类地位】　甜菜白带野螟蛾（*Spoladea recurvalis*）属鳞翅目（Lepidoptera）螟蛾科（Pyralidae）白带野螟属（*Spoladea*）。

【寄主植物】　甜菜、大豆、玉米、甘薯、甘蔗、茶树、向日葵及小粒咖啡等。

【形态特征】

成虫　翅展24～26mm，体棕褐色；头部白色，额有黑斑；触角黑褐色；下唇须黑褐色，向上弯曲；胸部背面黑褐色，腹部环节白色；翅暗棕褐色，前翅中室有1条斜波纹状的黑缘宽白带，外缘有1排细白斑点；后翅也有1条黑缘白带，缘毛黑褐色与白色相间；双翅展开时，白带相接呈倒"八"字形。

卵　扁椭圆形，长0.6～0.8mm，淡黄色，透明，表面有不规则网纹。

幼虫　共5龄。老熟幼虫大小约17mm×2mm；淡绿色，光亮透明，两头细中间粗，近似纺锤形，趾钩双序缺环。

蛹　大小为（9.0～11.0）mm×（2.5～3.0）mm，黄褐色，臀棘上有钩刺6～8根。

【发生规律】　该虫1年发生3代，以老熟幼虫吐丝结茧化蛹，在田间杂草、残叶或表土层越冬。成虫飞翔力弱，具趋光性，卵散产于叶脉处，常2～5粒聚在一起，单雌产卵平均88粒，卵历期3～10d；幼虫孵化后昼夜取食，发育历期11～26d。幼虫老熟后变为桃红色，开始拉网，24h后又变成黄绿色，多在表土层结茧化蛹，也有的在枯枝落叶下或叶柄基部间隙中化蛹。9月底或10月上旬开始越冬。

【防治方法】

（1）农业防治。冬季进行中耕施肥，清除咖啡园枯枝落叶及杂草，破坏害虫越冬场所；幼虫高发期，结合田间管理，剪除受害枝叶进行集中销毁。

（2）生物防治。保护利用天敌，维持种群平衡。

（3）化学防治。幼虫发生期，使用5%高效氯氟氰菊酯水乳剂2 000～2 500倍液全园防治1次。

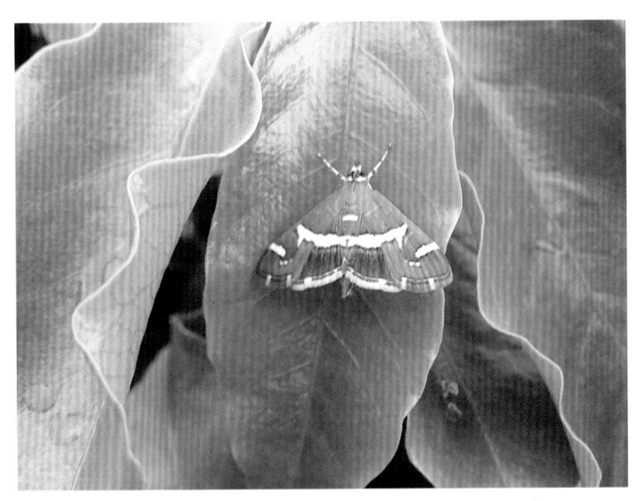

甜菜白带野螟蛾成虫（一）
（普洱某局供图）

甜菜白带野螟蛾成虫（二）

斑螟科（Phycitidae）

印度谷螟

【分布】　印度谷螟又名印度谷斑螟、印度谷蛾、印度粉蛾、枣蚀心虫、封顶虫。该虫呈世界性分布，国内除西藏尚未发现外，其余各省份均有分布。

【危害特点】　幼虫吐丝结网，把被害物连缀成团，藏于其中危害，排出异味粪便，污染食物。大发生时往往连成1片白色薄膜，遮盖在包装物上。

【分类地位】　印度谷螟（*Plodia interpunctella*）属鳞翅目（Lepidoptera）斑螟科（Phycitidae）*Plodia*属。

【寄主植物】　食性杂，主要食害豆类、干蔬菜、干果类、枸杞、菊花、鲜枣、中药材、糖类、昆虫标本及稻、麦、小粒咖啡生豆、食用菌等。

【形态特征】

成虫　小型蛾类，体长5～9mm，翅展13～16mm。头部灰褐色，腹部灰白色。头顶复眼间有一伸向前下方的黑褐色鳞片丛。下唇须发达，伸向前方。前翅细长，基半部黄白色，其余部分亮赤褐色，并散生黑色斑纹。后翅灰白色。一般雄成虫体较小，腹部较细，腹末呈二裂状，雌成虫体较大，腹部较粗，腹末成圆孔。

卵　长0.3mm，乳白色，椭圆形，一端颇尖。卵表面有许多小颗粒。

幼虫　共5～6龄。老熟幼虫体长10～13mm，体呈圆筒形，中间稍膨大。头部赤褐色，上颚有齿3个，中间一个最大；头部每边有单眼6个。胸、腹部淡黄白色，腹部背面带淡粉红色。中胸至第8腹节刚毛基部无毛片。腹足趾钩双序全环。雄虫第5腹节背面有1对暗紫色斑，即为睾丸。

蛹　长约6.0mm，细长形，橙黄色，背面稍带淡褐色，前翅带黄绿色，复眼黑色，腹部略弯向背面，腹末着生尾钩8对，其中以末端近背面的2对最接近及最长。

【发生规律】　通常1年发生4～6代；在温暖地区，1年可发生7～8代；在严寒地区1年发生3～4代，世代重叠严重。以幼虫在仓壁及包装物等缝隙中布网结茧越冬。成虫多在夜间活动，有一定趋光性。羽化、交配、产卵活动全天均可进行，但羽化以白天较多，交配产卵以夜间较多。成虫羽化后即可交配，交配为尾接式，并可多次交配。交配后雌成虫将卵产于储藏物表面或包装品缝隙中，也可产在幼虫吐丝形成的网上，卵散产或聚产，以成虫羽化后第3天产卵最多，单雌平均产卵150余粒。初孵幼虫先蛀食粮粒胚部，再剥食外皮。幼虫常吐丝结网封住粮面，或吐丝连缀食物成小团与块状，藏在内部取食。起初在粮堆表面及上半部，以后逐渐延至内部及下半部危害。幼虫行动敏捷，具避光性，受惊后会迅速匿藏。缺食时，幼虫会自相残杀。幼虫老熟后多离开受害物，爬到墙壁、梁柱、天花板及包装物缝隙或其他隐蔽处吐丝结茧化蛹。一般情况下各虫态历期：卵2～14d，幼虫22～35d，蛹7～14d，成虫寿命8～14d。在27～30℃下，每完成一代约需36d。

【防治方法】

（1）人工防治。清除虫巢，减少虫源。小粒咖啡豆不建议与大米、面粉、豆类共同堆放。

（2）物理防治。仓库安装纱门、窗，防止成虫飞入产卵；可在仓库安装杀虫灯，诱杀成虫。

（3）生物防治。利用印度谷螟信息素配合粘虫板诱杀成虫。

印度谷螟成虫

粉蝶科（Pieridae）

菜粉蝶

【分布】　菜粉蝶又名菜青虫。分布广泛，世界各地均有发生；国内各地均有危害。

【危害特点】 该虫以幼虫食叶造成危害。二龄前只能啃食叶肉，留下一层透明的表皮；三龄后可蚕食整片叶，轻则虫口累累，重则仅剩叶脉，影响植株生长发育，造成减产。仅取食少量的小粒咖啡嫩叶，对生长和产量几乎没有影响。

【分类地位】 菜粉蝶（*Pieris rapae*）属鳞翅目（Lepidoptera）粉蝶科（Pieridae）粉蝶属（*Pieris*）。

【寄主植物】 菜粉蝶幼虫食性杂，寄主植物包括十字花科、菊科、旋花科、百合科、茄科、藜科、苋科等9科35种，主要危害十字花科蔬菜，尤以芥蓝、甘蓝、花椰菜等受害比较严重。菜粉蝶危害小粒咖啡为国内首次记录。

【形态特征】

成虫　成虫体长12 ~ 20mm，翅展45 ~ 55mm，体黑色，胸部密被白色及灰黑色长毛，翅白色；雌虫前翅前缘和基部大部分为黑色，顶角有1个大三角形黑斑，中室外侧有2个黑色圆斑，前后并列；后翅基部灰黑色，前缘有1个黑斑，翅展开时与前翅后方的黑斑相连接。

卵　竖立呈瓶状，高约1mm，初产时淡黄色，后变为橙黄色。

幼虫　共5龄。体长28 ~ 35mm，幼虫初孵化时灰黄色，后变青绿色，体圆筒形，中段较肥大；背部有一条不明显的断续黄色纵线，气门线黄色，每节的线上有两个黄斑；密布细小黑色毛瘤，各体节有4 ~ 5条横皱纹。

蛹　长18 ~ 21mm，纺锤形，体色有绿色、淡褐色、灰黄色等；背部有3条纵隆线和3个角状突起。头部前端中央有1个短而直的管状突起；腹部两侧也各有1个黄色脊，在第2 ~ 3腹节两侧突起成角。

【发生规律】 菜粉蝶在云南1年可发生多代，以蛹在寄主植物植株或寄主植物附近的篱笆、风障、树干上及杂草或残枝落叶间越冬，也有在其他十字花科蔬菜残株落叶的向阳处越冬。翌年2 ~ 3月成虫开始大量羽化，成虫羽化后6 ~ 7h即进行交尾，交尾后1 ~ 2d即产卵，产卵期3 ~ 6d，单雌产卵100 ~ 200粒。通常45 ~ 50d即可完成1代。

【防治方法】

（1）农业防治。咖啡采摘完成后，立即进行清园，清除园内的枯枝落叶，破坏菜粉蝶化蛹环境，减少虫口数量；加强咖啡园水肥管理，提高咖啡植株抗病虫性；在咖啡园行间套种十字花科植物，引诱菜粉蝶成虫产卵，再集中杀死幼虫。

（2）生物防治。注意天敌的自然控制作用，保护广赤眼蜂、微红绒茧蜂、凤蝶金小蜂等天敌昆虫。

（3）化学防治。幼虫发生期，使用5%高效氯氟氰菊酯水乳剂2 000 ~ 2 500倍液全园防治1次，可有效控制菜粉蝶的危害。

菜粉蝶幼虫

菜粉蝶成虫
（李岫峰供图）

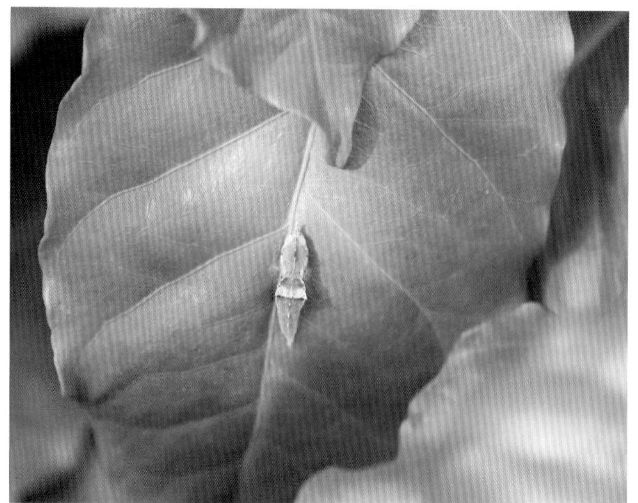

菜粉蝶蛹

蛱蝶科（Nymphalidae）

虎斑蝶

【分布】 国外分布于中南半岛、西太平洋诸岛和澳大利亚；国内分布于河南、四川、云南、西藏、江西、浙江、福建、广东、广西、台湾和海南等地。

【危害特点】 该虫主要以幼虫取食叶片造成危害。一至二龄幼虫常仅取食叶肉，余下叶脉，三至五龄幼虫将叶肉叶脉一起取食。

【分类地位】 虎斑蝶（*Danaus genutia*）属鳞翅目（Lepidoptera）蛱蝶科（Nymphalidae）斑蝶属（*Danaus*）。

【寄主植物】 该虫寄主植物众多，包括萝藦科牛奶菜属、娃儿藤属、大花藤属、马利筋属、夜来香属植物及茜草科咖啡属小粒咖啡等。

【形态特征】

成虫　翅正面棕褐色，沿翅脉两侧密布黑色鳞粉，使翅脉显得粗大；前翅前缘、顶区、外缘及后缘黑色，亚顶区并列有5个大型白色斑，外缘和亚外缘还有若干小白点，数量在个体间存在差异；后翅外缘和亚缘区黑化，有2列白点；雄蝶在后翅中室下方Cu_2脉中部有1个耳状性标；虫体头部黑色，触角棒状、黑色；胸部黑；腹面密布白色斑点，腹部细长、棕色；雌成虫前翅长42.64mm，雄成虫前翅长45.03mm。

虎斑蝶成虫

卵　子弹形，顶端较为平坦，初产时乳白色，有光泽；卵壳柔嫩易破，表面有纵向脊纹，直径0.72 ~ 0.86mm，高1.04 ~ 1.33mm；孵化前，卵侧面变为深灰色；未受精卵颜色不发生变化，渐渐干瘪而死。

幼虫　共5龄。初孵化时头部黑色，疏生黑色细毛；胸腹部灰白至无色，半透明状，疏生黑色细毛；头壳近半球形，宽0.53mm；末龄体表变为紫褐色，头壳向前下方突出，第1胸节膨胀；初龄幼虫平均体长2.67mm，末龄幼虫体长4.24mm。

【发生规律】 在云南，该虫以成虫越冬。越冬成虫在冬季晴朗天气仍然频繁访花，但停止繁殖活动。翌年随着温度升高，成虫开始交尾，通常可进行多次交尾，交尾后1 ~ 2d产卵，卵分散产于成熟叶片背面，偶有产于茎秆或叶柄处，或老叶、黄叶上，但少有产在嫩叶上，产1粒卵需2 ~ 5s，具间歇性，1d可产卵1 ~ 5轮，1轮产5 ~ 11粒，产卵高峰集中于11：00 ~ 12：00和13：00 ~ 15：00两个时间段。卵孵化后，各龄幼虫多停息在寄主植物叶片下，一至五龄幼虫均具假死性，尤其以五龄最明显；老熟幼虫一般在寄主植物叶片下化蛹，化蛹场所一般都较为开阔明亮。成虫羽化时间与气温密切相关，晴天多集中于10：00 ~ 12：00，飞行、取食、求偶交配、产卵等活动均在白天晴朗天气下进行，羽化1h后成虫具备飞行能力。

【防治方法】

（1）人工防治。利用一至五龄幼虫假死性，在幼虫发生期震动咖啡植株，使虫体掉落，集中收集销毁；在成虫羽化期，利用成虫羽化初期活动不明显特性，人工捕捉成虫，减少虫口数量。

（2）农业防治。加强水肥管理，增强咖啡植株生长势，提高抗虫能力。

（3）化学防治。该虫对咖啡植株危害较小，不建议使用化学防治。

弄蝶科（Hesperiidae）

1. 腌翅弄蝶

【分布】 国外分布不详；国内分布于广西、云南等地。

【危害特点】 该虫以幼虫取食寄主叶片造成危害，喜食禾本科植物，在食物匮乏时会取食咖啡嫩叶，导致其叶面缺刻，但影响不大。

【分类地位】 腌翅弄蝶（*Astictopterus jama*）属鳞翅目（Lepidoptera）弄蝶科（Hesperiidae）腌翅弄蝶属（*Astictopterus*）。

【寄主植物】 马唐、芒等禾本科植物，食物不足情况下偶取食小粒咖啡叶片。

【形态特征】

成虫　雄虫前翅长约18mm。触角大于前翅长，约为前翅前缘长的一半，锤状部膨大不明显，端针短而尖锐。前翅顶端和后翅臀角均圆，翅黑褐色，有金属光泽，缘毛与翅色相同，多数个体翅正面无斑，有斑的个体仅有翅顶斑2 ~ 3个，第8翅室斑常缺失，翅反面同正面，脉纹清晰，后翅正面无斑，翅反面中域有比底色更深的暗色纹。雄性生殖器背兜背面观很宽阔、较长，钩突背面观浅二型，短而尖细、上翘，端部下弯。颚突中部相互靠近，端部呈“八”字形撇出，囊形突很短；抱器端向基部和端部方向尖出，边缘锯齿状。

腌翅弄蝶成虫

【发生规律】 不详。

【防治方法】

（1）人工防治。腌翅弄蝶清晨或阴雨天不活跃，可在该时期人工捕捉成虫，减少虫口数量。

（2）农业防治。在不影响咖啡植株生长的前提下，保留咖啡植株间的杂草，以吸引幼虫取食，集中防控，减少对咖啡的危害。

（3）生物防治。保护利用天敌，使害虫种群数量维持在一个稳定水平。

2. 藏黄斑弄蝶

【分布】 国外分布不详；国内分布于四川、陕西、云南等省份。

藏黄斑弄蝶成虫

【危害特点】 该虫以幼虫取食寄主叶片造成危害，喜食禾本科植物，在食物匮乏时会取食咖啡嫩叶，导致其叶面缺刻，但影响不大。

【分类地位】 藏黄斑弄蝶（*Ampittia dioscorides*）属鳞翅目（Lepidoptera）弄蝶科（Hesperiidae）黄斑弄蝶属（*Ampittia*）。

【寄主植物】 该虫寄主植物主要为禾本科植物，食物不足情况下偶取食小粒咖啡叶片。

【形态特征】

成虫　前翅正面具有3个黄斑，后翅具有1个小黄斑；前翅反面斑纹发达，后翅反面散布黄斑。

【发生规律】 不详。

【防治方法】

(1) 人工防治。清晨或阴雨天成虫不活跃，可在该时期人工捕捉成虫，减少虫口数量。

(2) 农业防治。在不影响咖啡植株生长的前提下，保留咖啡植株间的杂草，以吸引藏黄斑弄蝶幼虫取食，集中处理减少对咖啡的危害。

(3) 生物防治。保护利用天敌，使虫口数量维持在稳定水平。

灰蝶科（Lycaenidae）

酢浆灰蝶

【分布】 分布广泛，国外分布于朝鲜、日本、巴基斯坦、印度、尼泊尔、缅甸、泰国、马来西亚等国家；国内分布于广东、浙江、湖北、江西、福建、海南、广西、四川、云南、台湾等省份。

【危害特点】 该虫主要以幼虫取食酢浆草科、爵床科马蓝属、蝶形花科的植物，在食物不足的情况下也会取食少量的咖啡叶片，导致咖啡叶片边缘缺刻，但长期取食咖啡叶片会导致其不能完成整个世代，成虫也会取食花粉。

【分类地位】 酢浆灰蝶（*Pseudozizeeria maha*）属鳞翅目（Lepidoptera）灰蝶科（Lycaenidae）酢浆灰蝶属（*Pseudozizeeria*）。

【寄主植物】 幼虫主要危害酢浆草科、爵床科马蓝属、蝶形花科的植物，幼虫偶有取食小粒咖啡叶片，成虫也会取食咖啡花粉。

【形态特征】

成虫　雌蝶背底色呈黑褐色，翅基部有蓝色亮鳞，低温期较多，有时可达雄蝶高温期蓝色斑的发达程度；高温时亮鳞减退或消失。雌雄虫翅反面均无任何红色斑点，应与蓝灰蝶和多眼灰蝶仔细区分；翅展22 ~ 30mm。雄蝶翅面淡青色，外缘黑色区较宽；翅反面灰褐色，有黑褐色具白边的斑点；无尾突。复眼上有毛，呈褐色。触角每节上有白环。

卵　为扁平的盘状构造，直径约0.6mm，高约0.25mm。

酢浆灰蝶成虫

【发生规律】 该虫1年发生5代，世代交替发生，在10月末以蛹在枯枝落叶或土壤表层浅洞中越冬。翌年5月始见越冬代成虫，5月中旬为高峰期，

5月中旬始见第1代卵及幼虫，6 ~ 10月各月各虫态均同时发生，其间每月中下旬为成虫活动高峰期。

【防治方法】

（1）人工防治。成虫和幼虫发生期，使用捕虫网人工捕杀害虫，以减少虫口数量。

（2）农业防治。冬季清除咖啡园落叶杂草，深翻土层，破坏害虫越冬环境，减少翌年侵染虫源。

膜翅目（Hymenoptera）

蚁科（Formicidae）

红火蚁

【分布】 红火蚁原产南美洲，国外分布于巴西、巴拉圭和阿根廷等国家；国内分布于福建、江西、广东、海南、广西、四川、云南等省份。红火蚁在咖啡园有分布为首次报道。

【危害特点】 该虫不直接危害小粒咖啡植株，但影响咖啡园农事操作，红火蚁对人和动物具有明显的攻击性和重复蜇刺的能力，影响入侵地人的健康和生活质量，对农业、牲畜、野生动植物和自然生态系统有严重的负面影响，它还能损坏公共设施电子仪器，导致通信、医疗和害虫控制上的财产损失。

【分类地位】 红火蚁（*Solenopsis invicta*）属膜翅目（Hymenoptera）蚁科（Formicidae）火蚁属（*Solenopsis*）。

【寄主植物】 杂食性昆虫，主要捕食蚁巢附近的小型昆虫，导致生物多样性水平降低，在食物不足的情况也会取食蛋白质含量较高的植物种子。

【形态特征】

有翅雌蚁　体长8 ~ 10mm，头及胸部棕褐色，腹部黑褐色，着生2对翅，头部细小，触角呈膝状，胸部发达，前胸背板亦显著隆起。

有翅雄蚁　体长7 ~ 8mm，体黑色，着生2对翅，头部细小，触角呈丝状，胸部发达，前胸背板显著隆起。

大型工蚁　体长6 ~ 7mm，形态与小型工蚁相似，体橘红色，腹部背板呈深褐色。

小型工蚁　体长2.5 ~ 4.0mm；头、胸、触角及各足均为棕红色，腹部常棕褐色，腹节间色略淡，腹部第2、3节背面中央常具有近圆形的淡色斑纹；头部略呈方形，复眼细小，由数十个小眼组成，黑色，位于头部两侧上方；触角共10节，柄节（第1节）最长，但不达头顶，鞭节端部两节膨大呈棒状；额下方连接的唇基明显，两侧各有齿1个，唇基内缘中央具三角形小齿1个，齿基部上方着生刚毛1根；上唇退化；上颚发达，内缘有数个小齿。

卵　卵圆形，大小为0.23 ~ 0.30mm，乳白色。

幼虫　共4龄。各龄均为乳白色，各龄体长分别为：一龄0.27 ~ 0.42mm，二龄0.42mm，三龄0.59 ~ 0.76mm，发育为工蚁的四龄幼虫0.79 ~ 1.20mm，而将发育为有性生殖蚁的四龄幼虫为4 ~ 5mm；一至二龄体表较光滑，三至四龄体表被有短毛，四龄上颚骨化较深，略呈褐色。

蛹　裸蛹，乳白色，工蚁蛹体长0.7 ~ 0.8mm，有性生殖蚁蛹体长5 ~ 7mm，触角、足均外露。

【发生规律】 该虫为营社会性生活昆虫，完成一代仅需8 ~ 10周。每年雨季，有翅的雄蚁和蚁后婚飞交配，交配后雄蚁不久死亡，受精蚁后建立新巢，24h内蚁后产下10 ~ 15粒卵，在8 ~ 10d时孵化；第1批卵孵化后，蚁后将再产下75 ~ 125粒卵。一般幼虫期6 ~ 12d，蛹期9 ~ 16d。第1批工蚁大多个体较小。这些工蚁挖掘蚁道，并为蚁后和新生幼虫寻找食物，还开始修建蚁丘。1个月内较大工蚁产生，蚁丘的规模扩大；6个月后，族群发展到有几千只工蚁，蚁丘在土壤或草坪上突现出来。

【防治方法】

（1）检验检疫。严格限制从发生区向外运垃圾、土壤、农家肥料、草皮、干草、作物秸秆、盆栽植物、带土植物、运土工具/设备等。

（2）化学防治。在红火蚁入侵觅食区散布饵剂（百灭宁、第灭宇等），在10 ~ 14d后再使用独立蚁丘处理方法，并持续处理直到问题解决，每年开展2 ~ 3次。

红火蚁有翅生殖蚁
（蒋华供图）

红火蚁蚁巢

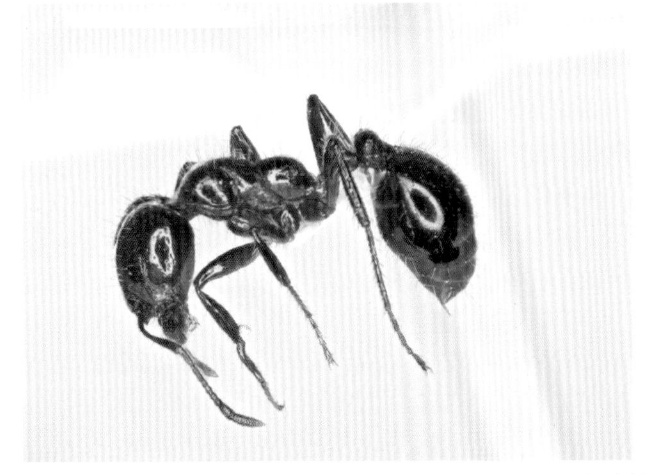

红火蚁兵蚁
（蒋华供图）

鞘翅目（Coleoptera）

天牛科（Cerambycidae）

1. 灭字脊虎天牛

【分布】 主要分布在亚洲的咖啡种植国家或地区，国外主要分布于印度、斯里兰卡、缅甸、老挝、越南、菲律宾和印度尼西亚等国家；国内主要分布在云南、台湾、广西、海南等咖啡产区。

【危害特点】 该虫为蛀干性害虫，以幼虫蛀干危害3年及以上的咖啡主干，成虫将卵粒产于咖啡植株树干基部粗糙树皮裂缝内，孵化后，初孵幼虫先在树皮下蛀食，随着虫龄增加，潜入木质部后，在形成层与木质部间蛀食，进而蛀食木质部，在木质部层形成纵横交错的隧道，最终危害髓部。随着危害年限的增加，会向顶端和地下部分主根进行危害，危害的蛀道内填满木屑，严重制约植株的水分和营养输送，致使树势生长衰弱。轻则导致植株顶端萎黄、枝枯、落叶及落果；重则整株死亡，受害植株受外力如狂风暴雨等的影响，极易从成虫羽化孔处折断。在成虫羽化期，受害部位经常见到较细的木屑。根据对干热区保山市灭字脊虎天牛的危害调查发现，在海拔1 000m以下的10年以上的咖啡园危害率高达90%以上，部分咖啡园危害率高达100%。

【分类地位】 灭字脊虎天牛（*Xylotrechus quadripes*）属鞘翅目（Coleoptera）天牛科（Cerambycidae）天牛亚科（Cerambycinae）脊虎天牛属（*Xylotrechus*）。

【形态特征】

成虫　体型较小，黑色或黑绿色，体长10 ~ 18mm，体宽2.5 ~ 3.2mm；头、胸被覆淡黄或绿灰色绒毛，前胸背板不着生绒毛区域形成黑色斑纹，中央有1个黑色大圆斑，两侧各有1个小黑斑点，鞘翅具有灰色或淡黄色绒毛斑纹，每翅有5个斑纹，第1斑纹为横斑，位于基缘；第2斑纹为斜斑，由肩向内斜；第3斑纹从小盾片之后的中缝为起点，至中部之前，横外缘弯曲；第4横斑纹位于中部稍后，近中缝一端较宽；第5斑纹是斜斑，位于端末；两翅前端有3个黄色斑纹，共同组成“灭”字纹。腹面大部分区域着生浓密黄色绒毛，雌雄虫额脊不相同，雄虫中央有一条细纵脊，两侧各有近长方形的粗糙面脊斑1个；雌虫有纵脊3条；头具细粒状刻点；雄虫触角长达鞘翅基部，雌虫触角则稍短，第3节同柄节或与第4节约等长；前胸背板长稍胜于宽，前端略窄；胸面有颗粒状或皱纹刻点。小盾片近半圆形，鞘翅后端稍窄，端缘略斜切，外端角较尖，缝角刺状，翅面具细密刻点。足细长，后足第1跗节长于其余跗节的总长度。

卵　长椭圆形，大小为（1.2 ~ 1.5）mm×（0.8 ~ 1.0）mm，周围具一圈网状附属丝。卵初期为乳白色，随着卵粒的成熟，由乳白色过渡至灰棕色，近孵化时为棕褐色或棕黑色。

幼虫　体蜡黄色，老熟幼虫大小为（32.0 ~ 38.0）mm×（4.5 ~ 5.5）mm，胸节宽大，逐渐向尾部收缩，收缩幅度大，头细小，四方形，上颚坚硬，棕黑色，其余体节均为蜡黄色；前胸背板硬皮发达，长方形，玉白色，前缘有一处凹入使分成左右2片小硬板；腹部11节，第2节及第4 ~ 11节侧面各有1对椭圆形气门。

蛹　离蛹型，橄榄形，初乳白色，随日龄增加渐变为乳黄色至蜡黄色，羽化前为棕黄色，大小为（10.0 ~ 17.0）mm×（4.5 ~ 5.0）mm，头细小，贴于腹面，口器向后，触角向后伸至中胸腹面，卷曲呈发条状，延伸至第1腹节前端，腹背面具明显的7节。

【发生规律】 在云南，灭字脊虎天牛需1年完成1代，全年发生3代，均为跨年完成，具明显世代重叠现象。在同一株咖啡植株内同期可出现不同代次的各虫态。12月随着温度降低，陆续不食不动，以幼虫滞育态在树干木质内越冬。翌年随着温度回升，2月中下旬滞育越冬状态解除，各代次幼虫开始取食，继续发育，越冬期为90 ~ 120d。第1代发生期为3月中下旬至翌年4月中下旬；第2代发生期为5月中下旬至翌年7月上中旬；第3代发生期为9月中下旬至翌年10月中下旬。

【防治方法】

（1）人工防治。定期巡园，发现受害植株通过水浸泡、药剂浸泡、粉碎的方式进行集中处理。

（2）农业防治。利用成虫产卵喜粗糙树皮的习性，产卵前期人工抹除粗糙树皮，破坏产卵环境；加强水肥管理，提高植株抗虫能力；通过乔—灌—草或乔—灌立体栽培模式，构建遮阳体系，降低灭字脊虎天牛危害；对危害较为严重的低产或无产咖啡园进行截干更新。

（3）物理防治。利用灭字脊虎天牛成虫喜弱光性进行灯光诱杀；将粘虫胶均匀涂抹在咖啡树干基部，防止灭字脊虎天牛在树干基部产卵。

（4）生物防治。灭字脊虎天牛天敌包括捕食性鸟类2种、病原真菌2种、天敌昆虫30余种。目前，防控效果较好的有管氏肿腿蜂，可按照与天牛虫口数之比（3 ： 1） ~ （7 ： 1）释放寄生蜂。

（5）化学防治。幼虫孵化期，使用2.5%高效氯氟氰菊酯乳油800 ～ 1 000倍液在咖啡植株基部喷雾，每10d喷施1次；成虫羽化期使用40%噻唑啉微囊悬浮剂3 000 ～ 4 000倍液，或2%噻虫啉微囊悬浮剂1 000 ～ 2 000倍液林间喷雾，轮换使用，每15d喷施1次。

（6）新型绿色防治。以（*S*）-2-羟基-3-癸酮或95%乙醇为诱芯配合白色粘虫板、挡板诱捕器或漏斗诱捕器诱杀成虫。

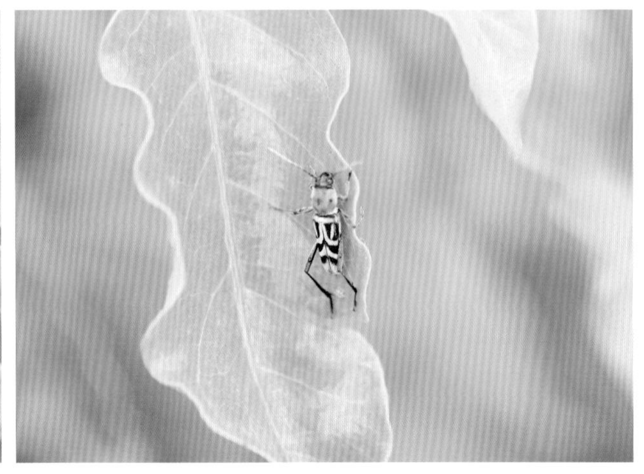

灭字脊虎天牛成虫

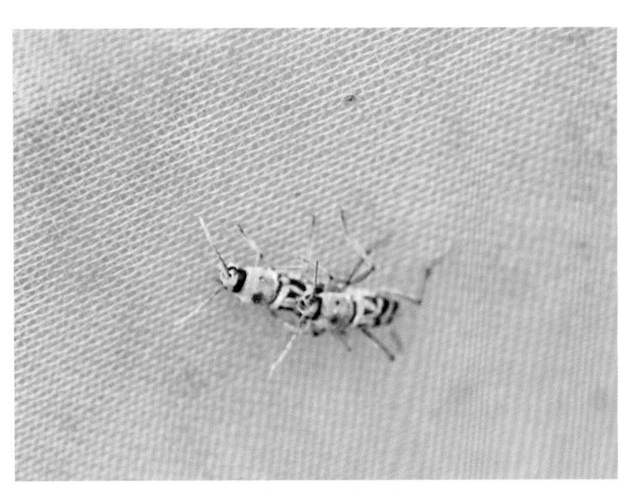

灭字脊虎天牛成虫交尾

灭字脊虎天牛卵

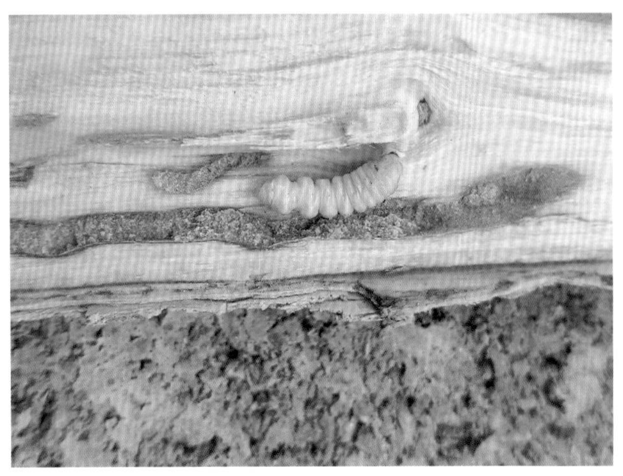

灭字脊虎天牛幼虫

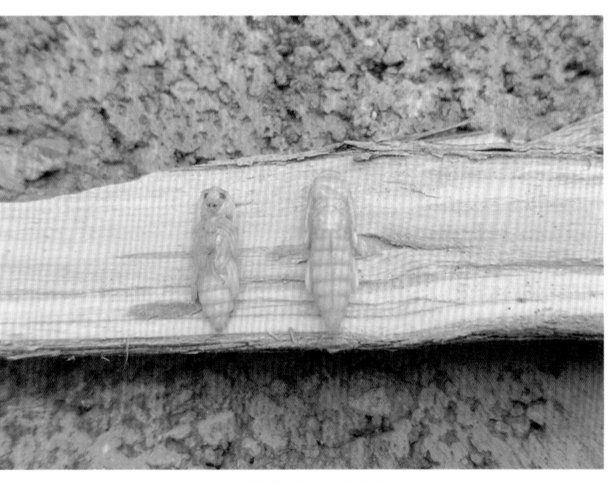

灭字脊虎天牛蛹

灭字脊虎天牛羽化孔

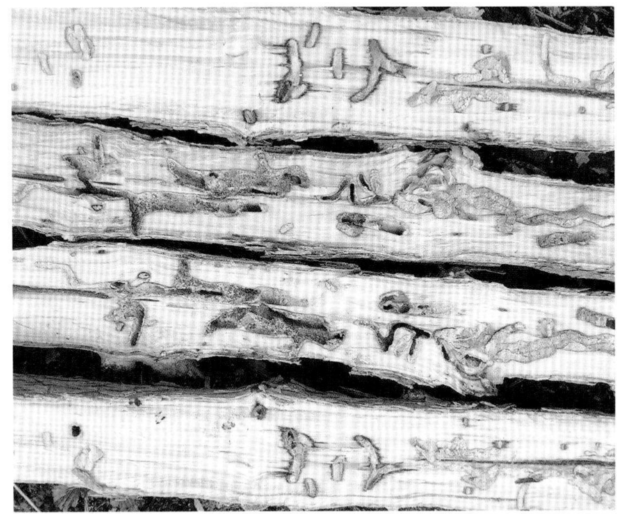

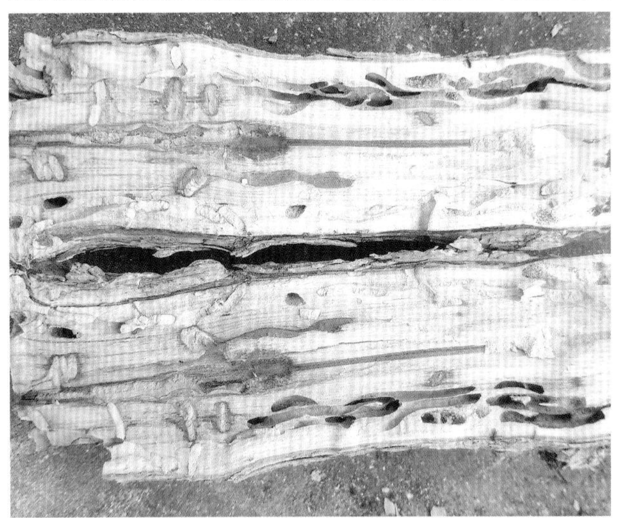

灭字脊虎天牛危害树干内部

灭字脊虎天牛危害状

灭字脊虎天牛危害留下的木屑

灭字脊虎天牛危害状（横截面）

“白板＋诱芯”诱杀灭字脊虎天牛成虫

“挡板诱捕器＋诱芯”诱杀灭字脊虎天牛成虫

“黄板＋性信息素”诱杀灭字脊虎天牛成虫

利用寄生蜂黑足举腹姬蜂防治灭字脊虎天牛

2.旋皮天牛

【分布】 国外主要分布于越南、泰国、老挝、印度、印度尼西亚、尼泊尔、缅甸、日本、朝鲜等国家；国内主要分布在海南、云南等省份，在云南又以普洱危害最为严重。

【危害特点】 该虫以幼虫蛀食定植2～5年胸径为1.0～3.5cm的咖啡树干，成虫产卵部位距离地面≤80cm，卵多产在离地面5～30cm的树干上。成虫将卵产于树干基部裂缝中，卵孵化后一至二龄幼虫在孵化处蛀入树干表皮下，通过来回危害形成细小蛀道或呈不规则块状危害。二至三龄幼虫在表皮下沿树干向下取食危害树干内表皮层、韧皮部和形成层，最终取食木质部，危害后在木质部与表皮层间形成一条自上而下3～6圈、大小为（15～30）mm×（4～8）mm、深入木质部3～5mm的扁平螺旋状纹，蛀食孔道被粪便填充。受害植株因扁平螺旋危害孔道影响，植株水分和养分输送严重受损，被害植株或危害状不明显时，无不良表现，后期受害植株叶片颜色变黄或呈浅绿色，枝条枯萎，叶片脱落，树势衰弱，严重影响咖啡的产量。但是，受外力影响受害部位不易折断，一般具有单株单头虫危害的特性。

【分类地位】 旋皮天牛（*Acalolepta cenaruinus*）属鞘翅目（Coleoptera）天牛科（Cerambycidae）沟胫天牛亚科（Lamiinae）锦天牛属（*Acalolepta*）。

【形态特征】

成虫　体型中等，大小为（15～28)mm×(5～8)mm，全身密布带丝光色的纯棕色或深咖啡色绒毛，无他色斑纹；触角端部绒毛较稀，色彩较深；小盾片较淡，密布淡灰黄色绒毛；头部顶端几无刻点，复眼下叶大，略微长于颊部。雄成虫触角长于体，超过体尾5～6节，雌成虫触角仅超过3节；通常基节粗大，由基节向后端逐渐变细，末节十分细小；雄虫触角第3～5节显然变粗，第6节骤然变细，此特征在个体较大的虫体最为明显。前胸近乎方形，侧刺突圆锥形，背板平坦光滑无刻纹，刻点较稀疏，零星分布两侧；前缘微拱，靠缘具2条平行细横沟纹；鞘翅高低不平，肩部宽阔，向后渐缩，略微呈楔形，末端略呈斜切状，外端角突出，较长，内端角短，呈大圆形，偶有整个末端呈圆形，鞘翅基部无颗粒，刻点呈半规则式排列，前粗后细，延伸至端部完全消失。

卵　菱形，大小为（3.5～4.0）mm×（1.0～1.2）mm，两端窄尖，略弯曲。卵初期为乳白色，渐变为黄色，近孵化期为黄褐色或棕褐色。

幼虫　共3龄。老熟幼虫乳白色，大小为（30.0～38.0）mm×（4.5～5.5）mm，扁圆筒形，胸节较宽大，逐渐向尾部缩小；头部和前胸背板颜色较深，呈黄褐色或棕褐色，其余部分呈白蜡黄色；头横阔，两侧平行，深缩入前胸，头盖侧叶彼此相连，前胸节最大，为中后胸两节之和，背面具一方形移动板，其两侧及中央各有1条纵纹，中胸侧面近胸处具1对明显的气门，胸无足，腹部由8节组成。

蛹　离蛹型，大小为（25.0～28.0）mm×（4.5～5.5）mm，乳白色，羽化时呈黄褐色或棕褐色；触角向后延伸至中胸腹面，卷曲或略呈盘旋状；头部倾于前胸之下，口器向后，下唇须伸达前足基部；前、中足均屈贴于中胸腹面，后足屈贴于体腹部两侧；腹部可见9节，第10节嵌入前节之内，以第7节最长，第9节具明显褐色端刺。

【发生规律】 在云南，旋皮天牛1年发生1代，跨年度完成。10月中下旬，由于气候干燥及受光照、光波等因素的刺激，老熟幼虫由树干基部危害处破皮而出，深入土室内或滞留在树干基部内进入滞育状态，不食不动；翌年3月，随着温度回升，经光照、光波刺激后，老熟幼虫越冬态解除，开始继续取食生长；4月上旬至5月下旬为主要化蛹期，蛹期25d左右；随着4月下旬后温度的持续升高，雨季的来临，尤其受透雨的影响，当土壤相对湿度达80%以上时，成虫陆续开始羽化，在羽化处短暂停留或爬行小段距离后，开始起飞，寻找配偶进行交配，羽化期一直持续至6月；5月中下旬至6月中下旬成虫交配后进入产卵期，卵期6～9d，然后开始孵化，幼虫期280～300d。

【防治方法】

（1）人工防治。定期巡园，对危害较为严重的咖啡树进行截干更新，清除受害植株内的咖啡幼虫，并使用75%乙醇溶液浸泡，杀死幼虫；4月下旬至6月成虫期人工捕杀成虫。

（2）农业防治。每年10月中下旬至翌年3月中下旬，结合咖啡园清园及施肥工作，利用微型旋耕机翻耕咖啡园1次或利用水肥一体化灌溉系统灌透水2 ~ 3次，增加土壤湿度，破坏老熟幼虫越冬环境，减少越冬虫口数量；咖啡园周围或内部不建议种植咖啡旋皮天牛寄主植物，清除咖啡园内或周围的野生寄主植物，以减少翌年外来虫源。

（3）物理防治。成虫羽化期，将水泥+胶泥+石灰粉+甲敌粉+食盐+硫黄粉按2 ∶ 1.5 ∶ 1 ∶ 1.2 ∶ 0.005 ∶ 0.005的配比，混合均匀搅拌成黏糊状，均匀涂至距地面50 ~ 80cm的树干，或用粘虫胶直接涂干，防止咖啡旋皮天牛产卵。

（4）化学防治。成虫羽化期，使用40%噻唑啉微囊悬浮剂3 000 ~ 4 000倍液，或2%噻虫啉微囊悬浮剂1 000 ~ 2 000倍液林间喷雾，轮换使用，每15d喷施1次；幼虫初孵化期，因卵刚孵化尚未进入真皮层，利用2.5%高效氯氟氰菊酯乳油800 ~ 1 000倍液在咖啡植株基部喷雾，10 ~ 15d喷施1次，杀死初孵幼虫。

（5）新型绿色防治。成虫羽化期，利用95%乙醇溶液结合挡板诱捕器或漏斗诱捕器诱杀成虫。

旋皮天牛成虫

旋皮天牛危害状

象甲科（Curculionidae）

1. 大绿象甲

【分布】 大绿象甲又名蓝绿象、绿鳞象虫、绿绒象甲、绒绿象虫、桃象虫等。分布广泛，国内主要分布于河南、江苏、安徽、浙江、江西、湖北、湖南、广东、广西、福建、台湾、四川、云南、贵州等省份。

【危害特点】 该虫以成虫取食咖啡叶片、花及幼嫩浆果造成危害，成虫具有聚集性危害特点。嫩叶受害后被啃食成缺刻凹洞，严重时叶片叶肉被完全取食，留下叶脉；成熟叶片受害后常造成边缘缺刻。成虫取食花瓣导致落花。浆果受害后，果皮被取食，果面呈不规则凹陷，严重的导致落果，产量降低。

【分类地位】 大绿象甲（*Hypomeces squamosus*）属鞘翅目（Coleoptera）象甲科（Curculionidae）灰象属（*Hypomeces*）。

【寄主植物】 小粒咖啡、杧果、龙眼、荔枝、柑橘、桃、李、梨、栗、茶、棉花、甘蔗、桑树、大豆、花生、玉米、烟草、麻等100余种植物。

【形态特征】

成虫　纺锤形，虫体大小为（15～18）mm×（5～6）mm，黑色，体表密被黄绿色、蓝绿色、灰色具光泽鳞粉，少数为灰白色或褐色绒毛，体色多变；头部口喙粗短稍弯，喙前端至头顶中央具3条纵沟；头连同头骨与前胸等长，头、喙背面扁平，背中有1个宽深纵沟，直至头顶，两侧还有浅沟；复眼椭圆形，黑色突出，复眼内侧前方各有2条较长的绒毛，触角9节；前胸背板前缘狭，后缘宽，中央具3条纵沟；小盾片三角形；鞘翅以肩部最宽，长于腹末，翅缘向后呈弧形渐狭，上有刻点10列，各足跗节4节，足的腿节之间特别膨大。雄虫腹部较小，雌虫腹部较大。

卵　椭圆形，卵长1.1～1.5cm，初期为乳白色，后期为紫灰色，卵粒连成卵块，黏附在叶片间。

幼虫　多5龄，偶有6龄，初为乳白色。老熟幼虫体长15～17mm，乳白色或浅黄色，头部黄褐色，体稍弯，多横褶，气门明显，橙黄色，前胸及腹部第8节气门特别大，无足。

蛹　裸蛹型，黄白色，长1～13mm。

【发生规律】 该虫1年发生1代，以老熟幼虫和成虫在深度为40～60cm的土层中越冬。翌年3月上旬老熟幼虫开始化蛹，越冬成虫则在4月后出土活动，5月上中旬进入盛发期。成虫几乎全年可见，成虫刚刚出土时，活动性差，善爬行，具群集性、假死性及白天活动、早晚躲藏于叶片下方的特性。低温天气，喜卷曲于叶片内侧，不食不动，温度回升又开始危害。雌成虫一生可与多头雄虫交配，多次产卵。卵期长达90d，单雌产卵量超过百粒，卵产于两相邻叶片合缝间的近叶缘处，产卵完成后，雌成虫分泌黏液黏合两相邻叶片，以保护卵粒。整个幼虫期均在地下活动，取食腐殖质、杂草或树根，幼虫期50～130d，随着幼虫的不断增长，开始在土层中寻找合适位置形成广椭圆形蛹室，并形成一条连接蛹室到地表的通道，最终在蛹室内化蛹，蛹期短，仅12～15d，成虫羽化后通过通道爬出地面开始危害。

【防治方法】

（1）人工防治。利用成虫假死性，在咖啡植株下铺设塑料膜，晃动植株，收集掉落的成虫；利用成虫出土期低活动性，在咖啡植株树干基部涂抹粘虫胶，粘住出土后爬向树梢的成虫。

（2）农业防治。结合咖啡园中耕除草、施肥等措施，破坏幼虫在土层中的生存环境；冬季清园期结合咖啡园松土，破坏其越冬场所，杀死部分越冬的成虫和老熟幼虫。

（3）化学防治。成虫盛发期，虫口数量较高时，使用2.5%高效氯氟氰菊酯乳油1 000～1 500倍液进行林间和地面喷雾。

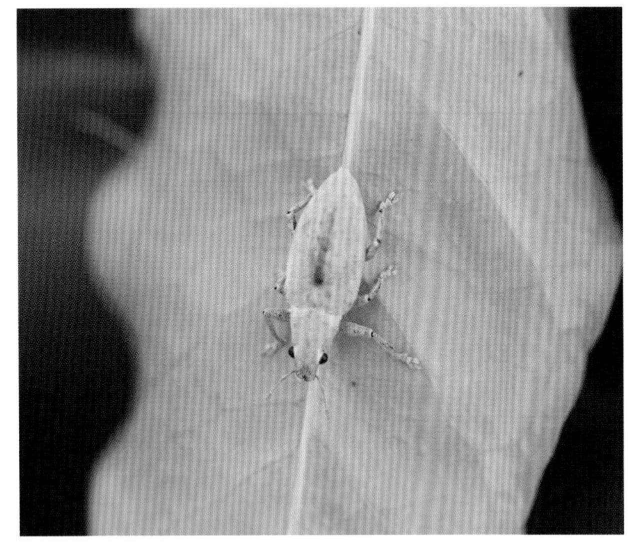

大绿象甲成虫

大绿象甲成虫交尾

大绿象甲成虫取食叶柄

大绿象甲成虫取食嫩枝

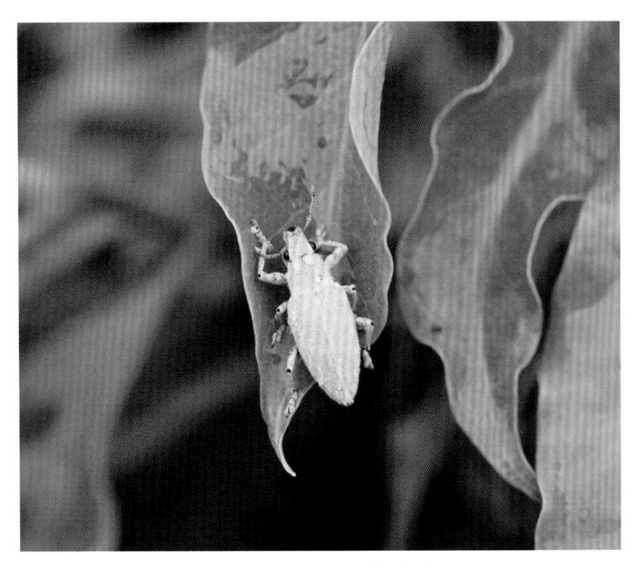

大绿象甲成虫取食叶片

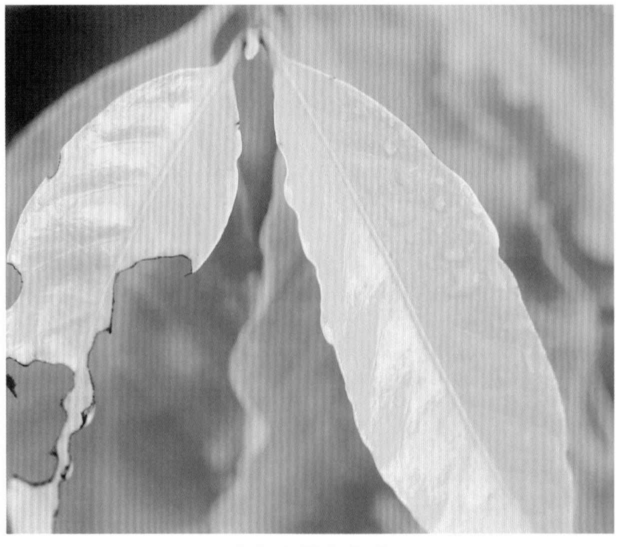

大绿象甲危害状

2. 小绿象甲

【分布】 小绿象甲又名柑橘斜脊象。国外分布不详；国内分布于广东、广西、福建、江西、湖南、湖北、陕西、云南等省份。

【危害特点】 主要以成虫取食咖啡新梢、嫩叶及幼果等，造成危害部位呈缺刻状，危害严重时几乎将全叶取食殆尽。

【分类地位】 小绿象甲（*Platymycteropsis mandarinus*）属鞘翅目（Coleoptera）象甲科（Curculionidae）斜脊象属（*Platymycteropsis*）。

【寄主植物】 小粒咖啡、香蕉、杧果、荔枝、龙眼、柑橘等经济作物。

【形态特征】

成虫 大小为（5.0 ~ 9.0）mm ×（1.8 ~ 3.1）mm，长椭圆形，密被淡绿色或黄绿色鳞片；头喙刻点小，喙短，中间和两侧具细隆线，端部较宽；触角红褐色，柄节细长而弯，超过前胸前缘，鞭节头2节细长，棒节尖；前胸梯形，略微窄于鞘翅基部，中叶三角形，端部较钝，小盾片很小；鞘翅卵形，肩倾斜，每鞘翅上各有10条刻点组成的纵沟纹；足腿节淡绿色、粗，胫节及跗节淡绿色和红褐色混杂。

卵 椭圆形，长约1mm，黄白色，孵化前黑褐色。

幼虫 初孵化时为乳白色，后黄白色，长9 ~ 11mm，体肥多皱，无足。

蛹 长约9mm，黄白色。

【发生规律】 该虫1年发生2代，以幼虫在土壤中越冬。第1代成虫出现盛期在5 ~ 6月，第2代在7月下旬。成虫4月下旬至7月可见，5 ~ 6月发生量较大。危害初期，一般先在咖啡园的边缘开始发生，常有数十头至数百头以上群集在同一植株上取食危害。成虫有假死习性，受到惊动即滚落地面。

【防治方法】 同大绿象甲。

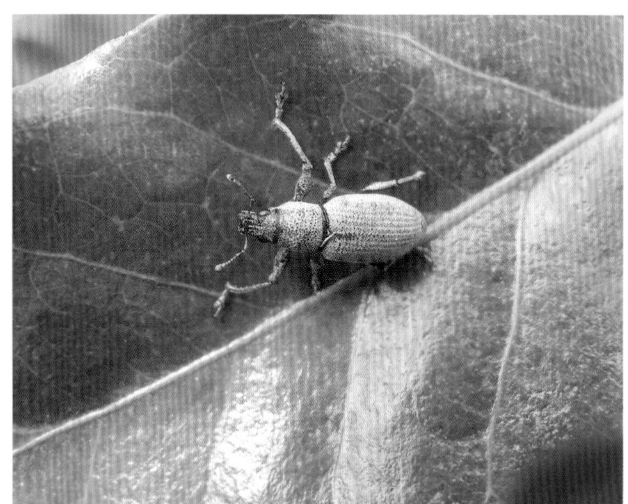

小绿象甲成虫

丽金龟科（Rutelidae）

铜绿丽金龟

【分布】 铜绿丽金龟也称铜绿丽金龟子、铜绿异丽金龟、铜绿金龟子、青金龟子、淡绿金龟子等。国外分布于朝鲜、日本、蒙古、韩国、东南亚等地；国内主要分布于黑龙江、吉林、辽宁、河北、内蒙古、宁夏、陕西、山西、山东、河南、湖北、湖南、安徽、江苏、浙江、江西、四川、广西、贵州、广东及云南等省份。

【危害特点】 该虫主要以成虫取食寄主植物叶片，幼虫取食植物嫩根造成危害。受害叶片呈缺刻或孔洞状，严重时仅残留叶脉或叶柄，甚至出现光枝秃干的现象。幼虫具有聚集于植物根部危害的习性，喜腐殖质含量高的环境，轻则导致植株根系受损，重则使植株水分和养分输送不良，导致植株地上部分萎蔫，出现缺水症状，严重时甚至死亡。该虫主要危害新定植咖啡园的小粒咖啡幼苗，尤其对湿度大、底肥没有完全腐熟的咖啡园危害较为严重，对投产咖啡园影响较小。

【分类地位】 铜绿丽金龟（*Anomala corpulenta*）属鞘翅目（Coleoptera）丽金龟科（Rutelidae）异丽金龟属（*Anomala*）。

【寄主植物】 该虫食性较杂，可危害小粒咖啡、苹果、梨、杏、桃、樱桃、山楂、海棠、沙果、李、梅、柿、石榴、核桃、栗、柑橘、龙眼、薯类、向日葵、花生、大豆、瓜类、烟草等经济作物；美人梅、碧桃、月季等园艺植物；白蜡、乌桕、杨、柳、松、桧柏等林木。

【形态特征】

成虫　体呈长椭圆形，铜绿色，具金属光泽，大小为（15 ～ 22）mm×（8 ～ 10）mm；前胸背板铜绿色具闪光，密生刻点，小盾片着色较深，具光泽，两侧边缘淡黄色；鞘翅色浅，上有不明显的3 ～ 4条隆起线；胸部腹板及足黄褐色，上着生细毛；腹部黄褐色，密生细绒毛；复眼深红色；触角鳃叶状，共9节；鳃浅黄褐色，叶状；六足长度相近，胫节内侧有尖锐锯齿；足腿节和胫节黄色，其余均为深褐色，前足胫节外缘具钝齿2个，前足、中足大爪分叉，后足大爪不分叉。

卵　初期呈乳白色，椭圆形或长椭圆形，大小为（1.6 ～ 2.0）mm×（1.3 ～ 1.5）mm，卵孵化前几乎呈圆形，淡黄色。

幼虫　体乳白色，头部黄褐色；初孵幼虫体长2.5mm左右；老熟幼虫体长30 ～ 40mm，头壳宽5mm左右，蜷曲呈C形；臀节肛腹板两排刺毛交错，每列10 ～ 20根；肛门孔为横裂状。

蛹　裸蛹型，长椭圆形，初期浅白色，后渐变为浅褐色，羽化前期为黄褐色，大小为（18 ～ 20）mm×（9 ～ 10）mm。

【发生规律】 该虫1年仅发生1代，以三龄幼虫在深10cm以上腐殖质含量高的土层中越冬。翌年春季解除越冬状态，幼虫陆续开始活动，危害取食，活动一直持续至4月中下旬，5月初开始化蛹，10d左右成虫开始羽化，6 ～ 8月为成虫羽化高峰期，成虫多在黄昏时进行取食和交配，晚上20：00 ～ 23：00为活动高峰期，直至翌日凌晨3：00 ～ 4：00潜伏土中，出现“白天不见虫，危害极严重”的现象。成虫喜欢栖息于疏松潮湿的土壤中，有趋光性、假死性和群集性，偶有白天隐藏于植物叶片背面的情况。6月中下旬成虫交尾产卵。单雌产卵20 ～ 30粒，卵多次散产于果树下6 ～ 10cm土层中。卵10d左右孵化，初孵幼虫危害果树及其他林木、杂草等的根。10月上中旬幼虫钻入深土中越冬。

【防治方法】

（1）农业防治。加强栽培管理，增强树势，提高植株抗性。结合冬春季深耕翻土，捕杀幼虫、蛹和成虫，降低害虫基数。农家肥、土杂肥等一定要充分腐熟方可施用。清园除去杂草、杂物和落叶等，降低铜绿丽金龟幼虫、蛹等的越冬数量。在咖啡园四周、路边、田埂种植铜绿丽金龟喜食而又能使其中毒的蓖麻，让其食叶中毒死亡。

（2）物理防治。人工捕捉，一般6 ～ 7月傍晚雨后为铜绿丽金龟羽化期，常集中飞出，觅偶、交配、取食等，此时可人工捕捉，捡拾喂鸡或做其他处理；利用铜绿丽金龟成虫趋光性，于夜间悬挂黑光灯、紫光灯、频振式杀虫灯等诱杀成虫，集中处理；利用铜绿丽金龟的趋化性，以糖醋酒液（按糖：醋：酒：水＝5 ：1 ：1 ：100）为诱芯，配合漏斗诱捕器，在咖啡园每隔50m设置1个诱捕器，诱杀成虫。

（3）生物防治。利用每克含100亿孢子的乳状芽孢杆菌防治，每667m^{2}用菌粉150g均匀撒入土中，寄生幼虫。利用昆虫病原线虫防治，通过撒施、泼浇、喷雾等方法处理，可起到一定的防治效果。

（4）化学防治。在铜绿丽金龟卵和初孵幼虫期，用40%辛硫磷乳油1 000 ～ 2 000倍液或300g/L氯虫·噻虫嗪悬浮剂1 500 ～ 3 000倍液进行灌根处理，可有效控制卵的孵化并毒杀初孵幼虫；成虫发生期，采用35%氯虫苯甲酰胺水分散粒剂1 000 ～ 2 000倍液或300g/L氯虫·噻虫嗪悬浮剂1 500 ～ 2 500倍液，可有效降低成虫的虫口数量。

铜绿丽金龟成虫

铜绿丽金龟幼虫

铜绿丽金龟幼虫危害状

铜绿丽金龟幼虫危害导致植株地上部分萎蔫

鳃金龟科（Melolonthidae）

暗黑鳃金龟

【分布】 国外主要分布于朝鲜、俄罗斯、日本等国家；国内主要分布于云南、甘肃、青海、山西、安徽、浙江、湖南、四川等省份。

【危害特点】 该虫食性杂，主要以幼虫（也称蛴螬）取食植物幼嫩主根和侧根，也可通过成虫夜间取食植物叶片，导致枝条光秃，引起植株生长不良。在小粒咖啡植株上主要以幼虫在新定植的咖啡园中取食咖啡幼嫩主根和侧根，导致根系发育不良，引起幼龄咖啡植株营养和水分供应不足。一旦咖啡园水肥供应不足，就会出现植株地上部分萎蔫，甚至整株死亡的情况。

【分类地位】 暗黑鳃金龟（*Holotrichia parallela*）属鞘翅目（Coleoptera）金龟总科（Scarabaeidae）鳃金龟科（Melolonthidae）齿爪鳃金龟属（*Holotrichia*）。

【寄主植物】 该虫属杂食性害虫，寄主植物众多，如核桃、余甘子、小粒咖啡等。

【形态特征】

成虫　长椭圆形，体长（17.0 ~ 22.0）mm×（9.0 ~ 11.5）mm，体黑褐色或深棕褐色，体表覆有一层蓝灰色粉状闪光薄层，光泽暗淡；唇基前缘中央稍微向内凹陷，具粗大刻点。触角鳃叶状，共10节，呈红褐色；前胸背板刻点椭圆形大而深，每个鞘翅上具4条较为明显的纵带突，刻点粗大；前足胫节外侧具3个钝齿，内侧具1个刺突，后足跗节最后一节明显长于其他节，顶端1对具爪，爪中央着生1齿。

卵　长椭圆形，乳白色，大小约3.2 mm×2.4mm，孵化前期肉眼可见卵壳内显现棕色幼虫的头部上颚。

幼虫　黄白色，体肥大，体长42 ~ 55mm，弯曲呈C形，头部棕黄色，上颚突出，腹部肥大，胸足3对，腹部分为10节，臀节着生刚毛。

蛹　淡黄色，长18 ~ 25mm，腹部5 ~ 6节背面交界处具2个明显发音器。

【发生规律】　在云南西部，该虫1年发生1代，以三龄以上幼虫在土层深处越冬，尤其喜欢土壤有机质含量高的土层。翌年4月下旬至5月中旬开始化蛹，6月上旬成虫开始陆续羽化。羽化后的成虫开始寻找喜好的植株，成群聚集性取食植物叶片，6月上旬至7月下旬为成虫危害高峰期。7月下旬至8月上旬成虫开始产卵于土层疏松和有机质含量高的土壤中。8月初卵开始陆续孵化，8 ~ 10月为幼虫主要危害期，10月中下旬随着温度的降低，开始进入越冬。

【防治方法】

（1）农业防治。春冬两季，结合咖啡园施肥，使用旋耕机深翻土层，杀死土层中的幼虫及蛹。

（2）物理防治。利用暗黑鳃金龟成虫的趋光性，于成虫羽化高峰期在幼龄咖啡园悬挂黑光灯或500W高压汞灯诱杀成虫，减少虫口数量。

（3）化学防治。幼龄咖啡园定植初期，在底肥有机肥中拌入5%辛硫磷颗粒剂，每667m^{2}用1kg，杀死幼虫。

暗黑鳃金龟幼虫

暗黑鳃金龟幼虫取食小粒咖啡幼树导致植株地上部分萎蔫

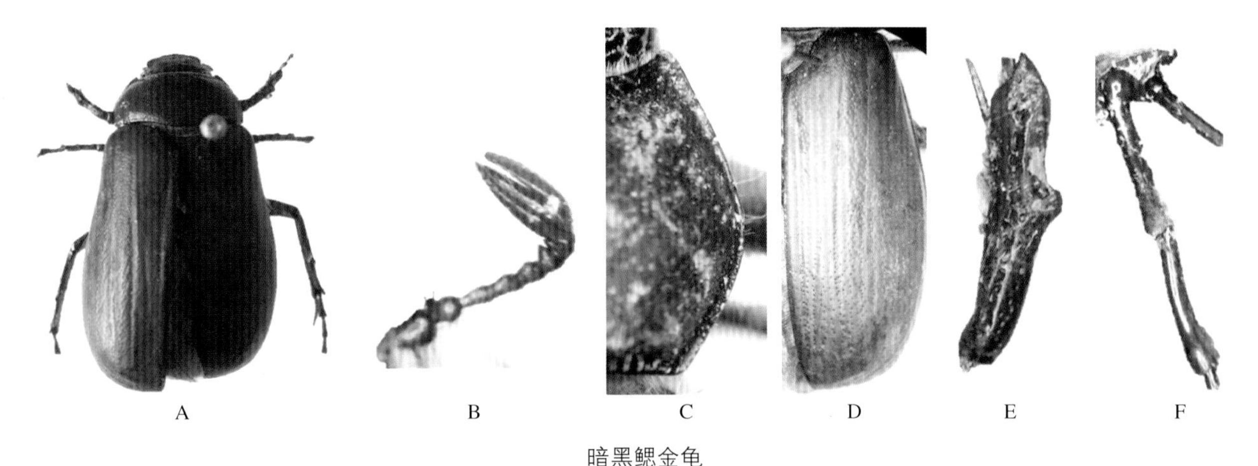

暗黑鳃金龟

A.成虫（雌） B.触角 C.前胸背板 D.鞘翅 E.前足胫节 F.后足跗节

（西南林业大学李巧供图）

花金龟科（Cetoniidae）

花潜金龟

【分布】 花潜金龟又名大斑青花龟、食花花金龟。国外分布不详；国内分布于云南、江西、湖南、山东、河北、黑龙江等省份。

【危害特点】 该虫主要在咖啡开花期发生危害，以成虫咬食花药，损伤花瓣、雄蕊和子房，造成花器残缺，影响果实正常发育。

【分类地位】 花潜金龟（*Oxycetonia jucunda*）属鞘翅目（Coleoptera）花金龟科（Cetoniidae）青花金龟属（*Oxycetonia*）。

【寄主植物】 小粒咖啡、柑橘、葡萄及其他林木、蔬菜、花卉等多种植物。

【形态特征】

成虫　大小为（11～16）mm×（6～9）mm，体形稍狭长，体表散布有众多形状不同的白绒斑；头部密被长绒毛，两侧刻点较粗密；鞘翅狭长，遍布稀疏弧形刻点和浅黄色长绒毛，散布众多白绒斑；肩部最宽，两侧向后稍微收狭，后外缘圆弧形；腹部光滑，稀布刻点和长绒毛，1～4节两侧各有1个白绒斑。

卵　白色，球形，长约1.8mm。

幼虫　老熟幼虫体长22～23mm，头部暗褐色，上颚黑褐色，腹部乳白色，腹毛区2列刺毛几乎平行，前端稍接近。

蛹　长约14mm，淡黄色，后端橙黄色。

【发生规律】 该虫1年发生1代，以幼虫在土壤中越冬，翌年咖啡开花时开始羽化出土，群集于花上，取食花蜜、花粉，还咬食花丝、花瓣及子房，影响果实的生长发育。

【防治方法】

（1）农业防治。冬季清园松土，破坏幼虫越冬场所，减少虫源。

（2）化学防治。咖啡花期及早喷布药剂，减少成虫飞入咖啡园，可使用48%毒死蜱乳油1 000倍液喷布树冠。

花潜金龟咬食咖啡花瓣

肖叶甲科（Eumolpidae）

中华萝藦叶甲

【分布】 中华萝藦叶甲又名中华萝藦肖叶甲。分布广泛，国外主要分布于朝鲜、日本及西伯利亚等国家或地区；国内几乎各地均有分布，黑龙江、吉林、辽宁、内蒙古、甘肃、青海、河北、山西、陕西、山东、河南、江苏、浙江、江西等省份分布较多。

【危害特点】 该虫以成虫取食叶片，导致叶片缺刻，危害严重时仅剩余主叶脉；低龄幼虫取食树皮，老熟幼虫表皮和木质部均可取食。

【分类地位】 中华萝藦叶甲（*Chrysochus chinensis*）属鞘翅目（Coleptera）肖叶甲科（Eumolpidae）萝藦叶甲属（*Chrysochus*）。

【寄主植物】 该虫食性复杂，主要取食萝藦科植物，对夹竹桃科植物、紫云英、小粒咖啡、杧果、荔枝等植物也会造成危害。

【形态特征】

成虫　体色为蓝、蓝绿或蓝紫色，具金属光泽，虫体大小为（7.0 ~ 12.5）mm×（4.2 ~ 7.0）mm；鞘翅刻点混乱，头部刻点或稀或密，或深或浅，一般在唇基处的刻点较头的其余部分细密，毛被亦较密；头中央有1条细纵纹，有时此纹不明显；在触角的基部各有1个稍隆起光滑的瘤，触角达到或超过鞘翅肩部，第1节球形膨大，第2节短小，第3节约为第2节长的2倍，第3 ~ 5节长短有较大变化；前胸背板长大于宽，基端两处较狭；盘区中部高隆，两侧低下，如球面形，前角突出；侧边明显，中部之前呈弧圆形，中部之后较直；盘区刻点或稀疏或较密，或细小或粗大；小盾片心形或三角形，蓝黑色，有时中部有一红斑，表面光滑或具微细刻点；鞘翅基部稍宽于前胸，肩部和基部均隆起，两者之间有1条纵凹沟，基部之后有1条或深或浅的横凹；盘区刻点大小不一，一般在横凹处和肩部的下面刻点较大，排列成略规则的纵行或不规则排列；前胸前侧片前缘凸出，刻点和毛被密；前胸后侧片光亮，具稀疏的几个大刻点；前胸腹板宽阔，长方形，在前足基节之后向两侧展宽；中胸腹板宽，方形，雌虫的后缘中部稍向后凸出，雄虫的后缘中部有1个向后指的小尖刺；雄虫前、中足第1跗节较雌虫的宽阔，爪双裂；雌虫产卵器很长，透明色。

卵　初期黄色，后变为土黄色。

幼虫　初孵幼虫黄色，老熟幼虫淡米黄色，体呈C形，头、前胸背板、腹面及肛门瓣颜色略深；胸足3对，发达；腹部分10节，第10节较小，第1 ~ 8节每节背面具2 ~ 3个褶皱，腹面中部隆起成唇形突；气门9对，位于中胸和第1 ~ 8腹节两侧。

蛹　黄色，体表被多褐色长毛，但分布不均匀，头部、前胸背板、小盾片和足上毛较稀少，腹节背板长毛浓密，几乎全部隆起部分都有长毛。触角两侧向后延伸紧贴于翅芽上，翅芽向下在前、中足下面附贴于腹面，后足在翅芽下，各足跗节都紧贴腹面中部。

【发生规律】 该虫1年仅发生1代，以老熟幼虫在土层中越冬。翌年3月中上旬开始在土层蛹室中化蛹；5月中旬陆续见成虫羽化，羽化后即陆续开始交配，6月上旬至7月初为成虫盛发期，8月下旬至9月初成虫基本消失，成虫寿命2个月左右；5月下旬开始产卵，卵成块状排列，排列不整齐，数量也不一致，卵期6 ~ 18d；卵孵化后，幼虫怕光，很快钻入土层中寻找食物，低龄幼虫活动较快，多集中于植物根部，偶有蛀入表皮，老熟幼虫基本不进食。成虫喜干燥、阳光充足的环境，白天活动取食，食量大，具假死性。

【防治方法】

（1）农业防治。冬季结合咖啡园松土施肥，破坏害虫越冬场所，杀死部分越冬的老熟幼虫；利用成虫喜干燥、阳光充足的环境的特性，将经济作物与咖啡植株进行立体栽培，构建遮阴体系，改变林间小气候，成虫盛发期，采用喷灌系统勤浇水，增加咖啡园湿度，营造咖啡园潮湿环境。

（2）人工防治。利用成虫假死性，于成虫高发期在咖啡植株基部铺设塑料膜，轻轻摇动树体，将震

落的成虫收集后集中销毁。

(3) 化学防治。成虫期，使用5%高效氯氰菊酯微乳剂1 000倍液或26%氯氟·啶虫脒水分散粒剂1 000倍液进行林间喷雾，杀死成虫；幼虫期，使用5%高效氯氰菊酯微乳剂1 000倍液或26%氯氟·啶虫脒水分散粒剂1 000倍液淋湿植株根部，杀死土层中的幼虫。

中华萝藦叶甲成虫

金花虫科（Chrysomelidae）

黄守瓜

【分布】 黄守瓜又称印度黄守瓜、黄足黄守瓜、黄虫、黄萤。国外分布于朝鲜、日本、西伯利亚、越南等国家或地区；国内分布广泛，大部分省份均有记载。

【危害特点】 该虫成虫和幼虫均可危害咖啡叶片，取食后导致叶片孔洞或缺刻。

【分类地位】 黄守瓜（*Aulacophora indica*）属鞘翅目（Coleptera）金花虫科（Chrysomelidae）守瓜属（*Aulacophora*）。

【寄主植物】 该虫食性杂，寄主植物目前主要有9科69种，主要危害瓜果类蔬菜，也危害小粒咖啡等经济类作物。

【形态特征】

成虫 长卵形，后部略膨大，体长6 ~ 8mm，橙黄或橙红色，有时较深。上唇或多或少栗黑色；腹面后胸和腹部黑色，尾节大部分橙黄色；有时中足和后足的颜色较深，从褐黑色到黑色，有时前足胫节和跗节也呈深色。头部光滑几无刻点，额宽，两眼不甚高大，触角间隆起似脊。触角丝状，伸达鞘翅中部，基节较粗壮，棒状，第2节短小，以后各节较长。前胸背板宽约为长的2倍，中央具一条较深而弯曲的横沟，其两端伸达边缘。盘区刻点不明显，两旁前部有稍大刻点。鞘翅在中部之后略膨阔，翅面刻点细密。雄虫触角基节极膨大，如锥形；前胸背板横沟中央弯曲部分极端深刻，弯度也

黄守瓜成虫

大；鞘翅肩部和肩下一小区域内被有竖毛；尾节腹片三叶状，中叶长方形，表面为一大深洼。雌虫尾节臀板向后延伸，呈三角形突出；尾节腹片呈三角形凹缺。

【发生规律】 该虫1年发生3～4代，卵产于土面，幼虫在土层活动，老熟幼虫在土层中化蛹越冬，成虫具假死性。

【防治方法】

（1）人工防治。利用成虫假死性，在成虫发生期轻轻晃动树体，收集成虫集中销毁。

（2）农业防治。冬季清除咖啡园杂草及落叶，深翻土层，破坏害虫越冬环境，减少越冬虫口数量。

（3）化学防治。害虫发生高峰期，可使用5%高效氯氰菊酯微乳剂1 000倍液或26%氯氟·啶虫脒水分散粒剂1 000倍液进行林间喷布。

小蠹科（Scolytidae）

咖啡果小蠹

【分布】 国外分布于越南、老挝、柬埔寨、泰国、马来西亚、菲律宾、印度尼西亚、印度、斯里兰卡、沙特阿拉伯、利比亚、塞内加尔、几内亚、塞拉利昂、科特迪瓦、加纳、多哥、尼日利亚、喀麦隆、乍得、中非、苏丹、埃塞俄比亚、肯尼亚、乌干达、坦桑尼亚、卢旺达、布隆迪、刚果（金）、刚果（布）、加那利群岛（西属）、圣多美和普林西比、安哥拉、莫桑比克、加蓬、费尔南多波岛、巴布亚新几内亚、新喀里多尼亚、密克罗尼西亚、马里亚纳群岛、加罗林群岛、社会群岛、塔希提岛、危地马拉、萨尔瓦多、洪都拉斯、哥斯达黎加、古巴、牙买加、海地、多米尼加、波多黎各、哥伦比亚、苏里南、秘鲁、巴西等国家或地区；国内，近年在海南、云南德宏（盈江县）发现该虫的危害。

【危害特点】 该虫主要以幼虫蛀食咖啡幼果造成危害，幼果被蛀食后引起真菌寄生，造成腐烂、青果变黑、果实脱落，严重影响咖啡产量和品质。危害成熟的果实和种子，直接造成咖啡果的损失。

【分类地位】 咖啡果小蠹（*Hypothenemus hampei*）属鞘翅目（Coleoptera）小蠹科（Scolytidae）咪小蠹属（*Hypothenemus*）。

【寄主植物】 该虫主要危害茜草科的小粒咖啡和中粒咖啡。此外，灰毛豆属、百合属、木槿属、悬钩子属和一些豆科植物（如菜豆属、距瓣豆属、云实属）也是其寄主植物。

【形态特征】

成虫　雌成虫体大小约为1.6mm×0.7mm，暗褐色到黑色，有光泽，体呈圆柱形；头小，隐藏于半球形的前胸背板下；眼肾形，缺刻甚小；额宽而突出，从复眼水平上方至口上片突起有1条深陷的中纵沟；大颚三角形，有几个钝齿；下颚片大，约有硬鬃10根，在里面形成刺；下颚须3节，长0.06mm；下唇须3节；触角浅棕色，长0.4mm；胸部有整齐细小的网状小鳞片，前胸发达，前胸背板长小于宽，背板上面强烈弓凸，背顶部在背板中部；背板前缘中部有4～6枚瘤状突起，背板瘤区内瘤状突起数量较少，形状圆钝，背顶部瘤状突起逐渐变弱；刻点区具狭长的鳞片和粗直的刚毛；鞘翅上有8～9条纵刻点沟，鞘翅长度为两翅合宽的1.33倍，为前胸背板长度的1.76倍；鞘翅后半部逐渐向下倾斜弯曲为圆形，覆盖到整个臀部，但活虫臀部有时可见；腹部4节能活动，第1节长于其他3节之和；足浅棕色，腿节短，共5节。雄虫形态与雌虫相似，但个体较雌虫小，大小为（1.05～1.20）mm×（0.55～0.60）mm，腹节末端较尖。

卵　乳白色，稍有光泽，长球形，长0.31～0.56mm。

幼虫　乳白色，有些透明，大小为0.75 mm×0.20mm，头部褐色，无足，体被白色硬毛，后部弯曲呈镰刀形。

蛹　白色，头部藏于前胸背板之下；前胸背板边缘有3～10个彼此分开的乳头状突起，每个突起上面有1根白色刚毛；腹部有2根较小的白色针状突起，长0.7mm，基部相距0.15mm。

【发生规律】 雌虫交配后，在咖啡果实的端部钻蛀一个孔，蛀入果内产卵，单雌产卵30～60粒，多

者可达80粒。产卵后雌虫一直留在果内，直到下一代成虫羽化后才钻出。卵期5 ~ 9d。幼虫孵出后不离开咖啡浆果。幼虫期10 ~ 26d，雌幼虫取食期约为19d，雄幼虫取食期为15d。蛹期4 ~ 9d，从产卵到发育为成虫共需25 ~ 35d，在24.5℃时从卵到成虫平均为27.5d。雌虫羽化后几天仍留在果内完成自身的发育，一般3 ~ 4d后性成熟，交尾后离开危害的果实并蛀入另一果肉产卵，雌虫的自然种群数量大于雄虫。

【防治方法】

（1）检验检疫。对到达口岸和虫害发生区的咖啡豆及其他寄主植物种子要严格检验，根据该虫蛀食果实的习性，查验有无蛀孔果实，特别注意靠近果实顶部有无蛀孔，要剖查咖啡豆，检查内部是否带虫。

（2）病虫害监测。在我国各咖啡产区进行咖啡果小蠹的长期监测，发现虫情后立即向相关部门报告，防止虫情向周边产区蔓延。

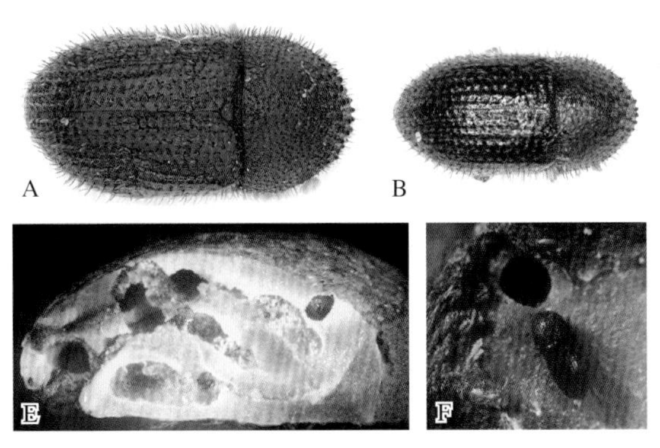

咖啡果小蠹

A.雌成虫　B.雄成虫　C.危害初期　D.危害后期　E.果实受害切面　F.危害孔洞

（孙世伟供图）

咖啡果小蠹危害状

芫菁科（Meloidae）

豆芫菁

【分布】 国外分布不详；国内从南到北广泛分布于多个省份。

【危害特点】 在食物匮乏的情况下，豆芫菁以成虫危害咖啡的叶片，尤喜食其幼嫩部位，将叶片咬成孔洞或缺刻，甚至吃光，只剩网状叶脉，主要在咖啡苗圃危害，对投产咖啡园几乎没有影响。

【分类地位】 豆芫菁（*Epicauta gorhami*）属鞘翅目（Coleoptera）芫菁科（Meloidae）芫菁属（*Epicauta*）。

【寄主植物】 该虫寄主植物主要为豆科植物，此外尚能危害棉花、马铃薯、甜菜、麻、番茄、苋菜、蕹菜及小粒咖啡等植物。

【形态特征】

成虫 体长11 ~ 19mm，头部红色，胸腹和鞘翅均为黑色，头部略呈三角形，触角近基部几节暗红色，基部有黑色瘤状突起1对；雌虫触角丝状，雄虫触角第3 ~ 7节扁而宽；前胸背板中央和每个鞘翅都有1条纵行的黄白色纹；前胸两侧、鞘翅的周缘和腹部各节腹面的后缘都生有灰白色毛。

豆芫菁成虫

卵 长椭圆形，大小为（2.5 ~ 3.0）mm×（0.9 ~ 1.2）mm，初产乳白色，后变黄褐色，卵块排列成菊花状。

幼虫 各龄形态都不相同，初龄幼虫似双尾虫，口器和胸足都发达，每足的末端都具3爪，腹部末端有长的尾须1对；二至四龄幼虫的胸足缩短，无爪和尾须，形似蛴螬；五龄似象甲幼虫，胸足呈乳突状；六龄又似蛴螬，体长13 ~ 14mm，头部褐色，胸和腹部乳白色。

蛹 长约16mm，全体灰黄色，复眼黑色；前胸背板后缘及侧缘各有9根长刺，第1 ~ 6腹节背面左右各有6根刺毛，后缘各生1排刺毛，第7 ~ 8腹节的左右各有5根刺毛；翅端达腹部第3节。

【发生规律】 在云南，豆芫菁1年发生2代，以五龄幼虫（假蛹）在土中越冬。越冬代成虫于5 ~ 6月发生，集中危害早播大豆，以后转害蔬菜或咖啡。成虫白天活动，在豆株叶枝上群集危害，活泼善爬。成虫受惊时迅速散开或坠落地面，且能从腿节末端分泌含有芫菁素的黄色液体，如触及人体皮肤，能引起红肿发泡。成虫产卵于土中约5cm处，每穴有70 ~ 150粒卵。豆芫菁成虫为植食害虫，但幼虫为肉食性，以蝗卵为食。幼虫孵出后分散觅食，如无蝗虫卵可食，则饥饿而死。一般1个蝗虫卵块可供1头幼虫食用。

【防治方法】

（1）人工防治。定期巡视咖啡苗圃，发现成虫人工捕捉，减少虫源。

（2）农业防治。加强咖啡苗圃水肥管理，培养壮苗，增强咖啡植株抗虫能力；保持苗圃清洁，定期清除苗圃杂草。

叶甲科（Chrysomelidae）

1. 茶殊角萤叶甲

【分布】 国外分布于尼泊尔、印度、不丹、缅甸、老挝、越南等国家；国内分布于江苏、安徽、浙江、台湾、云南、广东、海南、广西等省份。

【分类地位】 茶殊角萤叶甲（*Agetocera mirabilis*）属鞘翅目（Coleoptera）叶甲科（Chrysomelidae）殊角萤叶甲属（*Agetocera*）。

【寄主植物】 茶、油渣果、小粒咖啡等经济作物。

【形态特征】

成虫　大小为（13 ～ 18）mm×（7 ～ 9）mm，体黄褐色，触角端部2节黑色，前中足胫节端半部、后足胫节端部及跗节全部黑色，鞘翅紫黑色；雄虫触角第2 ～ 7节每节基部狭窄，端部膨大，其中第4节较长，约为第5 ～ 7节的总长，在具端部不远处有一椭圆形突起，突起表面为一大刻点；第9节明显短于第8节，外侧洼深，肾形；第10 ～ 11节细长，约与第8节等长。

【危害特点】　该虫以成虫和幼虫危害咖啡叶片，轻则导致叶片被取食成缺刻状，严重时导致叶片取食后仅剩下叶脉。

茶殊角萤叶甲

【发生规律】　不详。

【防治方法】

（1）人工防治。利用成虫假死性，于成虫高发期在咖啡植株基部铺设塑料膜，摇动树体，将震落的成虫收集后集中销毁。

（2）农业防治。加强咖啡园水肥管理，增强咖啡植株生长势，提高抗虫性。

（3）化学防治。成虫期，使用5%高效氯氰菊酯微乳剂1 000倍液或26%氯氟·啶虫脒水分散粒剂1 000倍液进行林间喷雾，杀死成虫。

2. 黄斑长跗萤叶甲

【分布】　国内主要分布于福建、云南、广西、广东、四川、西藏等省份。

【危害特点】　该虫以成虫危害咖啡嫩叶，导致叶面缺刻或孔洞，但对咖啡危害较小或几乎没有。

【分类地位】　黄斑长跗萤叶甲（*Monolepta signata*）属鞘翅目（Coleoptera）叶甲科（Chrysomelidae）长跗萤叶甲属（*Monolepta*）。

【寄主植物】　大豆、棉花、玉米、花生、小粒咖啡等经济作物。

【形态特征】

成虫　大小为（3.0 ～ 4.5）mm×（1.8 ～ 2.5）mm。头、前胸、腹部、足腿节橘红色，上唇、小盾片、中胸、后胸腹板、足胫节及跗节、触角端部红褐色至黑褐色，鞘翅褐色至黑褐色，每翅上各具浅色斑2个，位于基部和近端部，斑前方缺刻较大，头部光亮，刻点细或看不出来，小盾片三角形，前胸背板宽为长的2倍多。腹部腹面黄褐色，中后胸腹面黑色，体毛赭黄色。

黄斑长跗萤叶甲成虫

【发生规律】　不详。

【防治方法】

（1）农业防治。及时铲除咖啡园内、周边地埂、渠边杂草，减少害虫藏匿空间和食物来源；秋季深翻灭卵，均可减轻受害。

（2）生物防治。保护利用天敌昆虫，维持咖啡园自然种群平衡。也可用苏云金杆菌制剂防治。

（3）化学防治。害虫种群较大时，可使用10%高效氯氟氰菊酯水乳剂1 500倍液林间喷雾1次，降低咖啡园害虫种群数量。

铁甲科（Hispidae）

金梳龟甲

【分布】 国外分布于孟加拉国、印度、斯里兰卡、中南半岛、马来半岛、巽他群岛等国家或地区；国内分布于福建、广东、广西、四川、云南等省份。

【危害特点】 该虫主要危害旋花科、马鞭草科、木兰科植物，在食物不足的情况下，成虫和幼虫均会取食小粒咖啡叶片叶肉，导致叶片缺刻，但对咖啡危害较小，影响不大。

【分类地位】 金梳龟甲（*Aspidomorpha sanctaecrucis*）属鞘翅目（Coleoptera）铁甲科（Hispidae）梳龟甲属（*Aspidomorpha*）。

【寄主植物】 主要危害旋花科、马鞭草科、木兰科植物，偶有取食小粒咖啡的情况。

【形态特征】

成虫　大小为（10.0 ~ 16.0）mm×（9.8 ~ 15.0）mm，体圆形，棕黄至棕红色；背面中部隆起，周边平坦，边缘色淡透明，稍有翘起，活体闪金光；腹面棕黄至棕红色，包括触角及足；触角端部2节黑色，顶端部分露出黄色；额唇基梯形，中央明显凹洼，无刻点；触角较短，长达前胸基角，端部5节显、较粗大；前胸背板横宽，宽约为长的2倍；基缘中央有横凹，整个背板光洁无刻点；鞘翅肩角向前稍伸，两侧膨出，基部远较前胸背板为宽，基半部最宽；盘区隆突，驼顶三角锥状，顶峰尖，后坡平斜，驼顶前、侧、后方及盘区中部均有凹洼；刻点排列成行，肩后及凹洼中的刻点较粗大。

【发生规律】 成虫具假死现象，其余不详。

【防治方法】

（1）人工防治。利用成虫假死现象，于成虫期在树干基部铺设塑料膜，轻轻晃动树体，使虫体掉落，收集后集中处理。

（2）农业防治。加强咖啡园水肥管理，增强树势；在不影响咖啡植株生长的情况下，保留咖啡行间杂草，吸引金梳龟甲取食，集中防控。

（3）生物防治。保护利用天敌种群，维持自然种群稳定。

金梳龟甲成虫

花甲虫科（Chrysomelidae）

赤翅长颈金花甲

【分布】 分布范围狭窄，国内仅见云南和台湾有过报道。

【危害特点】 该虫主要以成虫取食咖啡叶片，从表皮开始啃食，仅留下下表皮或将叶片取食成缺刻、孔洞，喜食幼嫩咖啡叶片。

【分类地位】 赤翅长颈金花甲（*Lilioceris cyaneicollis*）属鞘翅目（Coleoptera）花甲虫科（Chrysomelidae）长颈金花虫属（*Lilioceris*）。

【寄主植物】 该虫寄主植物少，偶有取食小粒咖啡的情况。

【形态特征】

成虫 体长7.5mm，头部、触角、足均为黑色，复眼黑褐色，前胸背板筒状如颈，具光泽，鞘翅鲜艳红色，具细微的刻点但不明显，腹面红色，各足跗节具褥垫。

【发生规律】 不详。

【防治方法】

（1）人工防治。清晨成虫不喜动，可人工捕捉成虫。

（2）农业防治。加强水肥管理，提高咖啡生长势；在不影响咖啡植株生长的前提下，保留咖啡行间杂草，吸引害虫取食，集中防控，减少对咖啡的危害。

赤翅长颈金花甲成虫

瓢虫科（Coccinellidae）

茄二十八星瓢虫

【分布】 国外分布不详；国内分布广泛，北起黑龙江、内蒙古，南抵台湾、海南及广东、广西、云南，东起沿海省份，西至陕西、甘肃，折入四川、云南、西藏等省份。

【危害特点】 该虫以成虫和幼虫取食叶肉，残留上表皮呈网状，严重时全叶食尽，食物不足的情况下，会取食咖啡叶片。

【分类地位】 茄二十八星瓢虫（*Henosepilachna vigintioctopunctata*）属鞘翅目（Coleoptera）瓢虫科（Coccinellidae）裂臀瓢虫属（*Henosepilachna*）。

【寄主植物】 该虫可危害马铃薯、茄子、番茄、青椒等茄科蔬菜及黄瓜、冬瓜、丝瓜等葫芦科蔬菜，以茄子为主。此外还危害豆类、龙葵、酸浆、曼陀罗、烟草、小粒咖啡等。

【形态特征】

成虫 体长约6mm，半球形，黄褐色，体表密生黄色细毛。前胸背板上有6个黑点，中间的2个常连成1个横斑；每个鞘翅上有14个黑斑，其中第二列4个黑斑呈一直线，是与马铃薯瓢虫的显著区别。

卵 长约1.2mm，弹头形，淡黄至褐色，卵粒排列较紧密。

幼虫　共4龄。末龄幼虫体长约7mm，初龄淡黄色，后变白色，体表多枝刺，其基部有黑褐色环纹。

蛹　长约5.5mm，椭圆形，背面有黑色斑纹，尾端包着末龄幼虫的蜕皮。

【发生规律】 该虫1年发生5代，无越冬现象。每年以5月发生数量最多，危害最重。成虫白天活动，有假死性和自残性。雌成虫将卵块产于叶背。初孵幼虫群集危害，稍大后分散危害。老熟幼虫在原处或枯叶中化蛹。卵期5 ~ 6d，幼虫期15 ~ 25d，蛹期4 ~ 15d，成虫寿命25 ~ 60d。

【防治方法】

（1）人工防治。成虫高发期，利用成虫的假死性，在植株下铺设塑料膜，轻轻晃动咖啡植株，收集震落的虫体，进行集中销毁。定期巡园，摘除咖啡叶片上的卵块。

（2）农业防治。加强水肥管理，提高咖啡植株抗病虫能力；冬季，清除咖啡园落叶及杂草，破坏害虫的越冬环境；其余季节在不影响咖啡生产的情况下，保留咖啡行间杂草，吸引害虫取食，减轻对小粒咖啡的危害。

茄二十八星瓢虫成虫

双翅目（Diptera）

潜蝇科（Agromyzidae）

美洲斑潜蝇

【分布】 美洲斑潜蝇原产南美洲，国外现分布于美国、巴西、加拿大、巴拿马、墨西哥、智利、古巴等30多个国家或地区；国内除青海、西藏和黑龙江外均有不同程度的发生，尤其是我国的热带、亚热带和温带地区危害最为严重。

【危害特点】 该虫主要以幼虫在新抽生叶片正面皮层下取食危害，刺伤叶片细胞，形成针尖大小的近圆形刺伤孔，对新定植咖啡园危害尤为严重。刺伤孔初期呈浅绿色，后变白，肉眼可见；幼虫蛀食叶肉组织，形成蛇形白色斑；成虫产卵取食也造成伤斑。幼虫和成虫的危害可致咖啡幼苗全株死亡，造成缺苗断垄；成株受害，可加速叶片脱落，引起果实日灼，造成减产。

【分类地位】 美洲斑潜蝇（*Liriomyza sativae*）属双翅目（Diptera）潜蝇科（Agromyzidae）潜蝇属（*Liriomyza*）。

【寄主植物】 该虫寄主植物有22科100多种，主要危害黄瓜、番茄、茄子、辣椒、豇豆、蚕豆、大豆、菜豆、芹菜、甜瓜、西瓜、冬瓜、丝瓜、西葫芦、人参果、蓖麻、大白菜、棉花、油菜、烟草、小粒咖啡等。

【形态特征】

成虫　小型蝇类，浅黑色，体长1.3 ～ 2.3mm，胸背面亮黑色光泽，腹部背面黑色，腹部侧面和腹面黄色，臀部黑色，雌虫体比雄虫大。雄虫腹末圆锥状，雌虫腹末短鞘状。颚、颊和触角亮黄色，眼后缘黑色。中胸背板亮黑色，小盾片鲜黄色，足基节、腿节黄色，前足黄褐色，后足黑褐色，腹部大部分黑色，但各背板的边缘有宽窄不等的黄色边。翅无色透明，翅长1.3 ～ 1.7mm，翅腋瓣黄色，边缘及缘毛黑色，平衡棒黄色。

卵　椭圆形，大小为（0.2 ～ 0.3）mm×（0.10 ～ 0.15）mm，米色，半透明，肉眼不易发现，常产于叶表皮下的栅栏组织内。

幼虫　蛆状，共3龄。一龄幼虫几乎是透明的，二至三龄变为鲜黄色，老熟幼虫体长可至3mm，腹部末端有1对形似圆锥的后气门。

蛹　椭圆形，橙黄色，腹面稍扁平，大小为（1.7 ～ 2.3）mm×（0.50 ～ 0.75）mm，初化蛹时颜色为鲜橙色，逐渐变暗黄色，后气门三叉状。

【发生规律】　该虫1年可发生10 ～ 12代，具有暴发性，以蛹在寄主植物下部的土中越冬。1年中有2个高峰，分别为6 ～ 7月和9 ～ 10月。美洲斑潜蝇适应性强，寄主范围广，繁殖能力强，世代短，成虫具有趋光、趋绿、趋黄、趋蜜等特性。成虫以产卵器刺伤叶片吸食汁液。雌虫将卵产在部分刺伤孔表皮下，卵经2 ～ 5d孵化，幼虫期4 ～ 7d。末龄幼虫咬破叶表皮在叶外或土表下化蛹，蛹经7 ～ 14d羽化为成虫。该虫以幼虫取食叶片正面叶肉，形成先细后宽的蛇形弯曲或蛇形盘绕虫道，其内有交替排列整齐的黑色虫粪，老虫道后期呈棕色的干斑块区，一般1虫1道，1头老熟幼虫1d可潜食3cm左右。

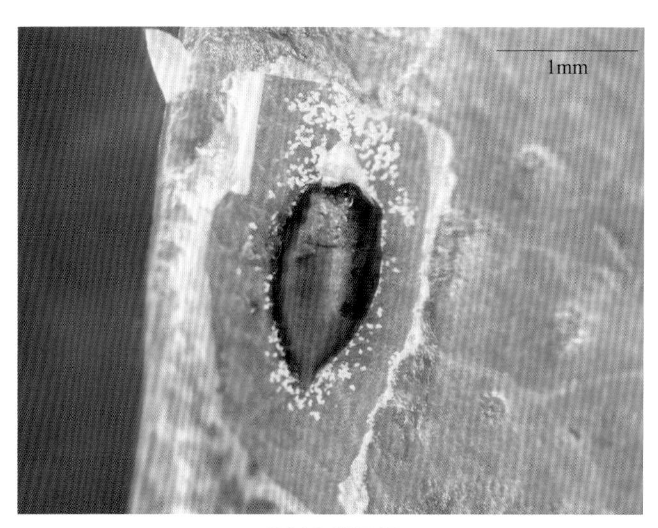

美洲斑潜蝇蛹

【防治方法】

（1）农业防治。发现有该虫危害的叶片，要立即摘除销毁。

（2）化学防治。该虫主要危害新植咖啡园，受害叶片上幼虫较多时，掌握在幼虫二龄前（虫道很小时），于8：00 ～ 11：00露水干后幼虫开始到叶面活动或老熟幼虫多从虫道中钻出时，喷洒10%吡虫啉可湿性粉剂1 500 ～ 2 000倍液或1.8%阿维菌素乳油3 000 ～ 3 500倍液，相隔7d喷施1次，连续2 ～ 3次。

美洲斑潜蝇危害状

实蝇科（Tephritidae）

橘小实蝇

【分布】 橘小实蝇又名东方果实蝇、果蝇，为国内检疫性害虫。国外分布于美国、澳大利亚、印度、巴基斯坦；国内分布于广东、广西、福建、四川、湖南、云南等省份。

【分类地位】 橘小实蝇（*Dacus dorsalis*）属双翅目（Diptera）实蝇科（Tephritidae）寡毛实蝇属（*Dacus*）。

【危害特点】 该虫将卵产于咖啡浆果果肉内，幼虫孵化后在果肉内蛀食危害，导致果肉腐烂，腐烂部位容易受其他霉菌侵染，使咖啡品质降低。

【寄主植物】 枇杷、杨桃、番石榴、桃、李、番木瓜、杧果、香蕉、蒲桃、番荔枝、人心果、柑橘、小粒咖啡等经济作物。

【形态特征】

成虫　体长7～8mm，翅透明，翅脉黄褐色，有三角形翅痣。全体深黑色和黄色相间。胸部背面大部分黑色，但黄色的U形斑纹十分明显。腹部黄色，第1、2节背面各有1条黑色横带，从第3节开始中央有1条黑色的纵带直抵腹端，构成一个明显的T形斑纹。雌虫产卵管发达，由3节组成。

卵　梭形，长约1mm，宽约0.1mm，乳白色。

幼虫　体蛆形，类型为无头无足型，老熟时体长约10mm，黄白色。

蛹　围蛹，长约5mm，全身黄褐色。

【发生规律】 该虫1年发生3～5代，以蛹越冬，具明显世代重叠现象。翌年2月可见成虫，4月中旬后虫口数量逐渐增多，7～9月为盛发期，尤以9月虫口量最大，10月后渐渐减少。成虫多于清晨羽化，卵产于近成熟的果皮下，产卵处可见针刺状小孔，常有汁液溢出形成胶突状乳突，后呈灰色斑点。每处产卵2～15粒，单雌产卵200～400粒，可多次产卵。幼虫老熟后脱果入土化蛹越冬。

【防治方法】

（1）检验检疫。加强检验检疫，严防将幼虫、虫蛹和带虫的土壤传入新产区。

（2）农业防治。定期清除咖啡园及周围果园的落果和烂果，集中销毁；冬季深翻土层破坏害虫越冬场所。

（3）化学防治。使用诱捕器或粘虫板配合甲基丁香酚（即诱虫醚）诱杀雄虫。高峰期使用1.8%阿维菌素乳油2 000倍液喷布，降低害虫种群。

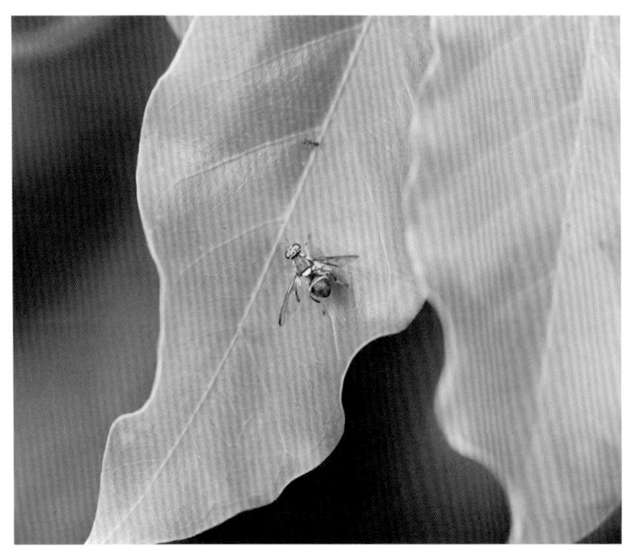

橘小实蝇成虫

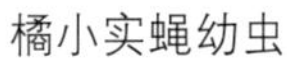

橘小实蝇幼虫

橘小实蝇危害咖啡成熟浆果

缨翅目（Thysanoptera）

蓟马科（Thripidae）

咖啡蓟马

【分布】 国内全部咖啡种植区均有分布。

【危害特点】 该虫以成虫和幼虫通过挫吸式口器危害咖啡嫩叶、幼果、嫩梢及花器。嫩梢受害后变弯曲、皱缩；叶片受害后向内纵卷，叶质僵硬变脆，受害后期发生枯萎落叶；花期危害，导致果实发育不良或出现落花；浆果受害后，轻则果实生长缓慢，果面产生白色挫痕，果面粗糙，影响外观，重则导致幼果脱落。

【分类地位】 咖啡蓟马（*Thrips* sp.）属缨翅目（Thysanoptera）蓟马科（Thripidae）蓟马属（*Thrips*）。

【寄主植物】 小粒咖啡。

【形态特征】

成虫　体橙黄色，雌虫体长0.8 ~ 0.9mm，腹部末端锥形，有锯齿状产卵管。雄虫腹部末端圆。前翅翅脉明显。触角8节，第1和第2节黄色，第3 ~ 8节灰褐色。前胸背板后缘角有1条鬃毛。头宽约为头长的1倍。复眼略微突出，暗红色；单眼鲜红色，排列成三角形。腹部背片第2 ~ 8节具暗前脊，腹片第4 ~ 7节前缘具深色横线。腹部第2 ~ 7节背板各有囊形暗褐色斑纹。

【发生规律】 在云南，咖啡蓟马全年均有发生，1年发生7 ~ 12代，世代重叠严重，无明显越冬现象。成虫在中午最活跃，成虫产卵于嫩叶、嫩梢及幼果组织中，幼虫喜在幼嫩浆果附近取食。高温干旱季节，有利于咖啡蓟马繁殖。

【防治方法】

（1）农业防治。冬季清园，保持咖啡园清洁；加强虫口监测和检查。

（2）物理防治。使用蓝色粘虫板诱杀成虫。

（3）化学防治。咖啡蓟马对小粒咖啡危害不严重，在开花期和幼果期可使用70%啶虫脒水分散粒剂2 000倍液进行林间喷雾，可有效遏制咖啡蓟马的危害，其余时间不建议开展化学防治。

咖啡蓟马危害浆果导致果面挫伤

咖啡蓟马危害嫩芽

直翅目（Orthoptera）

蛉蟋科（Trigonidiinae）

1. 虎甲蛉蟋

【分布】 国外分布不详；国内主要分布于浙江、湖北、湖南、江西、福建、云南、贵州、四川、重庆等南方省份。

【危害特点】 该虫主要在苗圃危害小粒咖啡幼苗嫩叶，导致叶片缺刻或孔洞。

【分类地位】 虎甲蛉蟋（*Trigonidium cicindeloides*）属直翅目（Orthoptera）蛉蟋科（Trigonidiinae）蛉蟋属（*Trigonidium*）。

【寄主植物】 该虫主要取食禾本科植物，对小粒咖啡也有危害。

【形态特征】

成虫　小型蟋蟀，体长约5mm；体黑色，有光泽；头部及前胸背板具白色绒毛；各足腿节黄色，前中足胫节黑色。雄虫前翅和雌虫相似，无发音器。

【发生规律】 成虫全年可见，生活在平地至低海拔山区，栖息于农田或向阳的林缘、山路草丛，卵生。在咖啡苗圃白天多躲藏于叶片背面，偶有白天活动的习性。

【防治方法】

（1）农业防治。加强咖啡苗圃水肥管理，提高咖啡苗抗病虫能力；保持咖啡苗圃清洁，清除咖啡苗圃杂草；定期揭开遮阳网炼苗，形成不利于虎甲蛉蟋的栖息环境。

虎甲蛉蟋成虫

（2）化学防治。定期对咖啡园进行病虫害防控，建议每月开展1次，使用10%氯氰菊酯乳油1 500 ～ 2 000倍液进行防控。

2. 咖啡蛉蟋

【分布】 采集于云南省保山市。

【危害特点】 该虫主要危害小粒咖啡嫩叶，导致叶片缺刻或孔洞。

【分类地位】 咖啡蛉蟋（*Trigonidium* sp.）属直翅目（Orthoptera）蛉蟋科（Trigonidiinae）蛉蟋属（*Trigonidium*）。

【寄主植物】 小粒咖啡。

【形态特征】

成虫 小型蟋蟀，体长不超过10mm，红褐色；头圆凸，复眼突出，触角细长黑色，第1节长宽约相等；前胸背板横宽，具毛；雄性前翅如果具镜膜，则较饱满，缺分脉，斜脉1条；跗节第2节扁平，腹面具明显的短毛；雌性产卵瓣弯刀状。

咖啡蛉蟋

【发生规律】 不详。

【防治方法】

（1）农业防治。加强咖啡园水肥管理，提高咖啡植株生长势；保持咖啡园清洁，定期清除咖啡园杂草，减少害虫食物。

（2）化学防治。定期对咖啡园进行病虫害防控，建议每月开展1次，使用10%氯氰菊酯乳油1 500 ～ 2 000倍液喷雾防治。

蟋蟀科（Gryllidae）

大蟋蟀

【分布】 大蟋蟀又名花生大蟋蟀，俗称大头蟋蟀、大土狗、土猴。国外分布不详；国内分布于广东、广西、福建、台湾、云南、江西等省份。

【危害特点】 该虫的成虫和若虫以咀嚼式口器咬食咖啡幼苗的茎、叶和嫩梢，主要在咖啡苗圃进行危害。

【分类地位】 大蟋蟀（*Tarbinskiellus portentosus*）属直翅目（Orthoptera）蟋蟀科（Gryllidae）大蟋蟀属（*Tarbinskiellus*）。

【寄主植物】 橡胶、可可、小粒咖啡、菠萝、金鸡纳、棉花、古柯、花生、芝麻、瓜类、高粱、甘薯、麦类、松杉及柑橘、桃、梅等的苗木或幼苗。

【形态特征】

成虫 体长30 ～ 40mm，体暗褐色，头大，复眼黑色；胸背比头宽，横列2个圆锥形黄斑，后足腿节肥大，胫节具两列刺状突起，每列4 ～ 5枚，刺端黑色；雌虫产卵管短于尾须。

卵 近圆筒形，淡黄色，稍弯曲。

大蟋蟀雌成虫

若虫　共7龄。体色较浅，外形与成虫相似，自二龄开始具翅芽，以后随虫龄增长逐渐增大。

【发生规律】 该虫1年发生1代，以若虫在土洞内越冬。翌年春节开始出土活动，6月中旬出现成虫，7～8月交尾产卵，卵常产于洞穴底部，卵期15～30d，8～10月卵孵化，初孵若虫先取食雌成虫贮备的食物，成长后开始分散取食，掘洞为居，白天躲藏，晚上外出觅食，咬食幼苗，沿着树干爬向枝梢，咬食枝梢皮层导致枝条枯死。11月中旬入土穴越冬。

【防治方法】

（1）人工防治。灌水入虫道，迫使该虫向洞外爬行，然后人工使用扫网捕杀。

（2）化学防治。用炒过的麦麸、米糠或碎花生壳拌敌百虫等杀虫剂制作毒饵，傍晚置于洞口或苗圃株行间，以诱杀成虫和若虫；定期对咖啡园进行病虫害防控，建议每月开展1次，使用10%氯氰菊酯乳油1 500～2 000倍液进行防控。

斑腿蝗科（Catantopidae）

1. 日本黄脊蝗

【分布】 国外分布不详；国内分布于山东、江苏、安徽、浙江、江西、河南、湖北、陕西、甘肃、福建、台湾、广东、广西、四川、贵州、云南、西藏等省份。

【危害特点】 该虫的成虫和蝗蝻以咀嚼式口器咬食咖啡的叶片，造成缺刻或孔洞。

【分类地位】 日本黄脊蝗（*Patanga japonica*）属直翅目（Orthoptera）斑腿蝗科（Catantopidae）黄脊蝗属（*Patanga*）。

【寄主植物】 小麦、水稻、高粱、豆类、甘薯等粮食作物，在食物不足的情况下也会取食小粒咖啡叶片。

【形态特征】

成虫　体粗大，雄虫体长35～45mm，雌虫体长47～57mm，体黄褐色至暗褐色，体表具绒毛；头大而短，头顶宽短，顶端较宽，向前倾斜，颜面略向后倾斜；触角细长，25节，到达或略超过前胸背板的后缘；复眼长卵形，其下有黑色斑纹；体背沿中线自头顶至翅尖有明显的淡黄色纵条；前胸背板侧片有2个明显的黄斑，无侧隆线；前胸腹板突圆柱形，顶端较钝；中胸腹板侧叶内下角尖；前翅达到后足胫节中部，翅前端部分具黑色近圆形斑；后翅基部红色，顶端烟色；后足腿节外侧缘上隆线有黑色纵条；后足胫节刺基部黄色，顶端黑色。

日本黄脊蝗成虫

卵　略呈梭形，稍弯，长约6.2mm，初产肉黄色，后变为黄褐色。

蝗蝻　共6龄。一龄蝗蝻浅黄绿色，二龄蝗蝻淡绿色，三龄蝗蝻黄绿色，四龄蝗蝻以后黄褐色。

【发生规律】 该虫1年发生1代，以成虫越冬，无迁飞现象，成虫无冬眠或滞育现象，在温度较低的天气，隐秘于农田、地边或堰埂中下部较厚的杂草枯叶下，遇晴朗无风温暖天气在农田活动。翌年3月下旬开始孕卵，4月中旬至6月中旬进入成虫产卵期，单雌产卵80～110粒；蝗蝻有6个龄期，7月上旬至11月均可见蝗蝻；9月中旬始见成虫，9月上旬至10月上旬为羽化盛期；10月下旬成虫陆续越冬。三龄前蝗蝻扩散能力差，在孵化地附近取食活动，三龄后开始扩散，呈群集性危害。成虫属大型昆虫类，飞翔能力强。

【防治方法】

（1）农业防治。冬季结合咖啡园清园，清除园内落叶及杂草，进行填埋，破坏害虫越冬环境；在咖啡植株间种植绿肥植物，吸引日本黄脊蝗取食，集中防控减少对咖啡的危害。

（2）生物防治。日本黄脊蝗天敌种类众多，保护利用天敌昆虫，可控制害虫种群。

2. 短角外斑腿蝗

【分布】 短角外斑腿蝗又称短角异斑腿蝗或短角斑腿蝗，俗称小花蝗、花斑蝗、斑腿蝗等。国外分布于尼泊尔、缅甸、印度等国家；国内分布于河北、陕西、山西、山东、江苏、浙江、湖北、湖南、江西、福建、台湾、广东、广西、四川、贵州、云南等省份。

【危害特点】 该虫主要以幼虫和成虫取食植物嫩叶、花器造成危害，导致叶片边缘缺刻，花器受损，果实减产。

【分类地位】 短角外斑腿蝗（*Xenocatantops brachycerus*）属直翅目（Orthoptera）斑腿蝗科（Catantopidae）外斑腿蝗属（*Xenocatantops*）。

【寄主植物】 该虫食性杂，寄主植物众多，主要取食麦类、玉米、水稻、棉花等粮食作物，偶尔取食小粒咖啡。

【形态特征】

成虫　体暗褐色、红褐色或黄褐色，雌成虫体长24 ~ 27mm，雄虫体长18.0 ~ 21.5mm；头、胸部密布圆形小瘤突起；颜面隆起，中纵沟明显；前胸背板中隆线明显，有横沟3条，并且切断中隆线，其中后1条横沟在背板中部，后胸两侧各有1条横沟在背板中部，后胸两侧各有1个长形白色斜斑纹；前翅发达，暗褐色，超过后腿节顶端，翅端部横脉斜；后翅透明，翅顶烟褐色；后腿节发达，外侧具完整白色斜斑2个，近端另有1个小斑；后胫节红褐色；善弹跳。

短角外斑腿蝗成虫交尾

【发生规律】 该虫1年发生1代，以成虫或卵在山地、草坡或咖啡园周边的土壤层越冬。3月中旬至9月均可见成虫；4月下旬卵开始孵化，5月下旬至6月中旬为孵化盛期。蝗蝻共6龄，老龄后开始取食咖啡叶片或花器危害，9月下旬至10月危害较大。

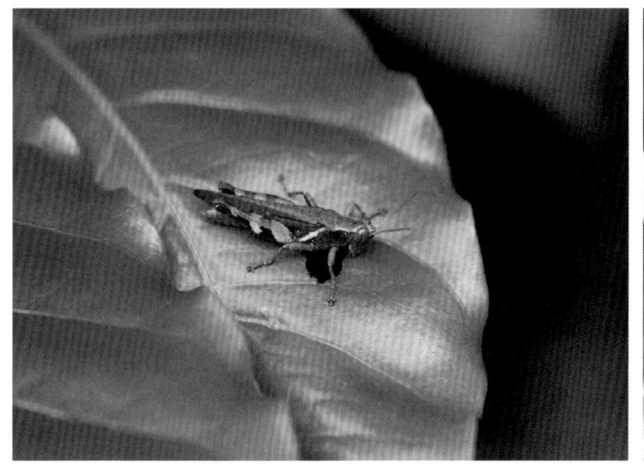

短角外斑腿蝗成虫

【防治方法】

（1）农业防治。在咖啡园内饲养家禽捕食蝗虫；冬季清除咖啡园杂草及落叶，破坏害虫越冬环境，减少翌年虫源数量；加强咖啡园水肥管理，增强咖啡植株生长势。

（2）化学防治。9 ~ 10月，使用10%氯氰菊酯乳油1 500 ~ 2 000倍液林间喷雾1次，杀死老龄蝗蝻，其余时间均不用开展化学防治。

3. 大青蝗

【分布】 大青蝗又名棉蝗、大蚱蜢。国外分布不详；国内分布于云南、广西等省份。

【危害特点】 以成虫和蝗蝻取食植株嫩梢和嫩叶，造成叶片缺刻或枝梢枯死。

【分类地位】 大青蝗（*Chondracris rosea*）属直翅目（Orthoptera）斑腿蝗科（Catantopidae）棉蝗属（*Chondracris*）。

【寄主植物】 龙眼、杧果、菠萝、柿等果树，水稻、豆类、玉米等粮食作物及小粒咖啡、大粒咖啡等特色经济作物。

【形态特征】

成虫　雌成虫体长60 ~ 81mm，雄成虫体长45 ~ 57mm，体色青绿带黄，头短而宽，头顶钝圆，无中缝线；触角丝状，24节；前胸背板中隆线较高，板面粗糙，有3条横沟并均隔断中隆线；前翅发达透明，翅基部红色；后足胫节红色，沿外缘和内缘各具刺8根和11根，刺的端部黑色，第1跗节较长。

卵　长椭圆形，长6 ~ 7mm，中间稍弯曲，初时黄白色，数日后变成黄褐色。卵块长圆柱状，长40 ~ 80mm，外黏有一层薄纱状物，卵粒不规则堆积于卵块的下半部，其上部为产卵后排出的乳白色泡状物覆盖。

蝗蝻　共6龄，极少数雌虫7龄。各龄体色变化不大，前胸背板的中隆线甚高，3条横沟明显，并且都隔断中隆线。

【发生规律】 该虫1年可发生多代，以卵在土层中越冬。翌年4月中旬卵开始孵化，7月始见成虫，并陆续开始交尾产卵。成虫有多次交尾习性，交尾后继续取食危害，对白光和紫光具有趋向性。产卵时将腹部完全插入土中，产卵穴深70 ~ 100mm。

大青蝗老熟蝗蝻（大粒咖啡）

【防治方法】

（1）人工防治。成虫期，清晨人工捕捉成虫并集中销毁。

（2）农业防治。冬季清除咖啡园枯枝落叶及杂草，深翻土层，破坏害虫越冬环境；加强咖啡园水肥管理，增强咖啡生长势。

（3）物理防治。使用白光灯或紫光灯诱杀成虫。

（4）化学防治。危害较为严重时，使用10%氯氰菊酯乳油1 500 ~ 2 000倍液林间喷雾1次，降低咖啡园间虫口数量。

斑翅蝗科（Oedipodidae）

疣蝗

【分布】 分布广泛，国内几乎均有分布。

【危害特点】 该虫以成虫和若虫取食叶片，造成叶片缺刻。

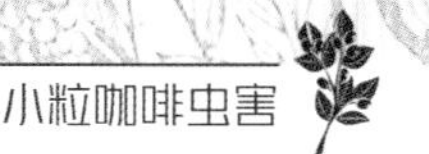

【分类地位】 疣蝗（*Trilophidia annulata*）属直翅目（Orhoptera）斑翅蝗科（Oedipodidae）疣蝗属（*Trilophidia*）。

【寄主植物】 疣蝗是一种农业害虫，主要危害玉米、水稻、甘蔗、甘薯等农作物，在食物匮乏时也会取食小粒咖啡等经济作物。

【形态特征】

成虫 小型蝗虫，成虫体色近土色，具绒毛；雄成虫体长11.7 ~ 16.2mm，雌成虫体长15.0 ~ 26.0mm，体上有许多颗粒状突起；复眼间有一粒状突起。前胸背板上有2个较深的横沟，形成2个齿状突；前翅长，超过后足胫节中部，后翅淡黄色具黑色边缘；后足股节粗短，有3个暗色横斑。后足胫节有2个较宽的淡色环纹。

【发生规律】 不详。

【防治方法】

（1）农业防治。冬季清除咖啡园杂草及落叶，深翻土层，破坏害虫越冬环境；危害期保留咖啡植株间杂草，吸引疣蝗取食，减少危害；咖啡园饲养家禽，捕食疣蝗。

（2）化学防治。害虫危害较为严重时，使用10%氯氰菊酯乳油1 500 ~ 2 000倍液林间喷雾1次，降低咖啡园间虫口数量。

疣蝗成虫

疣蝗成虫及危害状

剑角蝗科（Acrididae）

1. 中华剑角蝗

【分布】 中华剑角蝗又名中华蚱蜢、尖头蚱蜢，俗名担丈。国外分布不详；国内几乎遍及全国各地。

【危害特点】 该虫主要以蝗蝻和成虫取食植株叶片造成危害，在周边喜食性植物不足情况下，才开始取食咖啡叶片，常将叶片咬成缺刻或孔洞，但对咖啡影响较小。

【分类地位】 中华剑角蝗（*Acrida cinerea*）属直翅目（Orhoptera）剑角蝗科（Acrididae）剑角蝗属（*Acrida*）。

【寄主植物】 主要取食芦苇、獐毛、马唐、稗草，喜食谷子、玉米、高粱、小麦及狗牙根等植物，小粒咖啡为新记录寄主植物。

【形态特征】

成虫 雄成虫体型中等，头顶宽短，顶钝；眼间距宽度为触角间颜面隆起宽的1.5 ~ 2倍；头侧窝明显，宽平，具粗大刻点，在头顶顶端相距较远；颜面隆起较宽平，在触角基部间的宽度，约等于触角第1节宽度的3倍；复眼小，卵形；触角丝状，到达前胸背板后缘；前胸背板宽平；前翅发达，超过后足股节顶端，翅顶宽圆；后足股节下膝侧片顶端圆形；肛上板长三角形；下生殖板锥形。雌成虫体型较雄性大、粗壮；头顶钝而宽短；头侧窝宽平，具粗大刻点；颜面隆起较宽，在触角基部的宽度，约等于触角第1节宽度的4倍；触角丝状，不到达前胸背板后缘；前胸背板后横沟较直，中部略向前突出；前翅略超过后足股节的中部，翅顶狭圆，后翅几乎全部为黑褐色；体色暗黄褐色；前胸背板侧隆线处具淡色纵纹；后足胫节红色，基部黑色，近基部具淡色环；产卵瓣粗短。

【发生规律】 该虫1年仅发生1代，以卵在土层中越冬。越冬卵翌年5月下旬开始孵化，6月上旬为孵化盛期。卵期约270d，一龄蝗蝻上午出土最多，下午孵化较少，喜地势高的渠埂、堤坝；三龄前蝗蝻食量小，三龄后食量显著增大，成虫一般上午和傍晚取食；蝗蝻经过6次蜕皮羽化为成虫，蜕皮和羽化时间基本一致，主要在白天进行；成虫羽化13 ~ 14d后开始交尾，一生可交尾7 ~ 12次；交尾6 ~ 33d产卵，单雌产卵1 ~ 4块，每块60 ~ 120粒，道路边、地埂、沟渠、堤坝等处及植被覆盖度为5% ~ 33%的地方为最佳产卵场所。一至二龄蝗蝻有群集现象，二龄蝗蝻2h可迁移6m，三龄蝗蝻2h可迁移24m，蝗蝻以跳跃扩散为主。

【防治方法】

（1）农业防治。冬季结合咖啡园清园，清除园间、道路、地埂、沟渠、堤坝等处的枯枝落叶及杂草，深翻土层，破坏害虫越冬场所；在不影响咖啡植株正常生长的情况下，保留咖啡植株行间禾本科等杂草，为中华剑角蝗提供必要的食物，以减少对咖啡的危害。

（2）生物防治。中华剑角蝗天敌种类众多，可通过保护利用天敌昆虫来达到生物防治的效果。

中华剑角蝗成虫

2. 暗色剑蝗

【分布】 国外分布不详；国内分布于西藏及云南省份。

【危害特点】 该虫主要取食小粒咖啡叶片，导致叶片边缘缺刻，但对咖啡生长及生产影响较小。

【分类地位】 暗色剑蝗（*Phlaeoba tenebrosa*）属直翅目（Orthoptera）剑角蝗科（Acrididae）佛蝗属（*Phlaeoba*）。

【寄主植物】 该虫喜食禾本科植物，在食物不足情况下也会取食小粒咖啡。

【形态特征】

成虫　雌雄虫体褐色，后翅透明，端部略显烟色；后足腿节褐色或黄褐色，膝部色暗，后足胫节黄褐色或褐色。雄虫体中小型；头大且短，长度短于前胸背板，头顶前缘稍凹，中隆线、侧缘隆线明显，头侧窝无；颜面倾斜，隆起明显；中单眼位于颜面隆起的中部下方；触角剑状粗短，到达或稍超过前胸背板的后缘；复眼卵圆形，位于头的中部；前胸背板中隆线明显，侧隆线不明显，两者近乎平行；背面有不明显且不规则的附加隆线和粗大刻点；前翅长，超过后足腿节的端部，顶端斜截形；中胸腹板侧叶间中隔较宽，其长度几乎等于最宽处宽度，是最窄处的1.5倍；后胸腹板侧叶后端几乎毗连；后足腿节上隆线及内、外侧上隆线和下隆线上各有6 ~ 9个小黑齿；后足胫节内、外侧各具刺11个，无外端刺；肛上板盾形，中央有纵沟；尾须锥形；下生殖板锥形而短，顶端钝圆。雌成虫体较大；触角不达到或仅达到前胸背板的后缘；中胸腹板侧叶间的中隔长度等于最窄处宽度；后胸腹板侧叶后端分开；下生殖板长方形，后缘中央呈角形伸突；产卵瓣粗短，端部钩形；其他与雄虫相似。

【发生规律】 不详。

【防治方法】

（1）人工防治。清晨利用成虫不喜动的特性人工捕杀成虫。

（2）农业防治。在不影响咖啡植株正常生产的前提下适当保留咖啡植株行间杂草，以吸引害虫取食；咖啡园可饲养家禽捕食害虫。

暗色剑蝗成虫

网翅蝗科（Arcypteridae）

青脊竹蝗

【分布】 青脊竹蝗又名青脊角蝗。国内分布广泛，主要分布于云南、福建、浙江、广东、广西、湖南及四川等省份。

【危害特点】 该虫以成虫和若虫取食咖啡叶片，将叶片咬成钝齿状缺刻，严重时将叶片吃光；同时也会取食咖啡幼嫩浆果，造成减产。

【分类地位】 青脊竹蝗（*Ceracris nigricornis*）属直翅目（Orthoptera）网翅蝗科（Arcypteridae）竹蝗属（*Ceracris*）。

【寄主植物】 主要危害刚竹、毛竹、淡竹等竹类，是竹类的最大害虫，在食料匮乏时，还可危害水稻、玉米、高粱、小粒咖啡等。

【形态特征】

成虫 翠绿或暗绿色，雌成虫体长32.0 ~ 37.0mm，雄成虫体长15.5 ~ 17.0mm；额顶突出如三角形，由头顶至胸背板以及延伸至两前翅的前缘中域均为翠绿色；自头顶两侧至前胸两侧板，以及延伸至两前翅的前缘中域内外缘边均为黑褐色；静止时两侧面似各镶了一个三角形的黑褐色边纹；额与前胸布刻点，后腿外侧一般有明显黑色狭条；翅长过腹，雌虫翅长23.0 ~ 29.0mm，雄虫翅长19.5 ~ 23.0mm；腹部背面紫黑色，腹面黄色。

卵　大小为（5.0 ～ 7.0）mm×（1.2 ～ 2.0）mm，淡黄褐色，长椭圆形。卵一般成块产下，卵块长14 ～ 18mm，宽5 ～ 7mm，圆筒形，卵粒在卵块中呈斜状排列，卵间有海绵状胶质物黏着。

若虫　又称跳蝻，体长9 ～ 31mm，刚孵化时胸腹背面黄白色，没有黑色斑纹，身体黄白与黄褐相间，色泽比较单纯，头顶尖锐，额顶三角形突出，触角直而向上；鞭状触角16 ～ 20节，黄褐色，长5 ～ 15mm；二龄后的若虫翅芽明显。

【发生规律】 该虫1年发生1代，以卵越冬。越冬卵于4月下旬开始孵化，5月中旬至6月中旬为孵化盛期，6月下旬为孵化末期；成虫于7月中旬开始羽化，7月下旬为羽化盛期，8月上旬为羽化末期；8月下旬开始交尾，9月上中旬为交尾盛期，10月上旬大部分已交尾；10月上旬开始产卵，10月中旬至11月上旬为产卵盛期，11月下旬为产卵末期；10月中旬有少数成虫死亡，11月下旬达死亡盛期，12月中旬已很少见到。青脊竹蝗多栖息于林缘杂草或道路两旁的禾本科植物上，比较喜光。嗜好人粪尿及其他带腐臭咸味的物质。发育期比黄脊竹蝗稍长，其活动和耐高温、抗严寒的能力都较强。天气变冷，气温降至3℃时，成虫大多不食不动，状似昏迷麻醉，甚至会冻死。当气温升至11 ～ 15℃时，处于休眠状态的成虫逐渐活动。雌虫多选择杂草和灌木稀少，土壤松实适宜，地势平坦，向阳的山腰、斜坡空地或道路两旁及荒圃地上进行交尾产卵。雌虫交尾后经15 ～ 25d产卵。卵产在土中，入土深度3cm左右。

【防治方法】

（1）人工防治。成虫和若虫高发期，可在清晨和傍晚人工捕捉并集中销毁。

（2）农业防治。冬季清除咖啡园杂草及落叶，深翻土层，破坏其越冬场所，减少翌年危害虫源；在咖啡植株间种植绿肥植物或在不影响咖啡生长的情况下保留行间杂草，以吸引青脊竹蝗取食，减少对咖啡的危害；在咖啡园饲养家禽，利用家禽捕食害虫。

青脊竹蝗成虫

青脊竹蝗危害咖啡浆果

青脊竹蝗若虫取食咖啡叶片

（3）生物防治。利用白僵菌寄生初生跳蝻；保护利用天敌昆虫，如蜘蛛类群。

（4）化学防治。在成虫和若虫高发期，使用10%氯氰菊酯乳油1 500 ～ 2 000倍液林间喷雾1次，降低咖啡园间虫口数量。

瘤锥蝗科（Chrotogonidae）

革衣云南蝗

【分布】 国外分布不详；国内主要分布于云南、贵州、四川等省份。

【危害特点】 革衣云南蝗主要以成虫和若虫取食咖啡叶片造成危害，导致咖啡叶片成孔洞状或缺刻状。

【分类地位】 革衣云南蝗（*Yunnanites coriacea*）属直翅目（Orthoptera）瘤锥蝗科（Chrotogonidae）云南蝗属（*Yunnanites*）。

【寄主植物】 该虫主要危害烟草、小粒咖啡及禾本科植物。

【形态特征】

成虫　体型较大，体长28.5 ～ 30.0mm；头圆锥形，较短于前胸背板；颜面侧观向后倾斜，颜面隆起较宽平，全长具明显的纵沟；触角丝状，基部几节较短粗，其顶端超过前胸背板的后缘；前胸背板后缘具深凹口，前胸背板侧片后缘极弧形凹入，后下角向后锐角形突出。前翅达到第1腹节背板后缘或超过；虫体绿色；无白黄色眼后带；后足胫节黄色，端半带淡红色。

【发生规律】 在云南，该虫1年发生世代还不清楚，有2个高峰期，5月下旬至6月中旬为革衣云南蝗若虫和成虫发生危害第1个高峰期，7月下旬至8月下旬是革衣云南蝗若虫和成虫发生危害第2个高峰期。革衣云南蝗跳动活跃，危害季节每天上午和傍晚大量取食；其他时间在咖啡植株上或杂草中栖息停留。

【防治方法】

（1）农业防治。清除咖啡园间杂草，冬季及时耕翻园地，春季深耕整地，有助于杀伤蝗虫的越冬卵，减少越冬虫源；及时清除田间、田埂、沟边及路边杂草，减少革衣云南蝗的食物来源；咖啡园间可饲养家禽捕食害虫。

（2）生物防治。保护利用天敌昆虫控制害虫种群。

（3）化学防治。发生高峰期，使用10%氯氰菊酯乳油1 500 ～ 2 000倍液林间喷雾1次。

革衣云南蝗若虫

革衣云南蝗老熟若虫

锥头蝗科（Pyrgomorphidae）

短额负蝗

【分布】 短额负蝗别名中华负蝗、尖头蚱蜢、小尖头蚱蜢。国外分布不详；国内主要分布于东北、华北、西北、华中、华南、西南以及台湾等地。

【危害特点】 该虫以成虫和若虫取食咖啡叶片，导致其叶片边缘缺刻。

【分类地位】 短额负蝗（*Atractomorpha sinensis*）属直翅目（Orthoptera）锥头蝗科（Pyrgomorphidae）负蝗属（*Atractomorpha*）。

【寄主植物】 该虫除危害水稻、小麦、玉米、烟草、棉花、芝麻及麻类外，还危害甘薯、甘蔗、白菜、甘蓝、萝卜、豆类、茄子、马铃薯、小粒咖啡等植物及园林花卉植物。

【形态特征】

成虫　体长20 ~ 30mm，头至翅端长30 ~ 48mm，体绿色或褐色；头尖削，绿色型自复眼起斜向下有一条粉红纹，与前、中胸背板两侧下缘的粉红纹衔接；体表有浅黄色瘤状突起；后翅基部红色，端部淡绿色；前翅长度超过后足腿节端部约1/3。

卵　长2.9 ~ 3.8mm，长椭圆形，中间稍凹陷，一端较粗钝，黄褐至深黄色，卵壳表面呈鱼鳞状花纹，卵粒在卵块内倾斜排列成3 ~ 5行，并有胶丝裹成卵囊。

若虫　共5龄。一龄若虫体长0.3 ~ 0.5cm，草绿稍带黄色，前、中足褐色，有棕色环若干，全身布满颗粒状突起；二龄若虫体色逐渐变绿，前、后翅芽可辨；三龄若虫前胸背板稍凹以至平直，翅芽肉眼可见，前、后翅芽未合拢盖住后胸一半至全部；四龄若虫前胸背板后缘中央稍向后突出，后翅翅芽在外侧盖住前翅芽，开始合拢于背上；五龄若虫前胸背面向后方突出较大，形似成虫，翅芽增大到盖住腹部第3节或稍超过。

【发生规律】 该虫1年发生2代，以卵和成虫越冬。4 ~ 8月为成虫活动盛期，干旱年份发生严重，该虫活动范围小，不能远距离传播，善跳跃。成虫羽化2 ~ 3h进入暴食期。

【防治方法】

（1）农业防治。冬季结合咖啡园清园，清除园内枯枝杂草及落叶，集中销毁，破坏其越冬环境；加强水肥管理，提高抗病虫能力；在不影响咖啡植株生长的情况下，保留咖啡植株行间杂草，吸引短额负蝗取食，以减少对咖啡的影响。

（2）生物防治。可保护利用天敌昆虫，控制短额负蝗自然种群。

短额负蝗成虫

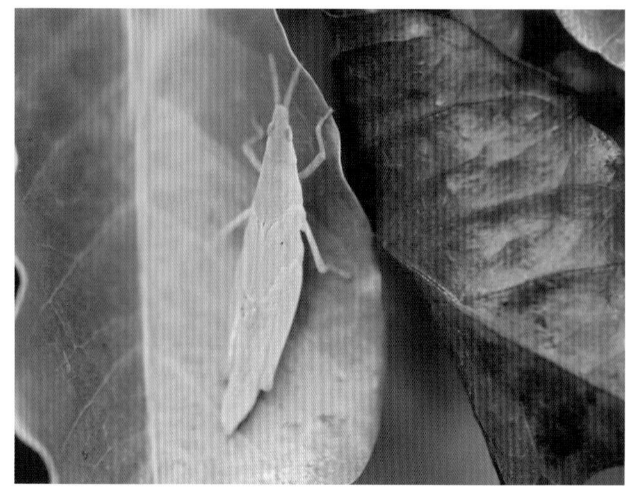

短额负蝗老熟若虫

螽斯科（Tettigoniidae）

1. 褐背露螽斯

【分布】 褐背露螽斯又名褐背露斯和日本条螽。国外分布不详；国内云南咖啡种植区均有分布。

【危害特点】 该虫以成虫和幼虫取食咖啡叶片造成危害，导致咖啡叶片边缘缺刻，但对咖啡生长影响较小。

【分类地位】 褐背露螽斯（*Ducetia japonica*）属直翅目（Orthoptera）螽斯科（Tettigoniidae）条螽属（*Ducetia*）。

【寄主植物】 小粒咖啡及禾本科等植物。

【形态特征】

成虫　头至翅端长32～40mm，体色有翠绿色和淡褐色个体；雄虫体背部至翅端黑褐色；中、后足胫节外侧黑色；雌虫体色单纯，体背不呈黑褐色，各足颜色和体色相同；产卵管宽短弯曲。

褐背露螽斯成虫

【发生规律】 成虫出现于夏至初冬，生活在平地林缘和低海拔山区。夜晚具有趋光性，白天多躲藏于树冠内，偶有爬行至表层叶片，阴雨天不善动。

【防治方法】

（1）人工防治。定期巡园，发现虫害后人工捕捉，以减少虫口数量。

（2）农业防治。在不影响咖啡生长的前提下，保留咖啡行间杂草吸引害虫取食；加强水肥管理，增强咖啡植株生长势；咖啡园间可饲养家禽捕捉害虫。

（3）物理防治。利用成虫趋光性，在咖啡园间设置诱虫灯诱杀成虫。

2. 褐脉螽斯

【分布】 褐脉螽斯俗称喳啦婆、促织、纺织娘、大蟋蟀。国外分布不详；国内云南保山、普洱、临沧、大理、德宏、怒江等咖啡产区均有分布。

【危害特点】 该虫以成虫和幼虫取食咖啡叶片造成危害，导致咖啡叶片边缘缺刻，但对咖啡生长影响较小。

【分类地位】 褐脉螽斯（*Elimaea formosana*）属直翅目（Orthoptera）螽斯科（Tettigoniidae）掩耳螽属（*Elimaea*）。

【寄主植物】 小粒咖啡及禾本科等植物。

【形态特征】

成虫　头到翅端长50～55mm，体色有2型，绿或黄褐色，但翅脉明显褐色；由头顶至背方翅膀末端之狭长部位为黑褐色，后翅长于前翅，翅脉都具有发达的脉纹，各脉室聚集大小不等的斑点，各足腿节和胫节间常具黑斑，但有些个体不明显或无。雌雄成虫外观近似，雄虫体型较小，雄成虫下生殖板呈汤勺状，凹面朝上，雌成虫具产卵管，弯曲不凹陷。

【发生规律】 成虫出现于夏秋两季，属于夜行性昆虫，卵生繁殖，其余生活习性不详。

【防治方法】 同褐背露螽斯。

褐脉螽斯成虫（侧面）

褐脉螽斯成虫（正面）

3. 斑翅草螽

【分布】 分布广泛，国外主要分布于东南亚、南亚、大洋洲、非洲；国内分布于河北、北京、上海、浙江、湖北、湖南、江西、福建、广东、四川、贵州、云南及台湾等省份。

【危害特点】 该虫以成虫和若虫躲藏于咖啡植株内侧取食咖啡叶片，导致叶片缺刻，但危害不严重。

【分类地位】 斑翅草螽（*Conocephalus maculatus*）属直翅目（Orthoptera）螽斯科（Tettigoniidae）草螽亚科（Conocephalinae）草螽属（*Conocephalus*）。

【寄主植物】 小粒咖啡等植物。

【形态特征】

成虫　灵活小型种类，体长39 ~ 44mm，体褐色，翅狭长，翅宽窄无法覆盖整个腹面，翅长为腹部的2倍，翅面具黑褐色的网斑，末端尖狭，前翅短于后翅。

【发生规律】 不详。

【防治方法】

（1）人工防治。清晨该虫不喜动，可在该时期人工捕捉成虫并集中销毁。

（2）农业防治。在咖啡园饲养家禽捕食斑翅草螽。

斑翅草螽成虫

（3）物理防治。利用成虫的趋光性，使用灯光诱杀成虫。

4. 纺织娘

【分布】 分布于东南亚热带地区及中国和日本的南部地区。

【危害特点】 该虫以成虫和若虫取食咖啡叶片、嫩芽及幼嫩浆果，导致叶片缺刻、嫩芽被咬断、果实表皮缺刻，但该虫种群较小，对咖啡危害较小。

【分类地位】 纺织娘（*Mecopoda elongata*）属直翅目（Orthoptera）螽斯科（Tettigoniidae）纺织娘属（*Mecopoda*）。

【寄主植物】 南瓜、丝瓜、桑、柿、核桃、杨树及小粒咖啡等。

【形态特征】

成虫　大型昆虫，体长50～75mm，体褐色或绿色；头顶、前胸背板两侧及前翅的折叠地方黄褐色；头短而圆阔；复眼卵形，褐色，位于触角两侧；触角线状细长，褐色，有些环节有棕黑色斑点，长度超出翅之末端；前胸背板褐色，有2条浅黄色长棘状突起；后足发达，比前足和中足长；腿节成锤状，并有粗且凹的缺刻，下缘有一排刺，其末端两侧各有一刺；胫节细长，横断面成三角形，在其棱上都有一列刺，末端有数个强大的刺；跗节4节，后足跗节下有一棕黑色的垫，第1跗节及第2跗节两侧有一纵沟；前足胫节靠基部有一个长卵形窝状的听器；翅发达，前翅为其体长2倍以上，前翅略短于后翅，中贯粗大的肘，前翅前缘往往有纵列的黑褐色斑纹；静止时左翅折叠于右翅上；雄虫下生殖板末端有三角形缺刻，雌虫产卵器长，但比其身体稍短，成军刀形，末端尖锐。

【发生规律】　该虫喜栖息于凉爽阴暗的草丛或灌丛中，成虫于夏秋季间出现，白天常静伏在枝叶或灌丛下部，黄昏和夜晚爬行至上部枝叶活动和摄食。

【防治方法】

（1）人工防治。该虫虫体巨大，不灵活，容易被发现。可人工捕捉后集中销毁，以减少虫口数量。

（2）农业防治。可在咖啡园饲养家禽捕食纺织娘。

纺织娘成虫（侧面）

纺织娘成虫（正面）

拟叶螽科（Pseudophyllidae）

巨拟叶螽

【分布】　分布于云南的普洱、保山等地。

【危害特点】　该虫以成虫和若虫取食咖啡叶片，导致叶片成缺刻状，但不是危害咖啡的主要害虫。

【分类地位】　巨拟叶螽（*Pseudophyllus titan*）属直翅目（Orthoptera）拟叶螽科（Pseudophyllidae）拟叶螽属（*Pseudophyllus*）。

【寄主植物】　桑科植物及小粒咖啡。

【形态特征】

成虫　我国现存最大的螽斯，体长10cm左右，体硕大粗壮，在螽斯类群中堪称之最。通体绿色，前翅前缘基半部白色；头甚短，头顶小，圆锥形，背面具沟；复眼球形，突出；触角窝周缘甚强地隆起；前胸背板具颗粒状突起，横沟2条，后横沟位于中部之前，后缘角形突出；前翅最宽处位于中部稍偏后，前后缘向端部聚合、Rs脉非常直，R脉和M脉之间近基部具圆形的翅痣；后翅长于前翅，端部革质，与前翅同色，其余淡色透明；中足和后足腿节背面具刺，后足胫节背面外隆线缺刺，内缘具5 ~ 6个基部强扩大的刺，腹面外隆线具7 ~ 8个同样的刺，具6个内隆线。

【发生规律】 该虫喜食桑科植物，如黄金榕、无花果等，其经常生活于树上和咖啡丛内，雄性叫声响亮，甚至可以超过一般的蝉，成虫活动较缓慢。若虫具有群集特性。

【防治方法】

（1）人工防治。利用成虫不善跳跃的特性，人工捕捉成虫并集中销毁。

巨拟叶螽成虫

（2）农业防治。加强咖啡园水肥管理，增强咖啡生长势，提高抗虫能力。

（3）生物防治。保护利用天敌昆虫，控制害虫自然种群。

树蟋科（Oecanthidae）

中华树蟋

【分布】 中华树蟋又名竹蛉、台湾树蟋、印度树蟋。国外分布于马来西亚、印度、菲律宾等国家；国内分布于广东、海南、福建、江苏、台湾及云南等省份。

【危害特点】 主要以成虫和若虫取食咖啡幼嫩组织造成危害，导致植株叶片受损，出现缺刻，但对咖啡生长和产量影响不大；偶尔雌成虫也会在枝条上钻孔产卵，导致被寄生枝条发育不良，易折断。

【分类地位】 中华树蟋（*Oecanthus sinensis*）属直翅目（Orthoptera）树蟋科（Oecanthidae）树蟋属（*Oecanthus*）。

【寄主植物】 该虫食性杂，喜食禾本科、藜科及十字花科等植物，偶有取食茜草科小粒咖啡幼嫩组织。

【形态特征】

成虫　体长12 ~ 14mm，浅土黄色，柔软，口器下口式；下颚须、下唇须各1对，下颚须5节，2节粗短，3 ~ 5节细长，下唇须3节；复眼发达，椭圆形，黄褐色，着生于触角窝的后下方；触角丝状，长度是体长的2倍；前胸背板长是宽的1.5倍；前、后翅均薄如纸，透明，且均超过腹末，后翅端部露出前翅；前、中足细而短，前足胫节具1对听器，跗节3节；后足特长，胫节背方有2列齿，端部2枚长刺，跗节4节。雄虫似琵琶形，前翅前狭后宽，发音膜大而明显，圆形，内有2条横脉，尾须2根，端部微弯，布满绒毛；雌虫似梭形，前翅狭长，产卵器平直，剑状，长8 ~ 10mm，超过尾须，末端有3枚黑褐色钝齿。

若虫　黄褐色，形态同成虫，柔软，体长5 ~ 6mm，大小如小蚊子，无翅，触角33节，超过体长。

卵　圆桶形，光滑，半透明，黄白色，长3 ~ 4mm，孵化前乳白色。

【发生规律】 该虫1年发生1代，以卵在寄主植物枝条内越冬。翌年5月可见若虫；7月上旬至9月下旬为成虫发生期；8月中旬成虫开始陆续产卵；10月后开始陆续越冬。雌成虫产卵后分泌白色的胶状物覆盖在产卵孔上，产卵孔排成行，间距10mm左右，每个产卵孔内有2 ~ 5粒卵。成虫基本不活动，以跳跃为主，喜藏于杂草、土块缝隙或叶片背面。

【防治方法】

（1）人工防治。成虫发生期，在清晨人工捕捉成虫并进行集中销毁，以减少成虫数量。

（2）农业防治。在咖啡植株行间套作绿肥植物，吸引中华树蟋取食，以减少其对咖啡的危害；加强咖啡园水肥管理，清除生长不良的枝条，提高咖啡植株抗病虫能力。

（3）生物防治。保护利用天敌昆虫，控制中华树蟋自然种群。

中华树蟋成虫

柄眼目（Stylommatophora）

巴蜗牛科（Bradybaenidae）

同型巴蜗牛

【分布】 同型巴蜗牛又名旱螺、小螺蛳、山螺丝、蜗牛等。国外分布不详；国内主要分布于黄河流域、长江流域及华南各省份等。

【危害特点】 取食咖啡茎、叶、浆果，造成枝条皮层受损，叶片缺刻或孔洞，叶片枯黄；果实受害后果皮现灰白色疤痕，严重时可钻食果肉，导致果实脱落，同时分泌黏液，污染果面。

【分类地位】 同型巴蜗牛（*Bradybaena similaris*）属柄眼目（Stylommatophora）巴蜗牛科（Bradybaenidae）巴蜗牛属（*Bradybaena*）。

【寄主植物】 该虫的寄主有紫薇、芍药、海棠、玫瑰、月季、蔷薇、白蜡等观赏植物，白菜、萝卜、甘蓝、花椰菜等多种蔬菜，柑橘、杧果、小粒咖啡等多种经济作物。

【形态特征】

成贝　雌雄同型，螺壳扁球形，高约12.0mm，直径约14.1mm；黄褐色，上有褐色花纹，具5～6个螺层，壳口马蹄形，脐孔圆孔状；体柔软，头上2对触角，前触角较短，有嗅觉功能，后触角较长，顶端有眼；腹部两侧有扁平足，体多为灰白色，休息时身体缩入壳内。

卵　白色，球形，为石灰质外壳，具光泽，孵化前为土黄色。

幼贝　体较小，形同成贝，壳薄，半透明，淡黄色，常多只群集成堆。

【发生规律】 同型巴蜗牛1年发生1代，以成贝在草丛中、落叶下、树皮下和土石块下越冬。越冬成贝于翌年3月上中旬开始活动，并取食危害，4月开始交配产卵。一生可多次产卵，每次产卵30～60粒，成堆。卵多产于疏松而又潮湿的土壤中或枯枝落叶下。田间4～10月均可见到卵，但以4～5月和9月卵量最大。卵期14～31d，若土壤干燥，则卵不孵化。如果将卵翻至地面接触空气，则易爆裂。蜗牛喜潮湿，阴雨天昼夜均能活动危害。在干旱条件下，白天潜伏，夜间活动。至盛夏干旱季节或遇严重不良的气候，便隐蔽起来，通常分泌黏液形成蜡状膜将口封住，暂时不吃不动，气候适宜后又恢复活动。主要危害期是5～7月和9～12月。蜗牛行动迟缓，凡爬行过的地方，均可见分泌有黏液的痕迹。

【防治方法】

（1）农业防治。蜗牛上树前，使用塑料薄膜以裙形包裹树干中部，阻止蜗牛上树，并及时消灭薄膜内的蜗牛；剪除下垂至地面的枝条，切断蜗牛上树的途径；蜗牛发生期，在果园饲养鹅和鸡等家禽捕食蜗牛。

（2）化学防治。蜗牛盛发期，每667m^{2}使用6%密达颗粒剂（灭蜗灵）465～665g拌土10～15kg于傍晚在咖啡树下撒施。

同型巴蜗牛危害嫩枝

同型巴蜗牛成虫危害幼果

同型巴蜗牛成虫取食咖啡浆果

玛瑙螺科（Achatinidae）

非洲大蜗牛

【分布】 非洲大蜗牛又名褐云玛瑙螺。原产于非洲东部，现国外分布于日本、越南、老挝、柬埔寨、马来西亚、新加坡、菲律宾、印度尼西亚、印度、斯里兰卡、西班牙、马达加斯加、塞舌尔、毛里求斯、北马里亚纳群岛、加拿大、美国；国内分布于福建、广东、广西、云南、海南、台湾等省份。

【危害特点】 非洲蜗牛以成贝和幼贝取食咖啡叶片、浆果造成危害，导致叶片缺刻或孔洞，浆果果

肉被取食后导致浆果发霉，爬行过后在叶片及枝条上遗留黏液。

【分类地位】 非洲大蜗牛（*Achatina fulica*）属柄眼目（Stylommatophora）玛瑙螺科（Achatinidae）玛瑙螺属（*Achatina*）。

【寄主植物】 非洲大蜗牛可危害农作物、林木、果树、蔬菜、花卉等植物，饥饿时也取食纸张和同伴尸体，甚至能啃食和消化水泥，可危害包括小粒咖啡等500多种作物。

【形态特征】

成贝　非洲大蜗牛贝壳大型，通常体长7～8cm，最大可达20cm，重可达32g；贝壳狭窄、锥形，长宽比约为2∶1；壳质稍厚，有光泽，呈长卵圆形；壳高130mm、宽54mm，7～9个螺层，螺旋部呈圆锥形；体螺层膨大，其高度约为壳高的3/4；壳顶尖，缝合线深；壳面为黄或深黄底色，带有焦褐色雾状花纹；胚壳一般呈玉白色，其他各螺层有棕色条纹；生长线粗而明显，壳内为淡紫色或蓝白色，体螺层上的螺纹不明显，中部各螺层的螺层与生长线交错；壳口呈卵圆形，口缘简单，完整；外唇薄而锋利，易碎，内唇贴缩于体螺层上，形成S形的蓝白色胼胝部，轴缘外折，无脐孔；足部肌肉发达，背面呈暗棕黑色，遮面呈灰黄色，其黏液无色。

非洲大蜗牛危害咖啡

【发生规律】 适合非洲大蜗牛生长、繁殖的地区为海拔800m以下的低热河谷区。非洲大蜗牛生活的适宜气温为15～38℃，土壤相对湿度为45%～85%；最适宜的气温为20～32℃，土壤相对湿度为55%～75%。当气温低于14℃、土壤相对湿度低于40%，或气温超过39℃、土壤相对湿度达90%以上时，非洲大蜗牛即产生蜡封进行休眠或滞育。非洲大蜗牛具有昼伏夜出性、群居性，喜阴湿环境。白天栖息于阴暗潮湿的隐蔽处和藏匿于腐殖质多而疏松的土壤下、垃圾堆中、枯草堆内、土洞内或乱石穴内。20：00以后开始爬出活动，21：00～23：00是活动高峰；翌日5：00左右返回原居地或就近隐藏起来。畏光怕热，最怕阳光直射。该种雌雄同体，异体交配，繁殖力强。交配时间在21：30～23：00，卵产于腐殖质多而潮湿的表土下1～2cm的土层中或较潮湿的枯草堆、垃圾堆中。每年可产卵4次，每次产卵150～300粒。初孵的幼贝不取食，3～4d后开始取食，经5～6个月性发育成熟，成贝寿命一般为5～6年，最长可达9年。

【防治方法】 蜗牛高发期，可人工捕捉并集中销毁。其他同同型巴蜗牛。

蛞蝓科（Limacidae）

野蛞蝓

【分布】 分布于欧洲、美洲、亚洲。国内分布于广东、海南、广西、福建、浙江、江苏、安徽、湖南、湖北、江西、贵州、云南、四川、河南、河北、北京、西藏、辽宁、新疆、内蒙古等省份。

【危害特点】 虫体取食咖啡幼嫩叶片，导致叶片表面出现孔洞。

【分类地位】 野蛞蝓（*Agriolimax agrestis*）属柄眼目（Stylommatophora）蛞蝓科（Limacidae）野蛞蝓属（*Agriolimax*）。

【寄主植物】 该虫食性杂，寄主植物众多，可危害果树、蔬菜、经济作物，如柑橘和小粒咖啡等。

【形态特征】

成虫　体伸直时体长30～60mm，体宽4～6mm，长梭形，柔软、光滑而无外壳，体表暗黑色、暗灰色、黄白色或灰红色；触角2对，暗黑色，下边一对短，约1mm，称前触角，有感觉作用，上边一对长约4mm，称后触角，端部具眼；口腔内有角质齿舌；体背前端具外套膜，为体长的1/3，边缘卷起，其内有退化的贝壳（即盾板），上有明显的同心圆线，即生长线，同心圆线中心在外套膜后端偏右；呼吸孔在体右侧前方，其上有细小的色线环绕；黏液无色，在右触角后方约2mm处为生殖孔。

卵　椭圆形，韧而富有弹性，直径2.0 ~ 2.5mm，白色透明可见卵核，近孵化时色变深。

幼虫　初孵幼虫体长2.0 ~ 2.5mm，淡褐色，体形同成虫。

【发生规律】 以成虫体或幼体在作物根部湿土下越冬。5 ~ 7月在田间大量活动危害，入夏气温升高，活动减弱，秋季气候凉爽后，又活动危害。在南方每年4 ~ 6月和9 ~ 11月有2个活动高峰期，在北方7 ~ 9月危害较重。喜欢在潮湿、低洼橘园中危害，梅雨季节是危害盛期。完成一个世代约250d，5 ~ 7月产卵，卵期16 ~ 17d，从孵化至成贝性成熟约55d，产卵期可长达160 d。野蛞蝓雌雄同体，异体受精，亦可同体受精繁殖。卵产于湿度大有隐蔽的土缝中，每隔1 ~ 2d产一次，每次1 ~ 32粒，每处产卵10粒左右，平均产卵量为400余粒。野蛞蝓怕光，强光下2 ~ 3h即死亡，因此均夜间活动，从傍晚开始出动，22：00 ~ 23：00时达高峰，清晨之前又陆续潜入土中或隐蔽处。耐饥力强，在食物缺乏或不良条件下能不吃不动。阴暗潮湿的环境易于大发生，当气温11.5 ~ 18.5℃、土壤含水量为20% ~ 30%时，对其生长发育最为有利。生活环境为陆地，常生活于山区、丘陵、农田及住宅附近以及寺庙、公园等阴暗潮湿、多腐殖质处。

【防治方法】

（1）农业防治。定期对咖啡园进行除草，保持咖啡园清洁，破坏野蛞蝓滋生场所；在咖啡园周围撒上石灰粉，阻止野蛞蝓进入咖啡园危害。

（2）化学防治。在雨后或傍晚，每667m^{2}用6%密达颗粒剂500 ~ 600g拌细沙5kg，均匀撒施，有较好防控效果。

野蛞蝓成虫危害叶片

野蛞蝓成虫危害嫩枝

竹节虫目（Phasmatodea）

蛸科（Phasmatidae）

短角枝蛸

【分布】 采集于云南省保山市隆阳区潞江镇岭干村。

【危害特点】 以成虫和若虫取食咖啡叶片和叶柄，导致叶片缺刻或脱落，影响植株生长。

【形态特征】

成虫 体长95 ~ 100mm，体呈绿色，触角分节明显，触角远短于前足腿节，头部无角凹。雌虫腿节基部具明显锯齿，触角长于前股节，但不超过体长，中、后足腿节腹脊有明显锯齿。

短角枝䗛成虫

【分类地位】 短角枝䗛（*Ramulus* sp.）属竹节虫目（Phasmatodea）䗛科（Phasmatidae）短角枝䗛属（*Ramulus*）。

【寄主植物】 小粒咖啡。

【发生规律】 该虫较为少见，成虫多夏秋两季出现，静止时栖息在咖啡植株叶丛内部，体色与植株叶色相近，不容易发现。

【防治方法】

（1）人工防治。成虫移动速度慢，可直接人工捕捉成虫并集中销毁。

（2）农业防治。加强咖啡园水肥管理，提高咖啡植株抗虫能力。

（3）生物防治。保护利用天敌以捕食害虫，如鸟类。

三、小粒咖啡草害

小粒咖啡草害种类

车前科（Plantaginaceae）

平车前

平车前（*Plantago depressa*）属车前科（Plantaginaceae）车前属（*Plantago*），又名车前草、车串串及小车前。

【分布】 国内分布于西藏、江西、湖北、云南、北京、安徽、四川、甘肃、山东、新疆、江苏、内蒙古、青海、辽宁、天津、吉林、黑龙江、宁夏、河北、山西、河南等省份。

【危害特点】 该草属咖啡园常见杂草，多生长于潮湿的洼地，根系较为发达，常与咖啡存在营养竞争关系，导致咖啡植株生长缓慢，但不致死。

【形态特征】 主根不明显，多具侧根，肉质。根茎短；叶基生呈莲座状，纸质，椭圆形、椭圆状披针形或卵状披针形，长3～12cm，先端急尖或微钝，基部楔形，下延至叶柄，边缘具浅波状钝齿、不规则锯齿或牙齿，脉5～7条，两面疏生白色短柔毛；叶柄长2～6cm，基部扩大成鞘状。穗状花序3～10

平车前各部位形态

平车前

个，上部密集，基部常间断，长6 ~ 12cm；花序梗长5 ~ 18cm，疏生白色短柔毛；苞片三角状卵形，无毛，龙骨突宽厚；萼片龙骨突宽厚，不延至顶端；花冠白色，无毛，花冠筒等长或稍长于萼片，裂片长0.5 ~ 1.0mm，花后反折；雄蕊着生于花冠筒内面近顶端，同花柱明显外伸，花药顶端具宽三角状小突起，鲜时白或绿白色，干后变淡褐色；胚珠5个。蒴果卵状椭圆形或圆锥状卵形，长4 ~ 5mm，于基部上方周裂。种子4粒，椭圆形，腹面平坦，长1.2 ~ 1.8mm，子叶背腹向排列。

【生物学特性】 一年生或两年生草本植物，花期5 ~ 7月，果期7 ~ 9月，以种子进行繁殖。

列当科（Orobanchaceae）

钟萼草

钟萼草（*Lindenbergia philippensis*）属列当科（Orobanchaceae）钟萼草属（*Lindenbergia*）。

【分布】 国外分布于印度、缅甸、泰国及菲律宾等国家；国内分布于云南、贵州、广西、广东、湖南、湖北等省份。

【危害特点】 该草为高海拔咖啡园常见杂草，株型高大，常与咖啡植株存在明显的光照竞争关系，导致咖啡植株生长缓慢或徒长、不壮。

【形态特征】 株高超过1m，株形粗壮、直立，全株被腺毛。叶较密，卵形或卵状披针形，长2 ~ 8cm，先端尖，基部窄楔形，边缘具锯齿；叶柄长0.6 ~ 1.2cm。穗状总状花序长6 ~ 20cm，花密集；花萼长约5mm，萼片钻状三角形，与萼筒等长；花冠长约1.5cm，黄色，下唇有紫斑，外面多少被毛，上唇顶端近平截或凹缺，下唇较长，有褶皱；花药具柄；子房顶端及花柱基部被毛。蒴果长卵形，长5 ~ 6mm，密被棕色梗毛。种子长约0.5mm，黄色，粗糙。

【生物学特性】 多年生草本植物，花果期11月至翌年3月，以种子进行繁殖，多生长于海拔1 200 ~ 2 600m较为干旱的山地。

钟萼草各部位形态

唇形科（Lamiaceae）

1. 藿香

藿香（*Agastache rugosa*）属唇形科（Lamiaceae）藿香属（*Agastache*），俗称茴藁、兜娄婆香、排香草、青茎薄荷、水麻叶、紫苏草、鱼香、白薄荷、鸡苏、大薄荷、苏藿香。

【分布】 国外分布于俄罗斯、朝鲜、日本及北美洲；国内几乎全国各地均有分布。

【危害特点】 该草因株型高大而对咖啡植株光照影响较大，严重发生时导致植株生长不良。

【形态特征】 株高1.5m，径7 ~ 8mm，茎上部被细柔毛，分枝，下部无毛。叶心状卵形或长圆状披针形，长4.5 ~ 11.0cm，先端尾尖，基部心形，稀平截，具粗齿，上面近无毛，下面被微柔毛及腺点；叶柄长1.5 ~ 3.5cm。穗状花序密集，长2.5 ~ 12cm；苞叶披针状线形，长不超过5mm；花萼稍带淡紫或紫红色，管状倒锥形，长约6mm，被腺微柔毛

藿香各部位形态

及黄色腺点，喉部微斜，萼齿三角状披针形；花冠淡紫蓝色，被微柔毛，冠筒基径约1.2mm，喉部径约3mm，上唇先端微缺，下唇中裂片长约2mm，边缘波状，侧裂片半圆形。小坚果褐色，卵球状长圆形，长1.8mm，腹面具棱，顶端被微硬毛。

【生物学特性】 多年生草本植物，植株高大，花期6～9月，果期9～11月，以种子进行繁殖。

2. 石荠苎

石荠苎（*Mosla scabra*）属唇形科（Labiatae）石荠苎属（*Mosla*），俗名斑点荠苎、水苋菜、月斑草、野棉花、蜻蜓花、野升麻、沙虫药、土香茹草、野荆芥、野薄荷等。

【分布】 国外分布于越南北部及日本；国内分布于辽宁、陕西、甘肃、河南、江苏、安徽、浙江、江西、湖南、湖北、四川、福建、台湾、广东、广西等省份。

【危害特点】 该草为海拔1 200m以下咖啡园常见杂草，主要与咖啡植株争夺水肥，导致植株生长不良。

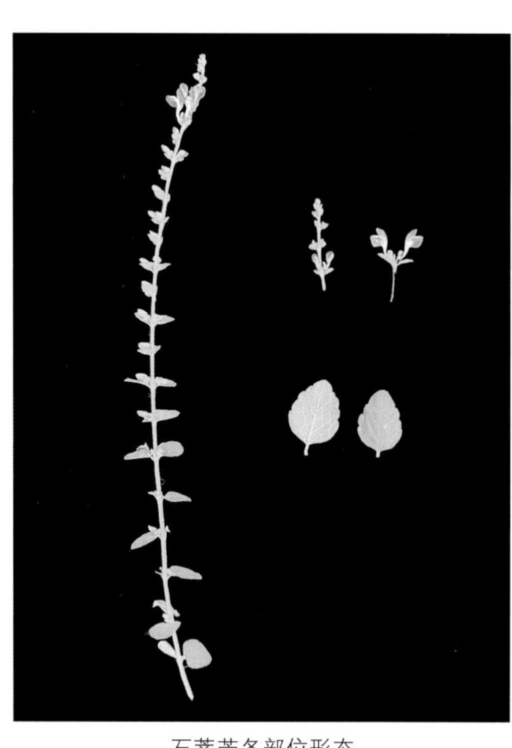

石荠苎各部位形态

【形态特征】 株高20～100cm，多分枝，分枝纤细，茎、枝呈四棱状，具细条纹，密被短柔毛。叶卵形或卵状披针形，大小为（1.5～3.5）cm×（0.9～1.7）cm，先端急尖或钝，基部圆形或宽楔形，边缘近基部全缘，自基部以上为锯齿状，纸质，上面橄绿色，被灰色微柔毛，下面灰白色，密布凹陷腺点，近无毛或被极疏短柔毛；叶柄长3～20mm，被短柔毛。总状花序生于主茎及侧枝上，长2.5～15.0cm；苞片卵形，长2.7～3.5mm，先端尾状渐尖，花时及果时均超过花梗；花梗花时长约1mm，果时长约3mm，与序轴密被灰白色小疏柔毛；花萼钟形，大小约为2.5mm×2mm，外面被疏柔毛，二唇形，上唇3齿呈卵状披针形，先端渐尖，中齿略小，下唇2齿，线形，先端锐尖，果时花萼大小约为4mm×3mm，脉纹明显。小坚果黄褐色，球形，直径约1mm，具深雕纹。

【生物学特性】 一年生草本植物，5月左右开始陆续进入花期，10月左右种子成熟，以种子进行繁殖，多生长于海拔1 200m以下的山地。

酢浆草科（Oxalidaceae）

1. 酢浆草

酢浆草（*Oxalis corniculata*）属酢浆草科（Oxalidaceae）酢浆草属（*Oxalis*），俗名酸三叶、酸醋酱、鸠酸、酸味草。

【分布】 分布广泛，亚洲温带和亚热带地区、欧洲、地中海和北美洲均有分布。

【危害特点】 酢浆草对未投产咖啡园影响较大，以匍匐枝附于幼龄植株主干基部，导致植株生长不良。

【形态特征】 株高35cm，全株被柔毛。根茎稍肥厚，茎细弱，直立或匍匐生长。叶基生，茎生叶互生，小叶3个，倒心形，先端凹下。花单生或数朵组成伞形花序状，花序梗与叶近等长；萼片5片，披针形或长圆状披针形，长3～5mm，背面和边缘被柔毛；花瓣5瓣，黄色，长圆状倒卵形，长6～8mm；雄蕊10枚，基部合生，长短互间；子房5室，被伏毛，花柱5枚，柱头头状。蒴果长圆柱形，具5棱。

【生物学特性】 一年生草本植物，花果同期，2～9月均可见花果，植株较矮小，直立或匍匐于地面，以种子进行繁殖，成熟期种子轻触后炸裂，向周围飞溅，多见于湿度较大的咖啡园。

酢浆草各部位形态

酢浆草

2. 红花酢浆草

红花酢浆草（*Oxalis corymbosa*）属酢浆草科（Oxalidaceae）酢浆草属（*Oxalis*），俗名多花酢浆草、紫花酢浆草、南天七、铜锤草、大酸味草。

【分布】 原产南美热带地区，中国长江以北各地作为观赏植物引入，南方各地已逸为野生。国内主要分布于河北、陕西、华东、华中、华南、四川和云南等地。

【危害特点】 该草属咖啡园常见杂草，繁殖速度快，对咖啡幼龄植株影响较大，对成龄树基本没有影响。

【形态特征】 具球状鳞茎，叶基生，小叶3个，扁圆状倒心形，大小为（1.0～4.0）cm×（1.5～6.0）cm，先端凹缺，两侧角圆，基部宽楔形，上面被毛或近无毛，下面疏被毛；托叶长圆形，与叶柄基部合生。花序梗长10～40cm，被毛；花梗长0.5～2.5cm，花梗具披针形干膜质苞片2枚；萼片5，披针形，长4～7mm，顶端具暗红色小腺体2枚；花瓣5，倒心形，长1.5～2.0cm，淡紫或紫红色；雄蕊10枚，其中，5枚超出花柱，5枚达子房中部，花丝被长柔毛；子房5室，花柱5枚，被锈色长柔毛。

【生物学特性】 多年生直立草本植物，以种子和块根进行繁殖，花果期同期，3～12月均可见花果。

红花酢浆草花及叶片形态

红花酢浆草

大戟科（Euphorbiaceae）

1. 地锦草

地锦草（*Euphorbia humifusa*）属大戟科（Euphorbiaceae）大戟属（*Euphorbia*），俗名千根草、小虫儿卧单、血见愁草、草血竭、小红筋草、奶汁草、红丝草。

地锦草

【分布】 广泛分布于欧亚大陆。国内除海南省外其他各地均有分布。

【危害特点】 该草属咖啡园常见杂草，主要与咖啡植株争肥争水，导致咖啡植株生长不良，但对咖啡植株影响较小。

【形态特征】 根径2 ~ 3mm，匍匐生长，茎基部以上多分枝，稀先端斜上伸展，基部常红或淡红色，长达20cm，被柔毛。叶对生，矩圆形或椭圆形，大小为（5 ~ 10）mm×（3 ~ 6）mm，先端钝圆，基部偏斜，略渐狭，边缘常于中部以上具细锯齿；叶面绿色，叶背淡绿色，有时淡红色，两面被疏柔毛；叶柄极短，长1 ~ 2mm。花序单生叶腋；总苞陀螺状，边缘4裂，裂片三角形，腺体4，长圆形，边缘具白或淡红色肾形附属物；雄花数枚，与总苞边缘近等长；雌花1朵，子房柄伸至总苞边缘；子房无毛；花柱分离。蒴果三棱状卵球形，长约2mm，直径约2.2mm，成熟时分裂为3片，花柱宿存。种子三棱状卵球形，长约1.3mm，直径约0.9mm，灰色，每个棱面无横沟，无种阜。

【生物学特性】 一年生草本植物，花果期5 ~ 10月，以种子进行繁殖，常见于原野荒地、道路两旁、田间、沙丘及山地等生境。

2. 飞扬草

飞扬草（*Euphorbia hirta*）属大戟科（Euphorbiaceae）大戟属（*Euphorbia*），俗名飞相草、乳籽草、大飞扬。

【分布】 该草原产于印度，现广泛分布于世界热带和亚热带区域。国内分布于江西、湖南、福建、台湾、广东、广西、海南、四川、贵州和云南等省份。

【危害特点】 该草属咖啡园常见杂草种类，主要与咖啡植株争夺水肥，但因其株型矮小，根系不发达，对咖啡植株生长影响较弱。

【形态特征】 根径3 ~ 5mm，常不分枝，偶有3 ~ 5个分枝。茎自中部向上分枝或不分枝，高达60cm，被褐色或黄褐色粗硬毛。叶对生，披针状长圆形、长椭圆状卵形或卵状披针形，长1 ~ 5cm，中上部有细齿，中下部较少或全缘，下面有时具紫斑，两面被柔毛；叶柄极短。花序多数，于叶腋处密集成头状，无梗或具极短梗，被柔毛；总苞钟状，被柔毛，边缘5裂，裂片三角状卵形，腺体4，近杯状，边缘具白色倒三角形附属物；雄花数枚，微达总苞边缘；雌花1朵，具短梗，伸出总苞；子房三棱状，被疏柔毛；花柱分离。蒴果三棱状，长与径均1.0 ~ 1.5mm，被短柔毛。种子近圆形，具4棱，棱面数个纵槽，无种阜。

【生物学特性】 一年生草本植物，花果期6 ~ 12月，以种子进行繁殖，喜沙质土，多见于路旁、草丛中、小灌丛中及山坡上。

飞扬草地上及地下部位形态

飞扬草

3. 南欧大戟

南欧大戟（*Euphorbia peplus*）属大戟科（Euphorbiaceae）大戟属（*Euphorbia*）。

【分布】 原产地中海沿岸，现广泛分布于亚洲、美洲和澳大利亚。国内台湾、广东、香港、福建、广西和云南等地均有分布。

【危害特点】 该草为咖啡园常见杂草种类，主要是与咖啡植株争夺养分，但对咖啡植株生长影响较小。

【形态特征】 根纤细，长6 ~ 8cm，直径1 ~ 2mm，下部多分枝。茎单一或自基部多分枝，斜向上开展，高20 ~ 28cm，直径约2mm。叶互生，倒卵形至匙形，大小为（1.5 ~ 4.0）mm×（7.0 ~ 18.0）mm，先端钝圆、平截或微凹，基部楔形，边缘自中部以上具细锯齿，常无毛；叶柄长1 ~ 3mm或无；总苞叶3 ~ 4枚，与茎生叶同形或相似；苞叶2枚，与茎生叶同形。花序单生二歧分枝顶端，基部近无柄；总苞杯状，高与直径均约1mm，边缘4裂，裂片钝圆，边缘具睫毛；腺体4，新月形，先端具两角，黄绿色。雄花数枚，常不伸出总苞外；雌花1朵，子房柄长2.0 ~ 3.5mm，明显伸出总苞外；子房具3纵棱，光滑无毛；花柱3枚，分离；柱头2裂。蒴果三棱状球形，长与直径均2.0 ~ 2.5mm，无毛。种子卵棱状，长1.2 ~ 1.3mm，直径0.7 ~ 0.8mm，具纵棱，每个棱面上有规则排列的2 ~ 3个小孔，灰色或灰白色；种阜黄白色，盾状，无柄。

南欧大戟及叶片形态

【生物学特性】 一年生草本植物，株型矮小，花果期2 ~ 10月，以种子进行繁殖，多见于路旁、房屋周围及草地上。

豆科（Fabaceae）

1. 蝶豆

蝶豆（*Clitoria ternatea*）属豆科（Fabaceae）蝶豆属（*Clitoria*），俗称蝴蝶花豆、蓝花豆、蓝蝴蝶、蝴蝶豆。

【分布】 原产于印度，现世界各热带地区均有分布。国内分布于广东、海南、广西、云南、台湾、浙江、福建等省份。

【危害特点】 该草主要通过与咖啡植株争夺水肥或用藤蔓缠绕咖啡植株造成危害，其中藤蔓缠绕危害较为严重，轻则导致植株生长弯曲变形，重则导致死亡。

【形态特征】 茎、小枝纤弱，被脱落性贴伏短柔毛。叶长2.5 ~ 5.0cm；托叶小，线形，长2 ~ 5mm；叶柄长1.5 ~ 3.0cm；总叶轴上面具细沟纹；小叶5 ~ 7，但通常为5，薄纸质或近膜质，宽椭圆形或有时近卵形，长2.5 ~ 5.0cm，宽1.5 ~ 3.5cm，先端钝，微凹，常具细微的小凸尖，基部钝，两面疏被贴伏的短柔毛或有时无毛，干后带绿色或绿褐色；小托叶小，刚毛状；小叶柄长1 ~ 2mm，叶柄和叶轴均被短柔毛。花大，单朵腋生；苞片2，披针形；小苞片大，膜质，近圆形，绿色，直径5 ~ 8mm，有明显的网脉；花萼膜质，长1.5 ~ 2.0cm，有纵脉，5裂，裂片披针形，长不及萼管的1/2；先端具凸尖；花冠蓝色、粉红色或白色，长可至5.5cm，旗瓣宽倒卵形，直径约3cm，中央有一白色或橙黄色浅晕，基部渐狭，具短瓣柄，翼瓣与龙骨瓣远较旗瓣为小，均具柄，翼瓣倒卵状长圆形，龙骨瓣椭圆形；雄蕊二体；子房被短柔毛。荚果大小约为（5 ~ 11）cm ×（0.8 ~ 1.0）cm，扁平，具长喙，有种子6 ~ 10粒；种子长圆形，大小约6mm × 4mm，黑色，具明显种阜。

【生物学特性】 攀缘状草质藤本植物，全株可作绿肥，根和种子有毒，花果期7 ~ 11月，以种子进行繁殖。

蝶豆各部位形态

蝶豆

2. 广布野豌豆

广布野豌豆（*Vicia cracca*）属豆科（Fabaceae）野豌豆属（*Vicia*），俗称鬼豆角、落豆秧、草藤、灰野豌豆。

【分布】 分布广泛，几乎全国各地均有分布。

【危害特点】 该物种可作为绿肥植物，当密度过高或枝叶繁茂时会与咖啡植株争夺水肥，导致咖啡幼树被覆盖，使植株生长弯曲或死亡。

【形态特征】 高40 ~ 150cm，根细长，多分枝。茎攀缘或蔓生，有棱，被柔毛。偶数羽状复叶，叶轴顶端卷须有2 ~ 3分枝；托叶半箭头形或戟形，上部2深裂；小叶5 ~ 12对互生，线形、长圆或披针状线形，长1.1 ~ 3.0cm，宽0.2 ~ 0.4cm，先端锐尖或圆形，具短尖头，基部近圆或近楔形，全缘；叶脉稀疏，呈三出脉状，不甚清晰。总状花序与叶轴近等长，花多数，10 ~ 40朵密集同向着生于总花序轴上部；花萼钟状，萼齿5，近三角状披针形；花冠紫色、蓝紫色或紫红色，长0.8 ~ 1.5cm；旗瓣长圆形，中部缢缩呈提琴形，先端微缺，瓣柄与瓣片近等长；翼瓣与旗瓣近等长，明显长于龙骨瓣先端；子房有柄，胚珠4 ~ 7，花柱弯与子房连接处呈大于90°夹角，上部四周被毛。荚果长圆形或长圆菱形，长2.0 ~ 2.5cm，宽约0.5cm，先端有喙，果梗长约0.3cm。种子3 ~ 6粒，扁圆球形，直径约0.2cm，种皮黑褐色，种脐长相当于种子周长的1/3。

【生物学特性】 一年生草本植物，花果期5 ~ 9月，以种子进行繁殖。

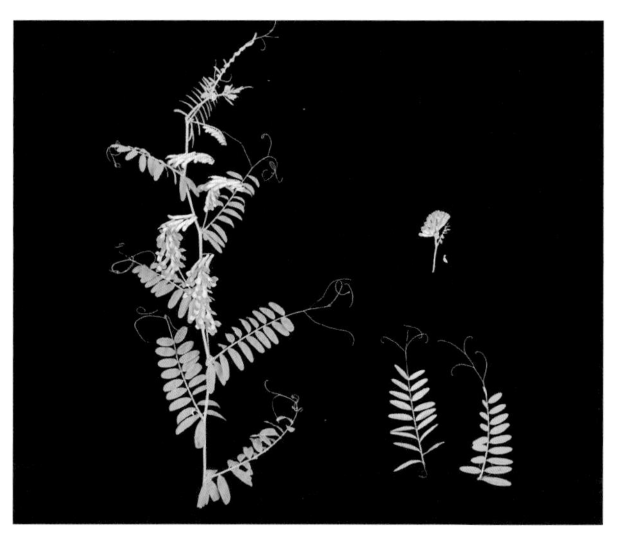

广布野豌豆各部位形态

广布野豌豆

3. 假地蓝

假地蓝（*Crotalaria ferruginea*）属豆科（Fabaceae）猪屎豆属（*Crotalaria*），俗名黄花野百合、野花生、大响铃豆。

【分布】 国外分布于印度、尼泊尔、斯里兰卡、缅甸、泰国、老挝、越南、马来西亚等国家；国内分布于江苏、安徽、浙江、江西、湖南、湖北、福建、台湾、广东、广西、四川、贵州、云南、西藏。

【危害特点】 该草属咖啡园常见杂草，主要与咖啡植株争夺水肥，但对咖啡植株生长影响较小。

【形态特征】 草本，基部常木质，高60 ~ 120cm；茎直立或匍匐，具多分枝，被棕黄色伸展的长柔毛。托叶披针形或三角状披针形，长5 ~ 8mm；单叶，叶片椭圆形，大小为（2 ~ 6）cm×（1 ~ 3）cm，两面被毛，尤以叶下面叶脉上的毛更密，先端钝或渐尖，基部略楔形，侧脉隐见。总状花序顶生或腋生，有花2 ~ 6朵；苞片披针形，长2 ~ 4mm，小苞片与苞片同形，生萼筒基部；花梗长3 ~ 5mm；花萼二唇形，长10 ~ 12mm，密被粗糙的长柔毛，深裂，几达基部，萼齿披针形；花冠黄色，旗瓣长椭圆形，长8 ~ 10mm，翼瓣长圆形，长约8mm，龙骨瓣与翼瓣等长，中部以上变狭形成长喙，包被萼内或与之等长；子房无柄。荚果长圆形，无毛，长2 ~ 3cm；种子20 ~ 30粒。

【生物学特性】 一年生草本植物，以种子进行繁殖，花果期6 ~ 12月，主要分布于海拔400 ~ 1 000m的山坡疏林及荒山草地。

假地蓝及其叶片形态

假地蓝

4. 蔓草虫豆

蔓草虫豆（*Cajanus scarabaeoides*）属豆科（Fabaceae）木豆属（*Cajanus*），俗名虫豆、白蔓草虫豆。

【分布】 国外日本、越南、泰国、缅甸、不丹、尼泊尔、孟加拉国、印度、斯里兰卡、巴基斯坦、马来西亚、印度尼西亚、大洋洲乃至非洲均有分布；国内分布于江苏、福建、广东、海南、广西、四川、贵州、云南、台湾、香港及澳门等地。

【危害特点】 该草为咖啡园常见杂草，危害较严重，主要以藤蔓缠绕咖啡植株，导致植株被覆盖，引起植株生长不良，甚至死亡。

蔓草虫豆各部位形态

【形态特征】 茎纤弱，长可达2m，具细纵棱，多少被红褐色或灰褐色短茸毛。叶具羽状3小叶；托叶小，卵形，被毛，常早落；叶柄长1 ~ 3cm；小叶纸质或近革质，下面有腺状斑点，顶生小叶椭圆形至倒卵状椭圆形，大小为（1.5 ~ 4.0）cm ×（0.8 ~ 1.5）cm，先端钝或圆，侧生小叶稍小，斜椭圆形至斜倒卵形，两面薄被褐色短柔毛，但下面较密；基出脉3，在下面脉明显凸起；小托叶缺；小叶柄极短。总状花序腋生，通常长不及2cm，有花1 ~ 5朵；总花梗长2 ~ 5mm，与总轴同被红褐色至灰褐色绒毛；花萼钟状，4齿裂或有时上面2枚不完全合生而呈5裂状，裂片线状披针形，总轴、花梗、花萼均被黄褐色至灰褐色绒毛；花冠黄色，长约1cm，通常于开花后脱落，旗瓣倒卵形，有暗紫色条纹，基部有呈齿状的短耳和瓣柄，翼瓣狭椭圆状，微弯，基部具瓣柄和耳，龙骨瓣上部弯，具瓣柄；雄蕊二体，花药一式，圆形；子房密被丝质长柔毛，有胚珠数颗。荚果长圆形，大小约为2mm × 6mm，密被红褐色或灰黄色长毛，果瓣革质，于种子间有横缢线；种子3 ~ 7粒，椭圆状，长约4mm，种皮黑褐色，有凸起的种阜。

【生物学特性】 一年生蔓生或缠绕状草质藤本植物，花期9 ~ 10月，果期11 ~ 12月，以种子进行繁殖。

5. 蔓花生

蔓花生（*Arachis duranensis*）属豆科（Fabaceae）落花生属（*Arachis*）。

【分布】 原产于南美洲，现分布广泛，我国各地均有分布。

【危害特点】 该草为咖啡园常见杂草，对幼龄咖啡植株影响较大，对成龄树基本没有影响，通常导致幼龄咖啡植株生长缓慢，表现缺肥症状。

【形态特征】 复叶互生，小叶2对，呈倒卵形。茎蔓生，株高10 ~ 15cm，匍匐生长。花腋生，蝶形，金黄色。

【生物学特性】 多年生宿根草本植物，春秋季开花，以种子或枝条扦插进行繁殖。由于种子采收较费工，现大量繁殖均采用扦插，可作为绿肥植物。

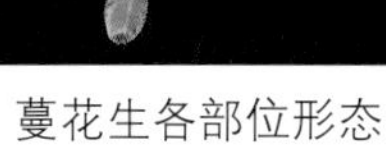
蔓花生各部位形态

蔓花生

6. 穗序木蓝

穗序木蓝（*Indigofera hendecaphylla*）属豆科（Fabaceae）木蓝属（*Indigofera*），俗名十一叶木蓝、铺地木蓝。

【分布】 国外分布于印度、越南、泰国、菲律宾、印度尼西亚；国内分布于台湾、广东、云南。

【危害特点】 该草常被作为咖啡园绿肥植物进行种植，但失管或维护不到位对咖啡植株的影响非常大，通常以枝条匍匐于咖啡植株基部地表，导致土层板结，不利于咖啡植株生长，最终导致植株死亡。

【形态特征】 高15 ~ 40cm。茎单一或基部多分枝，枝直立或偃状，上升，中空，幼枝具棱，有灰色紧贴“丁”字形毛。羽状复叶长2.5 ~ 7.5cm；叶柄极短或近无柄；托叶膜质，披针形，长6mm；小叶2 ~ 5对，互生，倒卵形至倒披针形，有时线形，大小为（8 ~ 20）mm×（4 ~ 8）mm，先端圆钝或截平，基部阔楔形，上面无毛，下面疏生粗“丁”字形毛，中脉上面凹入，侧脉不显；小叶柄短，长约1mm；小托叶钻形，与小叶柄等长。总状花序约与复叶等长；总花梗长约1cm；苞片膜质，披针形，长约3mm，脱落；花梗长约1mm，有粗“丁”字形毛；花萼钟状，萼筒长0.5 ~ 1.0mm，萼齿线状披针形，长约2.5mm；花冠青紫色，旗瓣阔卵形，长5 ~ 6mm，翼瓣长约4mm，龙骨瓣长约5mm。荚果有4棱，线形，长10 ~ 25mm，无毛，有种子8 ~ 10粒；果梗下弯。

【生物学特性】 一年至多年生草本植物，以种子或枝条扦插进行繁殖。枝条匍匐于地面，通常可作为绿肥植物应用，喜海拔800 ~ 1 100m的空旷地、竹园、潮湿路面的向阳处，花果期4 ~ 11月。

穗序木蓝各部位形态

穗序木蓝

7. 三点金

三点金（*Grona triflora*）属豆科（Fabaceae）假地豆属（*Grona*），俗名蝇翅草、三点金草。

【分布】 国外分布于印度、斯里兰卡、尼泊尔、缅甸、泰国、越南、马来西亚、太平洋群岛、大洋洲和美洲热带地区；国内分布于浙江、福建、江西、广东、海南、广西、云南、台湾等省份。

【危害特点】 该草仅在部分咖啡园内可见，种群数量较小，主要是与咖啡植株争夺水肥造成危害，危害不严重或几乎没有影响。

三点金及其叶片形态

【形态特征】 株高10 ~ 50cm；茎纤细，被开展柔毛；叶具3小叶；叶柄长约5mm，被柔毛；顶生小叶倒心形、倒三角形或倒卵形，先端截平，基部楔形，上面无毛，下面被白色柔毛，叶脉4 ~ 5对；花单生或2 ~ 3簇生叶腋；花梗长3 ~ 8mm，结果时长1.3cm；花萼长约3mm，密被白色长柔毛，5深裂；花冠紫红色，与萼近相等，旗瓣倒心形，具长瓣柄，翼瓣椭圆形，具短瓣柄，龙骨瓣呈镰刀形，具长瓣柄；荚果窄长圆形，略呈镰刀状，大小约为0.8mm × 2.5mm，腹缝线直，背缝线波状，有3 ~ 5荚节，被钩状短毛。

【生物学特性】 多年生平卧型草本植物，以种子进行繁殖，喜海拔80 ~ 570m的旷野草地、路旁或河边沙土。

8. 响铃豆

响铃豆（*Crotalaria albida*）属豆科（Fabaceae）猪屎豆属（*Crotalaria*）。

【分布】 分布广泛，国外分布于中南半岛、南亚及太平洋诸岛；国内分布于安徽、江西、福建、湖南、贵州、广东、海南、广西、四川、云南。

【危害特点】 该草为咖啡园常见杂草，主要分布于咖啡园周边的地埂，影响咖啡园农事操作，对咖啡植株生长影响不大。

【形态特征】 株高30 ~ 60cm；植株或上部分枝，通常细弱，被紧贴的短柔毛。托叶细小，刚毛状，早落；单叶，叶片倒卵形、长圆状椭圆形或倒披针形，大小为（1.0 ~ 2.5）cm ×（0.5 ~ 1.2）cm，先端钝或圆，具细小的短尖头，基部楔形，上面绿色，近无毛，下面暗灰色，略被短柔毛；叶柄近无。总状花序顶生或腋生，有花20 ~ 30朵，花序长20cm，苞片丝状，长约1mm，小苞片与苞片同形，生萼筒基部；花梗长3 ~ 5mm；花萼二唇形，长6 ~ 8mm，深裂，上面二萼齿宽大，先端稍钝圆，下面三萼齿披针形，先端渐尖；花冠淡黄色，旗瓣椭圆形，长6 ~ 8mm，先端具束状柔毛，基部胼胝体可见，翼瓣长圆形，约与旗瓣等长，龙骨瓣弯曲，近直角，中部以上变狭形成长喙；子房无柄。荚果短圆柱形，长约10mm，无毛，稍伸出花萼之外；种子6 ~ 12粒。

【生物学特性】 多年生直立草本植物，基部常木质，以种子进行繁殖，花果期5 ~ 12月，喜海拔200 ~ 2 800m的荒地路旁及山坡疏林下。

响铃豆各部位形态

响铃豆

禾本科（Gramineae）

1. 白羊草

白羊草（*Bothriochloa ischaemum*）属禾本科（Poaceae）孔颖草属（*Bothriochloa*）。

【分布】 本种适应性强，分布遍及全国。

【危害特点】 该草为山地咖啡园常见杂草种类，根系发达，种群扩大后致使地面板结不透气，导致咖啡植株生长缓慢，出现黄化、叶片变薄、植株矮小等症状。

白羊草各部位形态

【形态特征】 株高25 ~ 70cm，径粗1 ~ 2mm，分枝大于3，节上无毛或具白色茸毛；叶鞘无毛，多密集于基部而相互跨覆，常短于节间；叶舌膜质，长约1mm，具纤毛；叶片线形，大小为（5 ~ 16）mm×（2 ~ 3）mm，顶生者常缩短，先端渐尖，基部圆形，两面疏生瘤基柔毛或下面无毛；总状花序4至多数着生于秆顶呈指状，长3 ~ 7cm，纤细，灰绿色或带紫褐色，总状花序轴节间与小穗柄两侧具白色丝状毛；无柄小穗长圆状披针形，长4 ~ 5mm，基盘具毛；第1颖草质，背部中央略下凹，具5 ~ 7脉，下部1/3具丝状柔毛，边缘内卷成2脊，脊上粗糙，先端钝或带膜质；第2颖舟形，中部以上具纤毛，脊上粗糙，边缘亦膜质；第1外稃长圆状披针形，长约3mm，先端尖，边缘上部疏生纤毛；第2外稃退化成线形，先端延伸成一膝曲扭转的芒，芒长10 ~ 15mm；第1内稃长圆状披针形，长约0.5mm；第2内稃退化；鳞被2，楔形。

【生物学特性】 多年生草本植物，以种子进行繁殖，秋季开花结果，多生长于山坡和草地。

2. 狗牙根

狗牙根（*Cynodon dactylon*）属禾本科（Poaceae）狗牙根属（*Cynodon*），又称百慕达草、绊根草、爬根草、咸沙草。

【分布】 国外分布于欧洲各国；国内分布于江苏、浙江、福建及云南等省份。

【危害特点】 该草为咖啡园常见杂草，危害较大，发生初期对咖啡植株影响较小，随着其茎蔓变多，与咖啡植株间的水肥及空间竞争明显，使土壤透气性变差，轻则导致植株出现黄化、矮小的症状，重则导致植株死亡。

【形态特征】 该草为多年生低矮草本，茎秆细而坚韧，直立或下部匍匐，节生不定根，蔓延生长，秆无毛。叶鞘微具脊，无毛或被疏柔毛，鞘口常具柔毛，叶舌有一轮纤毛；叶线形，大小为（1 ~ 12）cm×（1 ~ 3）mm，通常无毛；穗状花序通常3 ~ 5，长1.5 ~ 5.0cm；小穗灰绿色，稀带紫色，具1小花，

狗牙根茎秆

狗牙根

长2.0 ~ 2.5mm；颖长1.5 ~ 2.0mm，第2颖稍长，均具1脉，边缘膜质；外稃舟形，5脉，背部成脊，脊被柔毛；内稃与外稃等长，2脉；鳞被上缘近平截；花药淡紫色。颖果长圆柱形。

【生物学特性】 多年生低矮草本植物，以种子和茎蔓进行繁殖。

3. 光头稗

光头稗（*Echinochloa colona*）属禾本科（Poaceae）稗属（*Echinochloa*）。

【分布】 国内分布于河北、河南、安徽、江苏、浙江、江西、湖北、四川、贵州、福建、广东、广西、云南及西藏等省份。

【危害特点】 该草为湿度较大的咖啡园特有杂草，种群较小，对咖啡植株影响较小或几乎没有。

【形态特征】 株高10 ~ 60cm。叶鞘压扁而背具脊，无毛；叶舌缺；叶片扁平，线形，大小为（3 ~ 20）cm×（3 ~ 7）mm，无毛，边缘稍粗糙。圆锥花序狭窄，长5 ~ 10cm；主轴具棱，通常无瘤基长毛，棱边上粗糙；花序分枝长1 ~ 2cm，排列稀疏，直立上升或贴向主轴，穗轴无瘤基长毛或仅基部被1 ~ 2根瘤基长毛；小穗卵圆形，长2.0 ~ 2.5mm，具小硬毛，无芒，较规则的成四行排列于穗轴的一侧；第1颖三角形，长约为小穗的1/2，具3脉；第2颖与第1外稃等长而同形，顶端具小尖头，具5 ~ 7脉，间脉常不达基部；第1小花常中性，其外稃具7脉，内稃膜质，稍短于外稃，脊上被短纤毛；第2外稃椭圆形，平滑，光亮，边缘内卷，包着同质的内稃；鳞被2，膜质。

【生物学特性】 一年生草本植物，以种子进行繁殖，夏秋季开花结果，喜潮湿环境。

光头稗各部位形态特征

4. 黄背草

黄背草（*Themeda triandra*）属禾本科（Poaceae）菅属（*Themeda*），又称黄麦秆、阿拉伯黄背草。

【分布】 该草分布广泛，几乎全国各地均有分布。

【危害特点】 该草为山地咖啡园优势杂草种群，种群量巨大，根系间相互串接，导致地表透水和透气性变差，影响咖啡植株生长，轻则植株矮小，重则导致植株直接死亡。

【形态特征】 秆高约60cm，分枝少。叶鞘压扁具脊，具瘤基柔毛，叶片线形，大小为（10 ~ 30）cm×（3 ~ 5）mm，基部具瘤基毛。伪圆锥花序狭窄，长20 ~ 30cm，由具线形佛焰苞的总状花序组成，佛焰苞长约3cm；总状花序长约1.5cm，由7小穗组成，基部2对总苞状小穗着生在同一平面；有柄小穗雄性，长约9mm，第1颖草质，疏生瘤基刚毛，无膜质边缘或仅一侧具窄膜质边缘。

【生物学特性】 多年生草本植物，以种子进行繁殖，花果期6 ~ 9月，种子附着在衣服或动物毛皮上进行传播，多见于山坡上或道路两旁。

黄背草各部位形态

5. 荩草

荩草（*Arthraxon hispidus*）属禾本科（Poaceae）荩草属（*Arthraxon*），俗名绿竹、光亮荩草、匿芒荩草。

【分布】 国外遍及南半球热带地区；国内主要分布于云南省。

荩草茎及叶片形态

【危害特点】 该草为咖啡园常见杂草，以匍匐茎铺于地表危害咖啡，导致咖啡出现缺肥和缺水症状，引起植株生长不良，植株矮小。

【形态特征】 株高10 ~ 30cm，具多分枝，节上密被短毛。叶鞘短于或等长于节间，鞘口及边缘被瘤基毛；叶舌膜质，具长约1mm纤毛；叶片扁平，卵形或卵状披针形，大小为（2 ~ 3）cm×（7 ~ 10）mm，两面具毛，顶端变狭，基部心形，抱茎，近边缘基部具较长的瘤基纤毛。有柄小穗退化仅存一针状柄，柄长0.1 ~ 0.5mm，具毛。颖果长圆形，与稃近等长。

【生物学特性】 多年生草本植物，以种子进行繁殖，花果期9 ~ 11月。

6. 千金子

千金子（*Leptochloa chinensis*）属禾本科（Poaceae）千金子属（*Leptochloa*）。

【分布】 国外分布于亚洲东南部；国内分布于陕西、山东、江苏、安徽、浙江、台湾、福建、江西、湖北、湖南、四川、云南、广西、广东等省份。

【危害特点】 该草为咖啡园常见杂草，对咖啡幼龄植株有影响，可导致植株生长缓慢，但不致死。

【形态特征】 秆直立，基部膝曲或倾斜；株高30 ~ 90cm，无毛；叶鞘无毛，短于节间，叶舌膜质；叶扁平或多少内卷，两面微粗糙或下面平滑，大小为（5 ~ 25）cm×（2 ~ 6）mm。圆锥花序长10 ~ 30cm，分枝和主轴均微粗糙；小穗多少紫色，长2 ~ 4mm，具3 ~ 7小花；颖不等长，1脉，脊粗糙；外稃先端无毛或下部有微毛，第1外稃长1.5mm；内稃稍短于外稃；花药长0.5mm。颖果长圆球形，长约1mm。

【生物学特性】 一年生草本植物，以种子进行繁殖，花果期8 ~ 11月。

千金子茎秆及叶片形态

7. 升马唐

升马唐（*Digitaria ciliaris*）属禾本科（Poaceae）马唐属（*Digitaria*），俗称纤马唐。

【分布】 广泛分布于世界热带、亚热带地区。我国南北各地均有分布。

【危害特点】 该草为咖啡园优势杂草，生长速度快，生物量大，主要对幼龄咖啡园影响较大，导致植株生长缓慢、叶片变薄，出现缺肥症状。

【形态特征】 秆基部横卧地面，节处生根和分枝；株高30 ～ 90cm。叶鞘常短于其节间，多少具柔毛；叶舌长约2mm；叶片线形或披针形，大小为（5 ～ 20)cm×(3 ～ 10)mm，上面散生柔毛，边缘稍厚，微粗糙；总状花序5 ～ 8枚，长5 ～ 12cm，呈指状排列于茎顶；穗轴宽约1mm，边缘粗糙；小穗披针形，长3.0 ～ 3.5mm，孪生于穗轴之一侧；小穗柄微粗糙，顶端截平；第1颖小，三角形；第2颖披针形，长约为小穗的2/3，具3脉，脉间及边缘生柔毛；第1外稃等长于小穗，具7脉，脉平滑，中脉两侧的脉间较宽而无毛，其他脉间贴生柔毛，边缘具长柔毛；第2外稃椭圆状披针形，革质，黄绿色或带铅色，顶端渐尖；等长于小穗；花药长0.5 ～ 1.0mm。

【生物学特性】 一年生草本植物，以种子进行繁殖，5 ～ 10月开花结果。

升马唐各部位形态

升马唐

8.野黍

野黍（*Eriochloa villosa*）属禾本科（Poaceae）野黍属（*Eriochloa*）。

【分布】 国外分布于日本、印度；国内几乎遍及全国。

【危害特点】 该草为咖啡园常见杂草，但株型矮小，对咖啡植株影响较小，其植株密度过大时会导致咖啡植株生长缓慢。

【形态特征】 秆直立，基部分枝，稍倾斜，株高30 ～ 100cm。叶鞘无毛或被毛或鞘缘一侧被毛，松弛包茎，节具毛；叶舌具长约1mm纤毛；叶片扁平，大小为（5 ～ 25）cm×（5 ～ 15）mm，表面具微毛，背面光滑，边缘粗糙。圆锥花序狭长，长7 ～ 15cm，由4 ～ 8枚总状花序组成；总状花序长1.5 ～ 4.0cm，密生柔毛，常排列于主轴之一侧；小穗卵状椭圆形，长4.5 ～ 6.0mm；基盘长约0.6mm；小穗柄极短，密生长柔毛；第1颖微小，短于或长于基盘；第2颖与第1外稃皆为膜质，等长于小穗，均被细毛，前者具5 ～ 7脉，后者具5脉；第2外稃革质，稍短于小穗，先端钝，具细点状皱纹；鳞被2，折叠，长约0.8mm，具7脉；雄蕊3枚；花柱分离。颖果卵圆形，长约3mm。

【生物学特性】 一年生草本植物，以种子进行繁殖，花果期7 ～ 10月，多见于潮湿区域或山地。

野黍各部位形态

9. 早熟禾

早熟禾（*Poa annua*）属禾本科（Poaceae）早熟禾属（*Poa*），俗名爬地早熟禾。

【分布】 分布广泛，欧洲、亚洲、非洲均有分布。国内分布于江苏、四川、贵州、云南、广西、广东、海南、台湾、福建、江西、湖南、湖北、安徽、河南、山东、新疆、甘肃、青海、内蒙古、山西、河北、辽宁、吉林、黑龙江等省份。

早熟禾各部位形态

【危害特点】 该草为咖啡园常见杂草，植株矮小，根系不发达，对咖啡植株的生长影响较小或几乎没有影响。

【形态特征】 秆高6 ~ 30cm，全株无毛。叶鞘稍扁，中部以下闭合；叶舌长1 ~ 5mm，圆头；叶片扁平或对折，大小为（2 ~ 12）cm×（1 ~ 4）mm，柔软，常有横脉纹，先端骤尖呈船形。圆锥花序宽卵形，长3 ~ 7cm，开展，分枝1 ~ 3，平滑；小穗卵形，具3 ~ 5朵小花，长3 ~ 6mm，绿色；颖薄，第1颖披针形，长1.5 ~ 3.0mm，1脉，第2颖长2 ~ 4mm，3脉；外稃卵圆形，先端与边缘宽膜质，5脉，脊与边脉下部具柔毛，间脉近基部有柔毛，基盘无绵毛，第1外稃长3 ~ 4mm；内稃与外稃近等长，两脊密生丝状毛；花药黄色，长0.6 ~ 0.8mm。颖果纺锤形，长约2mm。

【生物学特性】 一年生草本植物，以种子进行繁殖，花期4 ~ 5月，果期6 ~ 7月。

10. 皱叶狗尾草

皱叶狗尾草（*Setaria plicata*）属禾本科（Poaceae）狗尾草属（*Setaria*）。

【分布】 国外分布于南亚、马来群岛、日本南部地区；国内分布于长江以南各省份。

皱叶狗尾草各部位形态

【危害特点】 该草为咖啡园常见杂草，多见于咖啡园周边地埂上，对咖啡植株影响较小，但该草根系发达，不易铲除，影响咖啡园农事操作，使管理成本增加。

【形态特征】 茎通常瘦弱。叶鞘背脉常呈脊；叶舌边缘密生纤毛；叶片质薄，椭圆状披针形或线状披针形，先端渐尖，基部渐狭呈柄状，具较浅的纵向皱折。圆锥花序狭长圆形或线形，分枝斜向上升，上部者排列紧密，下部者具分枝，排列疏松而开展；小穗着生小枝一侧，卵状披针状，绿色或微紫色；鳞被2，花柱基部连合。颖果熟时可供食用。

【生物学特性】 多年生草本植物，以种子进行繁殖，花果期6 ~ 10月。

11. 白茅

白茅（*Imperata cylindric*）属禾本科（Poaceae）白茅属（*Imperata*），俗名毛启莲、红色男爵白茅。被认为是世界上最恶毒的10种杂草之一。

【分布】 广泛分布于热带、亚热带、温带低海拔地区。

【危害特点】 该草为咖啡园顽固恶性杂草，地下根状茎发达，与咖啡植株间的水肥竞争显著，铲除极其困难费工，导致咖啡植株生长缓慢。

【形态特征】 具粗壮的长根状茎。株高30 ~ 80cm，具1 ~ 3节，节无毛。叶鞘聚集于秆基，甚长于其节间，质地较厚，老后破碎呈纤维状；叶舌膜质，长约2mm，紧贴其背部或鞘口具柔毛，分蘖叶片长约20cm，宽约8mm，扁平，质地较薄；秆生叶片长1 ~ 3cm，窄线形，通常内卷，顶端渐尖呈刺状，下部渐窄，或具柄，质硬，被有白粉，基部上面具柔毛；圆锥花序稠密，长20cm，宽3cm，小穗长4.5 ~ 5（6）mm，基盘具长12 ~ 16mm的丝状柔毛；两颖草质及边缘膜质，近相等，具5 ~ 9脉，顶端渐尖或稍钝，常具纤毛，脉间疏生长丝状毛，第1外稃卵状披针形，长为颖片的2/3，透明膜质，无脉，顶端尖或齿裂，第2外稃与其内稃近相等，长约为颖之半，卵圆形，顶端具齿裂及纤毛。雄蕊2枚，花药长3 ~ 4mm；花柱细长，基部多少连合，柱头2，紫黑色，羽状，长约4mm，自小穗顶端伸出。颖果椭圆形，长约1mm，胚长为颖果之半。

【生物学特性】 多年生草本植物，以种子和根状茎进行繁殖，花果期4 ~ 7月。

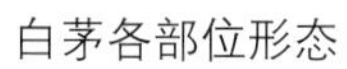

白茅各部位形态

白茅

海金沙科（Lygodiaceae）

海金沙

海金沙（*Lygodium japonicum*）属海金沙科（Lygodiaceae）海金沙属（*Lygodium*），又称狭叶海金沙。

【分布】 国外分布于日本、斯里兰卡、爪哇岛、菲律宾、印度；国内分布于江苏、浙江、安徽、福建、台湾、广东、香港、广西、湖南、贵州、四川、云南、陕西等省份。

【危害特点】 该草为咖啡园常见杂草，通常以藤蔓缠绕植株造成危害，藤蔓韧性强，不容易扯断，往往缠绕后导致植株生长变形。

【形态特征】 植株高攀达1 ~ 4m，叶轴上面有2条狭边，羽片多数，相距9 ~ 11cm，对生于叶轴上的短距两侧，平展，不育羽片尖三角形，长宽几乎相等，10 ~ 12cm或较狭，柄长1.5 ~ 1.8cm，同羽轴一样多少被短灰毛，两侧并有狭边，二回羽状；一回羽片2 ~ 4对，互生，柄长4 ~ 8mm，和小羽轴都有狭翅及短毛，基部一对卵圆形，长4 ~ 8cm，宽3 ~ 6cm，一回羽状；二回小羽片2 ~ 3对，卵状三角形，具短柄或无柄，互生，掌状三裂；末回裂片短阔，中央一条大小为（2 ~ 3）cm×（6 ~ 8）mm，基部楔形或心形，先端钝，顶端的二回羽片大小为（2.5 ~ 3.5）cm×（8 ~ 10）mm，波状浅裂；向上的一回小羽片近掌状分裂或不分裂，较短，叶缘有不规则的浅圆锯齿。主脉明显，侧脉纤细，从主脉斜上，1 ~ 2

回二叉分歧，直达锯齿。叶纸质，干后绿褐色。孢子囊穗长2 ~ 4mm，往往长远超过小羽片的中央不育部分，排列稀疏，暗褐色，无毛。

【生物学特性】 多年生藤蔓类植物，喜生于低海拔灌木丛中。

海金沙茎段及叶片形态

海金沙

葫芦科（Cucurbitaceae）

1. 赤瓟

赤瓟（*Thladiantha dubia*）属葫芦科（Cucurbitaceae）赤瓟属（*Thladiantha*）。

【分布】 国外朝鲜、日本和欧洲均有分布；国内几乎各地均有分布。

【危害特点】 该草主要以藤蔓攀附咖啡植株造成危害，导致咖啡植株生长不良，叶片脱落，全株覆盖后可导致死亡。

【形态特征】 全株被黄白色的长柔毛状硬毛；根块状；茎稍粗壮，有棱沟。叶柄稍粗，长2 ~ 6cm；叶片宽卵状心形，大小为（5 ~ 8）cm×（4 ~ 9）cm，边缘浅波状，有大小不等的细齿，先端急尖或短渐尖，基部心形，弯缺深，近圆形或半圆形，深1.0 ~ 1.5cm，宽1.5 ~ 3.0cm，两面粗糙，脉上有长硬毛，最基部1对叶脉沿叶基弯缺边缘向外展开。卷须纤细，被长柔毛，单一。雌雄异株，雄花单生或聚生于短枝的上端呈假总状花序，有时2 ~ 3朵花生于总梗上，花梗细长，长1.5 ~ 3.5cm，被柔软的长柔毛；花萼筒极短，近辐状，长3 ~ 4mm，上端径7 ~ 8mm，裂片披针形，向外反折，大小为（12 ~ 13）mm×（2 ~ 3）mm，具3脉，两面有长柔毛；花冠黄色，裂片长圆形，大小为（2.0 ~ 2.5）cm×（0.8 ~ 1.2）cm，上部向外反折，先端稍急尖，具5条明显的脉，外面被短柔毛，内面有极短的瘤状腺点；雄蕊5枚，其中1枚分离，其余4枚两两稍靠合，花丝极短，有短柔毛，长2.0 ~ 2.5mm，花药卵形，长约2mm；退化子房半球形。雌花单生，花梗细，长1 ~ 2cm，有长柔毛；花萼和花冠同雄花；退化雄蕊5枚，棒状，长约2mm；子房长圆形，长0.5 ~ 0.8cm，外面密被淡黄色长柔毛，花柱无毛，自3 ~ 4mm处分3叉，分叉部分长约3mm，柱头膨大，肾形，2裂。果实卵状长圆形，长4 ~ 5cm，径2.8cm，顶端有残留的柱基，基部稍变狭，表面橙黄色或红棕色，有光泽，被柔毛，具10条明显的纵纹。种子卵形，黑色，平滑无毛，长4.0 ~ 4.3mm，宽2.5 ~ 3mm，厚1.5mm。

【生物学特性】 攀缘草质藤本植物，以种子或块根进行繁殖，花期6 ~ 8月，果期8 ~ 10月，常生于海拔300 ~ 1 800m的山坡、河谷及林缘湿处。

赤爬

2. 绞股蓝

绞股蓝（*Gynostemma pentaphyllum*）属葫芦科（Cucurbitaceae）绞股蓝属（*Gynostemma*），又名毛绞股蓝。

【分布】 国外分布于印度、尼泊尔、孟加拉国、斯里兰卡、缅甸、老挝、越南、马来西亚、印度尼西亚（爪哇岛）、巴布亚新几内亚，北达朝鲜和日本；国内分布于陕西南部和长江以南各地。

【危害特点】 该草属咖啡园常见杂草，主要以藤蔓攀附咖啡植株造成危害，因枝叶繁茂，往往导致咖啡植株主干变形，严重时导致植株枝干被压断，造成咖啡减产。

【形态特征】 茎细弱，有分枝，具纵棱及槽，无毛或疏被短柔毛。叶膜质或纸质，鸟足状，具3 ~ 9小叶，通常5 ~ 7小叶，叶柄长3 ~ 7cm，被短柔毛或无毛；小叶片卵状长圆形或披针形，中央小叶大小为（3 ~ 12）cm×（1.5 ~ 4.0）cm，侧生叶较小，先端急尖或短渐尖，基部渐狭，边缘具波状齿或圆齿状牙齿，上面深绿色，背面淡绿色，两面均疏被短硬毛，侧脉6 ~ 8对，叶正面平坦，背面凸起，细脉网状；小叶柄略叉开，长1 ~ 5mm。卷须纤细，无毛或基部被短柔毛。花雌雄异株，雄花圆锥花序，花序轴纤细，多分枝，长10 ~ 15（30）cm，分枝广展，长3 ~ 4（15）cm，有时基部具小叶，被短柔毛；花梗丝状，长1 ~ 4mm，基部具钻状小苞片；花萼筒极短，5裂，裂片三角形，长约0.7mm，先端急尖；花冠淡绿色或白色，5深裂，裂片卵状披针形，大小约为3mm×1mm，先端长渐尖，具1脉，边缘具缘毛状

绞股蓝各部位形态

绞股蓝

小齿；雄蕊5枚，花丝短，连合成柱，花药着生于柱之顶端。雌花圆锥花序远较雄花之短小，花萼及花冠似雄花；子房球形，2 ~ 3室，花柱3枚，短而叉开，柱头2裂；具短小的退化雄蕊5枚。果实肉质不裂，球形，径5 ~ 6mm，成熟后黑色，光滑无毛，内含倒垂种子2粒。种子卵状心形，径约4mm，灰褐色或深褐色，顶端钝，基部心形，压扁，两面具乳突状凸起。

【生物学特性】 多年生草质攀缘植物，以种子或根茎进行繁殖，花期3 ~ 11月，果期4 ~ 12月，生于海拔300 ~ 3 200m的山谷密林、山坡疏林、灌丛中或路旁草丛中。

3. 茅瓜

茅瓜（*Solena heterophylla*）属葫芦科（Cucurbitaceae）茅瓜属（*Solena*），也称牛奶子、波瓜公、山天瓜、老鼠拉冬瓜、老鼠冬瓜、狗屎瓜、老鼠黄瓜根、小鸡黄瓜、老鼠瓜、杜瓜、滇藏茅瓜。

【分布】 国外分布于越南、印度、印度尼西亚；国内分布于台湾、福建、江西、广东、广西、云南、贵州、四川和西藏等省份。

【危害特点】 该草属咖啡园常见杂草，主要以藤蔓缠绕咖啡植株造成危害，但叶片稀疏，枝条较少，对咖啡植株影响较小或基本没有。

【形态特征】 具纺锤状块状根，径1.5 ~ 2.0cm。茎枝柔弱，无毛，具沟纹。叶柄短而纤细，长仅0.5 ~ 1.0cm，初时被淡黄色短柔毛，后渐脱落；叶片薄革质，多型，变异极大，卵形、长圆形、卵状三角形或戟形等，不分裂、3 ~ 5浅裂至深裂，裂片长圆状披针形、披针形或三角形，大小为（8 ~ 12）cm ×（1 ~ 5）cm，先端钝或渐尖，上面深绿色，稍粗糙，脉上有微柔毛，背面灰绿色，叶脉凸起，几无毛，基部心形，弯缺半圆形，有时基部向后靠合，边缘全缘或有疏齿。卷须纤细，不分歧。雌雄异株，雄花10 ~ 20朵生于2 ~ 5mm长的花序梗顶端，呈伞房状花序；花极小，花梗纤细，长2 ~ 8mm，几无毛；花萼筒钟状，基部圆，长5mm，径3mm，外面无毛，裂片近钻形，长0.2 ~ 0.3mm；花冠黄色，外面被短柔毛，裂片开展，三角形，长1.5mm，顶端急尖；雄蕊3枚，分离，着生在花萼筒基部，花丝纤细，无毛，长约3mm，花药近圆形，长1.3mm，药室弧状弓曲，具毛。雌花单生于叶腋；花梗长5 ~ 10mm，被微柔毛；子房卵形，长2.5 ~ 3.5mm，径2 ~ 3mm，无毛或疏被黄褐色柔毛，柱头3枚。果实红褐色，长圆状或近球形，长2 ~ 6cm，径2 ~ 5cm，表面近平滑。种子数枚，灰白色，近圆球形或倒卵形，长5 ~ 7mm，径5mm，边缘不拱起，表面光滑无毛。

【生物学特性】 多年生攀缘草本植物，以种子进行繁殖，花期5 ~ 8月，果期8 ~ 11月，果实可食用，多见于海拔600 ~ 2 600m的山坡路旁、林下、杂木林中或灌丛等生境。

茅瓜茎段及叶片形态

茅瓜

4. 纽子瓜

纽子瓜（*Zehneria bodinieri*）属葫芦科（Cucurbitaceae）马㼎儿属（*Zehneria*），又称野杜瓜、钮子瓜。

【分布】 国外分布于印度半岛、中南半岛、苏门答腊岛、菲律宾和日本等国家或地区；国内分布于四川、贵州、云南、广西、广东、福建、江西等省份。

【危害特点】 该草属咖啡园优势杂草种类，危害较为严重，主要以藤蔓缠绕咖啡植株，争夺养分、水分及阳光，导致植株生长不良，严重的甚至死亡；同时，藤蔓过重，也会导致咖啡植株主干断裂，致使咖啡产量降低。

【形态特征】 茎枝细弱，伸长，有沟纹，多分枝，无毛或稍被长柔毛。叶柄细，长2 ~ 5cm，无毛；叶片膜质，宽卵形或稀三角状卵形，长宽相近，叶正面深绿色，粗糙，被短糙毛，背面苍绿色，近无毛，先端急尖或短渐尖，基部弯缺半圆形，深0.5 ~ 1.0cm，宽1.0 ~ 1.5cm，稀近截平，边缘有小齿或深波状锯齿，不分裂或有时3 ~ 5浅裂，脉掌状。卷须丝状，单一，无毛。雌雄同株。雄花常3 ~ 9朵生于总梗顶端呈近头状或伞房状花序，花序梗纤细，长1 ~ 4cm，无毛；雄花梗开展，极短，长1 ~ 2mm；花萼筒宽钟状，大小约为2mm × 1.5mm，无毛或被微柔毛，裂片狭三角形，长0.5mm；花冠白色，裂片卵形或卵状长圆形，长2.0 ~ 2.5mm，先端近急尖，上部常被柔毛；雄蕊3枚，2枚2室，1枚1室，有时全部为2室，插生在花萼筒基部，花丝长2mm，被短柔毛，花药卵形，长0.6 ~ 0.7mm。雌花单生，稀几朵生于总梗顶端或极稀雌雄同序；子房卵形。果梗细，无毛，长0.5 ~ 1.0cm；果实球状或卵状，直径1.0 ~ 1.4cm，浆果状，外面光滑无毛。种子卵状长圆形，扁压，平滑，边缘稍拱起。

【生物学特性】 多年生草质藤本植物，秋季地上部分枝叶枯萎，翌年春季又继续发芽生长，以种子或根进行繁殖，花期4 ~ 8月，果期8 ~ 11月，常生于海拔500 ~ 1 000m的林边或山坡路旁潮湿处。

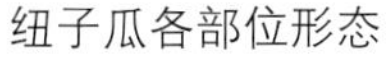
纽子瓜各部位形态

纽子瓜

菊科（Asteraceae）

1. 鬼针草

鬼针草（*Bidens pilosa*）属菊科（Asteraceae）鬼针草属（*Bidens*），又名金盏银盘、盲肠草、豆渣菜、豆渣草、引线包、一包针、粘连子、粘人草、对叉草、蟹钳草、虾钳草、三叶鬼针草、铁包针、狼把草、白花鬼针草。

【分布】 广泛分布于亚洲和美洲的热带和亚热带地区。国内分布于华东、华中、华南、西南各地。

【危害特点】 该草为咖啡园优势杂草种类，与咖啡植株存在显著的水肥及空间竞争关系，轻则导致植株生长缓慢，重则导致植株死亡；同时，种子顶端具芒刺，容易附着于动物或人的衣服上远距离传播危害。

【形态特征】 茎直立，丛生，茎无毛或上部被极疏柔毛。头状花序，径8 ~ 9mm，花序梗长1 ~ 6cm；总苞基部被柔毛，外层总苞片7 ~ 8，线状匙形，草质，背面无毛或边缘有疏柔毛；无舌状花，盘花筒状，冠檐5齿裂。果为瘦果，熟时黑色，线形，具棱，长0.7 ~ 1.3cm，上部具稀疏瘤突及刚毛，顶端芒刺3 ~ 4，具倒刺毛。

【生物学特性】 一年生草本植物，以种子进行繁殖，种子上具倒刺毛，通常以种子黏附在毛皮类动物或人的衣服上进行远距离传播，喜村旁、路边及荒地等空旷生境。

鬼针草各部位形态

鬼针草

2. 艾

艾（*Artemisia argyi*）属菊科（Asteraceae）蒿属（*Artemisia*），又名金边艾、艾蒿、祈艾、医草、灸草、端阳蒿。

【分布】 分布广泛，几乎全国各地均有分布。

艾

【危害特点】 该草为咖啡园常见杂草种类，多生长于咖啡园周边，初期危害较小，随着生长年限增加，根系扩大后与咖啡植株间的水肥竞争明显，导致咖啡植株生长不良，严重时导致植株死亡。

【形态特性】 该草茎有少数短分枝，茎枝被灰色蛛丝状柔毛。叶正面被灰白色柔毛，兼有白色腺点和小凹点，下面密被白色蛛丝状线毛；基生叶具长柄；茎下部叶近圆形或宽卵形，羽状深裂，每侧裂片2 ~ 3，裂片有2 ~ 3小裂齿，干后下面主、侧脉常深褐色或锈色，叶柄长0.5 ~ 0.8cm；中部叶卵形、三角状卵形或近菱形，长5 ~ 8cm，一至二回羽状深裂或半裂，每侧裂片2 ~ 3，裂片卵形、卵状披针形或披针形，干后主脉和侧脉深褐色，叶柄长0.2 ~ 0.5cm；上部叶与苞片叶羽状半裂、浅裂、

3深裂或不裂。头状花序椭圆形，径2.5 ~ 3（3.5）mm，排成穗状花序或复穗状花序，在茎上常组成尖塔形窄圆锥花序；总苞片背面密被灰白色蛛丝状绵毛，边缘膜质；雌花6 ~ 10枚；两性花8 ~ 12朵，檐部紫色。瘦果小，长卵圆形或长圆形。

【生物学特性】 多年生草本或稍亚灌木状植物，植株有浓烈香气，以种子传播，花果期7 ~ 10月，秋冬季地上部分干枯死亡，翌年春节地下部分发芽继续生长。

3.篦苞风毛菊

篦苞风毛菊（*Saussurea pectinata*）属菊科（Asteraceae）风毛菊属（*Saussurea*）。

【分布】 国内分布于北京、辽宁、吉林、河北、山西、内蒙古、山东、河南、陕西、甘肃、云南等省份。

【危害特点】 该草为部分咖啡园特有杂草种类，株型较小，与咖啡植株间有一定的水肥竞争关系，但不明显，危害较小。

【形态特征】 茎上部被糙毛，下部疏被蛛丝毛。下部和中部茎生叶卵形、卵状披针形或椭圆形，大小为（9 ~ 22）cm ×（4 ~ 12）cm，羽状深裂，侧裂片(4)5 ~ 8对，宽卵形、长椭圆形或披针形，边缘深波状或有缺齿，上面及边缘有糙毛，下面有柔毛及腺点，叶柄长4.5 ~ 5（17）cm；上部茎生叶有短柄，羽状浅裂或全缘。总状花序排成伞房状；总苞钟状，径1 ~ 2cm，总苞片5层，上部被蛛丝毛，外层卵状披针形，长1cm，边缘栉齿状，常反折，中层披针形或长椭圆状披针形，长1.1cm，内层线形，长1.3cm；小花紫色。瘦果圆柱形，长3mm；冠毛2层，污白色。

篦苞风毛菊各部位形态

【生物学特性】 多年生草本植物，以种子进行繁殖，主要生长于海拔350 ~ 1 900mm的山坡林下、林缘、路旁、草原、沟谷，花果期8 ~ 10月。

4.飞机草

飞机草（*Chromolaena odorata*）属菊科（Asteraceae）飞机草属（*Chromolaena*），俗名香泽兰。

【分布】 原产于美洲，现国内除海南岛外其余各地均有分布。

【危害特点】 该草为咖啡园优势杂草种类，根系发达，与咖啡植株存在显著的空间及水肥竞争关系，导致咖啡植株生长矮小、不生长，严重时可导致咖啡植株直接死亡。

【形态特征】 茎分枝粗壮，常对生，水平直出，茎枝密被黄色茸毛或柔毛。叶对生，卵形、三角形或卵状三角形，长4 ~ 10cm；叶柄长1 ~ 2cm，正面绿色，反面色淡，两面粗涩，被长柔毛及红棕色腺点，下面及沿脉密被毛和腺点，基部平截、浅心形或宽楔形，基部3脉，侧脉纤细，疏生不规则圆齿或全缘或一侧有锯齿或每侧各有1粗大圆齿或3浅裂状，花序下部的叶小，常全缘。头状花序径3 ~ 6(11)cm，花序梗粗，密被柔毛；总苞圆柱形，长1cm，径4 ~ 5mm，约20朵小花，总苞片3 ~ 4层，覆瓦状排列，外层苞片卵形，长2mm，外被

飞机草各部位形态

柔毛，先端钝，中层及内层苞片长圆形，长7 ~ 8mm，先端渐尖；全部苞片有3条宽中脉，麦秆黄色，无腺点；花白或粉红色，花冠长5mm。瘦果熟时黑褐色，长4mm，5棱，无腺点，沿棱疏生白色贴紧柔毛。

【生物学特性】 多年生草本植物，根系发达，植株高大，以种子进行繁殖，多见于干燥地、森林破坏迹地、垦荒地、路旁、住宅及田间，花果期4 ~ 12月。

5. 藿香蓟

藿香蓟（*Ageratum conyzoides*）属菊科（Asteraceae）藿香蓟属（*Ageratum*），又名臭草、胜红蓟。

【分布】 原产中南美洲，作为杂草已广泛分布于非洲及印度、印度尼西亚、老挝、柬埔寨、越南等国家或地区；国内分布于广东、广西、云南、贵州、四川、江西、福建等省份。

【危害特点】 该草为咖啡园优势杂草种类，种群数量少时对咖啡植株几乎没有影响；种群数量多时与咖啡植株存在显著的水肥竞争关系，对咖啡幼龄植株影响较大，导致植株生长缓慢，叶片薄而黄，呈现缺肥症状，但不致死。

【形态特征】 株高10 ~ 100cm，无明显主根。茎粗壮，基部径4mm，或少有纤细的，而基部径不足1mm，不分枝或自基部或自中部以上分枝，或下基部平卧而节常生不定根。全部茎枝淡红色，或上部绿色，被白色尘状短柔毛或上部被稠密开展的长茸毛。叶对生，有时上部互生，常有腋生的不发育的叶芽。中部茎叶卵形或椭圆形或长圆形，大小为（3 ~ 8）cm×（2 ~ 5）cm；自中部叶向上向下及腋生小枝上的叶渐小或小，卵形或长圆形，有时植株全部叶小型，大小仅1.0cm×0.6cm。全部叶基部钝或宽楔形，基出三脉或不明显五出脉，顶端急尖，边缘圆锯齿，有长1 ~ 3cm的叶柄，两面被白色稀疏的短柔毛且有黄色腺点，上面沿脉处及叶下面的毛稍多，有时下面近无毛，上部叶的叶柄或腋生幼枝及腋生枝上的小叶的叶柄通常被白色稠密开展的长柔毛。头状花序4 ~ 18个在茎顶排成通常紧密的伞房状花序；花序径1.5 ~ 3.0cm，少有排成松散伞房花序式的。花梗长0.5 ~ 1.5cm，被短柔毛。总苞钟状或半球形，宽5mm，总苞片2层，长圆形或披针状长圆形，长3 ~ 4mm，外面无毛，边缘撕裂。花冠长1.5 ~ 2.5mm，外面无毛或顶端有尘状微柔毛，檐部5裂，淡紫色。瘦果黑褐色，5棱，长1.2 ~ 1.7mm，有白色稀疏细柔毛。冠毛膜片5个或6个，长圆形，顶端急狭或渐狭成长或短芒状，或部分膜片顶端截形而无芒状渐尖；全部冠毛膜片长1.5 ~ 3.0mm。

藿香蓟各部位形态

【生物学特性】 一年生草本植物，全年可见花果，以种子进行繁殖。

6. 苣荬菜

苣荬菜（*Sonchus wightianus*）属菊科（Asteraceae）苦苣菜属（*Sonchus*），俗名南苦苣菜。

【分布】 几乎遍及全球。国内分布于浙江、江西、福建、湖北、湖南、广东、四川、贵州、云南等省份。

【危害特点】 该草为咖啡园常见杂草，与咖啡植株存在一定的水肥竞争关系，但对咖啡植株生长影响较小，主要容易吸引蚜虫，导致咖啡园虫害发生严重。

【形态特征】 根垂直生长，多少有根状茎。茎直立，高30 ~ 150cm，有细条纹，上部或顶部有伞房状花序分枝，花序分枝与花序梗被稠密的头状具柄的腺毛。基生叶多数，与中下部茎叶全形倒披针形或长椭圆形，羽状或倒向羽状深裂、半裂或浅裂，全长6 ~ 24cm，高1.5 ~ 6cm，侧裂片2 ~ 5对，偏斜半椭圆形、椭圆形、卵形、偏斜卵形、偏斜三角形、半圆形或耳状，顶裂片稍大，长卵形、椭圆形或长卵状椭圆形；全部叶裂片边缘有小锯齿或无锯齿而有小尖头；上部茎叶及接花序分枝下部的叶披针形或线钻形，小或极小；全部叶基部渐窄成长或短翼柄，但中部以上茎叶无柄，基部圆耳状扩大半抱茎，顶端急尖、短渐尖或钝，两面光滑无毛。头状花序在茎枝顶端排成伞房状花序。总苞钟状，大小为（1.0 ～ 1.5）mm×（0.8 ～ 1.0）cm，基部有稀疏或稍稠密的长或短茸毛。总苞片3层，外层披针形，大小为（4.0 ～ 6.0)mm×(1.0 ～ 1.5)mm，中内层披针形，大小为1.5mm×3.0mm；全部总苞片顶端长渐尖，外面沿中脉有1行头状具柄的腺毛。舌状小花多数，黄色。瘦果稍压扁，长椭圆形，大小为（3.7 ～ 4.0）mm×（0.8 ～ 1.0）mm，每面有5条细肋，肋间有横皱纹。冠毛白色，长1.5cm，柔软，彼此纠缠，基部连合成环。

【生物学特性】 多年生草本植物，以种子进行繁殖，种子小而轻，以风雨进行传播，多生于海拔300 ～ 2 300m的山坡草地、林间草地、潮湿地或近水旁、村边或河边砾石滩，花果期1 ～ 9月。

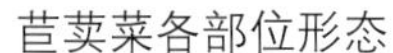

苣荬菜各部位形态

苣荬菜

7. 鳢肠

鳢肠（*Eclipta prostrata*）属菊科（Asteraceae）鳢肠属（*Eclipta*），俗名凉粉草、墨汁草、墨旱莲、墨莱、旱莲草、野万红、黑墨草。

【分布】 全世界的热带及亚热带地区广泛分布。国内各地均有分布。

【危害特点】 该草为咖啡园常见杂草，在湿度较大的咖啡园危害较为严重，主要以匍匐枝条覆盖地表，与咖啡植株存在显著的空间竞争关系，导致植株生长变缓，严重时导致植株死亡。

【形态特征】 茎基部分枝，被贴生糙毛。叶长圆状披针形或披针形，长3 ～ 10cm，边缘有细锯齿或波状，两面密被糙毛，无柄或柄极短。头状花序径6 ～ 8mm，花序梗长2 ～ 4cm；总苞球状钟形，总苞片绿色，草质，5 ～ 6片排成2层，长圆形或长圆状披针形，背面及边缘被白色伏毛；外围雌花2层，舌状，舌

鳢肠各部位形态

片先端2浅裂或全缘；中央两性花多数，花冠管状，白色。瘦果暗褐色，长2.8mm，雌花瘦果三棱形，两性花瘦果扁四棱形，边缘具白色肋，有小瘤突，无毛。

【生物学特性】 一年生草本植物，以种子和茎秆进行繁殖，喜潮湿环境，多生长于河边、田边或路旁，花期6～9月。

8.六耳铃

六耳铃（*Blumea sinuata*）属菊科（Asteraceae）艾纳香属（*Blumea*），俗名波缘艾纳香、吊钟黄。

【分布】 国外分布于印度、不丹、巴基斯坦、斯里兰卡、缅甸、中南半岛、马来西亚、菲律宾、印度尼西亚、巴布亚新几内亚和所罗门群岛及夏威夷等国家或地区；国内分布于云南、贵州、广西、广东、福建及台湾等省份。

【危害特点】 该草为低海拔咖啡园常见杂草，主根肥大，与咖啡植株存在显著的水肥竞争关系，常引起咖啡植株生长不良。

【形态特征】 茎下部被疏柔毛或后脱毛，上部被长柔毛，兼有具柄腺毛。下部叶倒卵状长圆形或倒卵形，长10～30cm，基部下延成翅，下半部琴状分裂，顶裂片卵形或卵状长圆形，侧裂片2～3对，三角形或三角状长圆形，具锯齿或粗齿，上面被糙毛，下面被疏柔毛或后脱毛，中脉在两面凸起，有长2～4cm具窄翅的柄；中部叶与下部叶长6～10cm，有齿刻，有时琴状浅裂，无柄；上部叶全缘或有齿刻。头状花序径6～8mm，多数排成顶生圆锥花序，花序梗被具柄腺毛和长柔毛；总苞圆柱形或钟形，长约9mm，总苞片5～6层，带紫红色，花后常反折，外层线形，背面被密柔毛或被具柄腺毛，中层长圆状披针形，内层线形，长约9mm，背面上部被疏毛；花托径2.5～5.0mm，蜂窝状，窝孔周围被柔毛。瘦果圆柱形，长约1mm，具10棱，被疏毛；冠毛白色。

六耳铃各部位形态

【生物学特性】 一年生粗壮草本植物，主根肥大，以种子进行繁殖，喜生于海拔800m以下的田畦、草地、山坡及河边、林缘，花期10月至翌年5月。

9.鼠曲草

鼠曲草（*Pseudognaphalium affine*）属菊科（Asteraceae）鼠曲草属（*Pseudognaphalium*），又名田艾、清明菜、拟鼠麹草、鼠麹草、秋拟鼠麹草。

【分布】 国外分布于日本、朝鲜、菲律宾、印度尼西亚、中南半岛及印度等国家或地区；国内除东北外均有分布。

【危害特点】 该草为咖啡园常见杂草，但对咖啡植株生长影响较小，当植株密度过高时，会导致咖啡植株生长缓慢，叶片变黄。

【形态特征】 茎直立或基部有匍匐或斜上分枝，被白色厚毛；头状花序，径2～3mm，在枝顶密集成伞房状，花黄或淡黄色；总苞钟形，径2～3mm，总苞片2～3层，金黄或柠檬黄色，膜质，有光泽，外层倒卵形或匙状倒卵形，背面基部被毛，内层长匙形，背面无毛；瘦果倒卵形或倒卵状圆柱形，长约0.5mm，顶部具乳突；冠毛粗糙，污白色，易脱落，基部连合成2束。

【生物学特性】 一年生草本植物，以种子进行繁殖，生于低海拔干地或湿润草地上，尤以稻田最常见，全年花期2次，分别为1～4月和8～11月。

鼠曲草各部位形态

鼠曲草

10. 秋英

秋英（*Cosmos bipinnatus*）属菊科（Asteraceae）秋英属（*Cosmos*），又名格桑花、扫地梅、波斯菊、大波斯菊。

【分布】 观赏植物，有逃逸散生，现分布于天津、河北、河南、湖北、四川、云南、陕西等省份。

【危害特点】 该草为部分咖啡园特有品种，多为观赏植物，种子成熟后随风雨或人为传播散生于咖啡园，种群较小时对咖啡植株基本没有影响，种群较大后与咖啡植株存在水肥竞争关系，导致植株生长缓慢，对幼龄咖啡植株影响较大。

【形态特征】 株高达2m，茎无毛或稍被柔毛，叶二回羽状深裂。头状花序单生，径3 ~ 6cm，花序梗长6 ~ 18cm；总苞片外层披针形或线状披针形，近革质，淡绿色，具深紫色条纹，长1.0 ~ 1.5cm，内层椭圆状卵形，膜质；舌状花紫红、粉红或白色，舌片椭圆状倒卵形，长2 ~ 3cm：管状花黄色，长6 ~ 8mm，管部短，上部圆柱形，有披针状裂片。瘦果黑紫色，长0.8 ~ 1.2cm，无毛，上端具长喙，有2 ~ 3尖刺。

【生物学特性】 一年生草本植物，以种子进行繁殖，多作为观赏植物种植，逃逸后散生，花期6 ~ 8月，果期9 ~ 10月。

秋英各部位形态

11. 匙叶合冠鼠曲

匙叶合冠鼠曲（*Gamochaeta pensylvanica*）属菊科（Asteraceae）合冠鼠曲草属（*Gamochaeta*），又名匙叶鼠曲草、匙叶合冠鼠曲草。

【分布】 分布于美洲南部、非洲南部、澳大利亚及亚洲。国内分布于台湾、浙江、福建、江西、湖南、广东、广西至云南、四川各省份。

【危害特点】 该草为山地咖啡园常见杂草种类，株型矮小，对咖啡植株影响较小。

【形态特征】 茎高30 ~ 45cm，被白色毛。茎下部叶无柄，倒披针形或匙形，长6 ~ 10cm，叶缘微波状，上面被疏毛，下面密被灰白色毛；中部叶倒卵状长圆形或匙状长圆形，长2.5 ~ 3.5cm，先端刺尖状；叶具5 ~ 7脉。头状花序多数，长3 ~ 4mm，成束簇生，排成顶生或腋生、紧密穗状花序；总苞卵圆形，径约3mm，总苞片2层，污黄或麦秆黄色，膜质，外层卵状长圆形，背面被毛，内层线形，背面疏被毛；花托干时凹入，无毛。瘦果长圆形，长约0.5mm，具乳突。

【生物学特性】 一年生草本植物，以种子进行繁殖，花期12月至翌年5月，耐旱性强。

匙叶合冠鼠曲叶片

匙叶合冠鼠曲

12. 小蓬草

小蓬草（*Erigeron canadensis*）属菊科（Asteraceae）飞蓬属（*Erigeron*），又名小飞蓬、飞蓬、加拿大蓬、小白酒草、蒿子草。

【分布】 起源于北美洲，现在世界各地广泛分布。我国南北各地均有分布。

【危害特点】 该草为咖啡园优势杂草种类，种群数量大，密度高，初期对咖啡植株影响较小，随着生长，开始与咖啡植株竞争水肥、空间，导致咖啡植株生长矮小或不生长；容易吸引蝽类等害虫，导致咖啡虫害加重。

【形态特征】 茎直立，高50～100cm或更高，圆柱状，多少具棱，有条纹，被疏长硬毛，上部多分枝。叶密集。基部叶花期常枯萎，下部叶倒披针形，大小为（6～10）cm×（1.0～1.5）cm，顶端尖或渐尖，基部渐狭成柄，边缘具疏锯齿或全缘，中部和上部叶较小，线状披针形或线形，近无柄或无柄，全缘或少有具1～2个齿，两面或仅上面被疏短毛边缘常被上弯的硬缘毛。头状花序多数小，径3～4mm，排列成顶生多分枝的大圆锥花序；花序梗细，长5～10mm，总苞近圆柱状，长2.5～4.0mm；

小蓬草各部位形态

小蓬草

总苞片2 ~ 3层，淡绿色，线状披针形或线形，顶端渐尖，外层约短于内层之半背面被疏毛，内层长3.0 ~ 3.5mm，宽约0.3mm，边缘干膜质，无毛；花托平，径2.0 ~ 2.5mm，具不明显的突起；雌花多数，舌状，白色，长2.5 ~ 3.5mm，舌片小，稍超出花盘，线形，顶端具2个钝小齿；两性花淡黄色，花冠管状，长2.5 ~ 3.0mm，上端具4个或5个齿裂，管部上部被疏微毛。瘦果线状披针形，长1.2 ~ 1.5mm，稍扁压。

【生物学特性】 一年生草本植物，以种子随风传播繁殖，花期5 ~ 9月。

13. 野艾蒿

野艾蒿（*Artemisia lavandulifolia*）属菊科（Asteraceae）蒿属（*Artemisia*），又名大叶艾蒿。

【分布】 国外分布于日本、朝鲜、蒙古及俄罗斯；国内分布于黑龙江、吉林、辽宁、内蒙古、河北、山西、陕西、甘肃、山东、江苏、安徽、江西、河南、湖北、湖南、广东、广西、四川、贵州、云南等省份。

【危害特点】 该草为咖啡园常见杂草，尤其是山地咖啡园，杂草发生初期影响不大，随着生长期增长，导致咖啡植株生长缓慢，表现为缺肥症状，严重时导致植株直接死亡。

【形态特征】 植株多丛生，偶有单生，株高1.2m，分枝多，茎、枝被灰白色蛛丝状柔毛。叶上面具密集白色腺点及小凹点，初疏被灰白色蛛丝状柔毛，下面除中脉密被灰白色密毛；基生叶与茎下部叶宽卵形或近圆形，长8 ~ 13cm，二回羽状全裂，或一回全裂、二回深裂；中部叶卵形、长圆形或近圆形，长6 ~ 8cm，（一）二回羽状深裂，每侧裂片2 ~ 3，裂片椭圆形或长卵形，具2 ~ 3线状披针形或披针形小裂片或深裂齿，边缘反卷，叶柄长1 ~ 2（3）cm，基部有羽状分裂小假托叶；上部叶羽状全裂；苞片叶3全裂或不裂。头状花序极多数，椭圆形或长圆形，径2.0 ~ 2.5mm，排成密穗状或复穗状花序，在茎上组成圆锥花序；总苞片背面密被灰白或灰黄色蛛丝状柔毛；雌花4 ~ 9枚；两性花10 ~ 20朵，花冠檐部紫红色。瘦果长卵圆形或倒卵圆形。

【生物学特性】 多年生草本植物，以种子进行繁殖，多生于低或中海拔地区的路旁、林缘、山坡、草地、山谷、灌丛及河湖滨草地等，花果期8 ~ 10月。

野艾蒿叶片

野艾蒿

14. 野茼蒿

野茼蒿（*Crassocephalum crepidioides*）属菊科（Asteraceae）野茼蒿属（*Crassocephalum*），又名冬风菜、假茼蒿、革命菜、昭和草。

【分布】 分布广泛，国外分布于东南亚和非洲等地；国内几乎各地均有分布。

【危害特点】 该草为咖啡园常见杂草，植株矮小，初发第一年危害较小或几乎没有，翌年随着种子传播，开始大面积发生，导致咖啡植株徒长，不壮，对未投产咖啡园影响较大。

【形态特征】 株高0.2 ~ 1.2m，无毛。叶膜质，椭圆形或长圆状椭圆形，先端渐尖，基部楔形，边缘有不规则锯齿或重锯齿，或基部羽裂。头状花序在茎端排成伞房状，径约3cm；总苞钟状，长1.0 ~ 1.2cm，有数枚线状小苞片，总苞片1层，线状披针形，先端有簇状毛；小花全部管状，两性，花冠红褐或橙红色；花柱分枝，顶端尖，被乳头状毛。瘦果窄圆柱形，红色，白色冠毛多数，绢毛状。

【生物学特性】 一年生草本植物，以种子随风进行扩散和繁殖，花期7 ~ 12月。

野茼蒿各部位形态

野茼蒿

15. 一点红

一点红（*Emilia sonchifolia*）属菊科（Asteraceae）一点红属（*Emilia*），又名紫背叶、红背果、片红青、叶下红、红头草、牛奶奶、花古帽、野木耳菜、羊蹄草、红背叶。

一点红各部位形态

【分布】 分布广泛，在亚洲热带、亚热带和非洲均有分布。国内各地均有分布。

【危害特点】 该草为咖啡园常见杂草，株型矮小，对咖啡植株影响较小或基本没有，但密度过高时，可导致咖啡植株生长不良，容易吸引蚜虫，导致咖啡园虫害严重。

【形态特征】 茎直立或斜升，高10 ~ 40cm，常基部分枝，无毛或疏被短毛。下部叶密集，大头羽状分裂，长5 ~ 10cm，下面常变紫色，两面被卷毛；中部叶疏生，较小，卵状披针形或长圆状披针形，无柄，基部箭状抱茎，全缘或有细齿；上部叶少数，线形。头状花序长8mm，后伸长至1.4cm，花前下垂，花后直立，常2 ~ 5枚排成疏伞房状，花序梗无苞片；总苞圆柱形，长0.8 ~ 1.4cm，基部无小苞片，总苞片8 ~ 9，长圆状线形或线形，黄绿色，约与小花等长；小花粉红或紫色，长约9mm。瘦果圆柱形，肋间被微毛，冠毛多，细软。

【生物学特性】 一年生草本植物，以种子随风飘扬扩散繁殖，多见于山坡荒地、田埂及道路旁。

16. 翼齿六棱菊

翼齿六棱菊（*Laggera crispata*）属菊科（Asteraceae）六棱菊属（*Laggera*），又名臭灵丹、假六棱菊。

【分布】 国外分布于印度及中南半岛；国内分布于广西、云南。

【危害特点】 该草为咖啡园优势杂草，株型高大，容易吸引蚜虫等害虫，导致咖啡植株受到害虫的危害；同时，杂草与咖啡植株间的水肥和空间竞争严重，导致植株生长缓慢或死亡。

【形态特征】 茎粗壮而直立，高约1m，基部径5～8mm，基部木质，多分枝或上部多分枝，具沟纹，被密淡黄色短腺毛，茎翅阔，连续，宽2～5mm，具粗齿或细尖齿，节间长1～3cm。中上部叶长圆形，无柄，大小为（5.5～10.0）cm×（1.5～2.5）cm，基部沿茎下延成茎翅，顶端钝，边缘有疏细齿，两面被密短腺毛，中脉粗壮，两面匀凸起，侧脉通常8～10对，网脉明显；上部叶小，长圆形，顶端短尖、钝或中脉延伸成突尖状，边缘有远离的细齿或无齿。头状花序多数，径约1cm，在茎枝顶端排成大型圆柱状圆锥花序；花序梗长5～25mm，被密腺状短柔毛；总苞近钟形，长约12mm；总苞片约6层；外层叶质，绿色，长圆形，长5～6mm，顶端短尖或渐尖，少有钝的，背面密被腺状短柔毛，内层干膜质，线形，长7～8mm，顶端短尖或渐尖，带紫红色，背面仅沿中肋被疏短柔毛或无毛。雌花多数，花冠丝状，长约7mm，檐部3～4齿裂，裂片极小，无毛；两性花较少，花冠管状，长约8mm，檐部5裂，裂片三角形，顶端稍尖，被乳头状腺毛，全部花冠淡紫红色。瘦果圆柱形，有棱，长约1mm，疏被白色柔毛。冠毛白色，易脱落，长约6mm。

【生物学特性】 多年生草本植物，以种子随风飘扬扩散繁殖，花期10月。

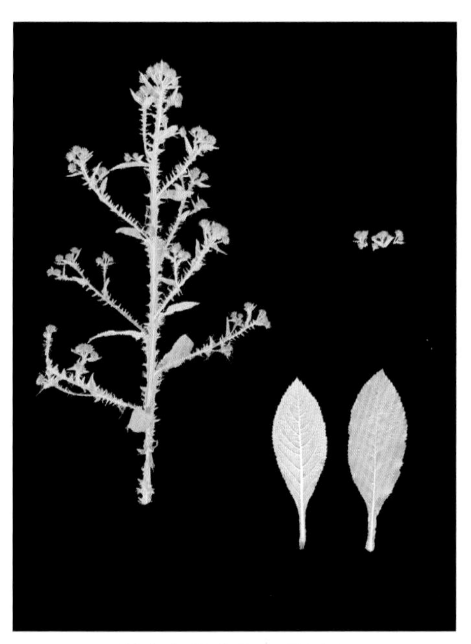

翼齿六棱菊各部位形态

翼齿六棱菊

17. 鱼眼草

鱼眼草（*Dichrocephala integrifolia*）属菊科（Asteraceae）鱼眼草属（*Dichrocephala*）。

【分布】 广泛分布于亚洲与非洲的热带和亚热带地区。国内产于秦岭以南各地。

【危害特点】 该草为部分咖啡园特有品种，种群较小，对咖啡植株影响较小。

【形态特征】 茎枝被白色茸毛，果期近无毛。中部茎生叶长3～12cm，大头羽裂，侧裂片1～2对，基部渐窄成具翅柄，柄长1.0～3.5cm；基部叶不裂，卵形，有重粗锯齿或呈缺刻状，稀有规则圆锯齿，叶两面疏被柔毛；中下部叶腋通常有不发育叶簇或小枝，叶簇或小枝被较密茸毛。头状花序球形，径

3～5mm，在枝端或茎顶排成伞房状花序或伞房状圆锥花序；总苞片1～2层，膜质，长圆形或长圆状披针形，微锯齿状撕裂，外面无毛；外围雌花多层，紫色，花冠线形，顶端具2齿；中央两性花黄绿色。瘦果倒披针形，边缘脉状加厚，无冠毛或两性花瘦果顶端有1～2细毛状冠毛。

【生物学特性】 一年生草本植物，以种子进行繁殖，多生于山坡、山谷阴处或阳处、山坡林下、平川耕地、荒地或水沟边，全年可见花果。

鱼眼草各部位形态

鱼眼草

18. 羽芒菊

羽芒菊（*Tridax procumbens*）属菊科（Asteraceae）羽芒菊属（*Tridax*）。

【分布】 国外分布于印度、中南半岛、印度尼西亚及美洲热带地区；国内分布于台湾至东南部沿海各省份及其南部一些岛屿。

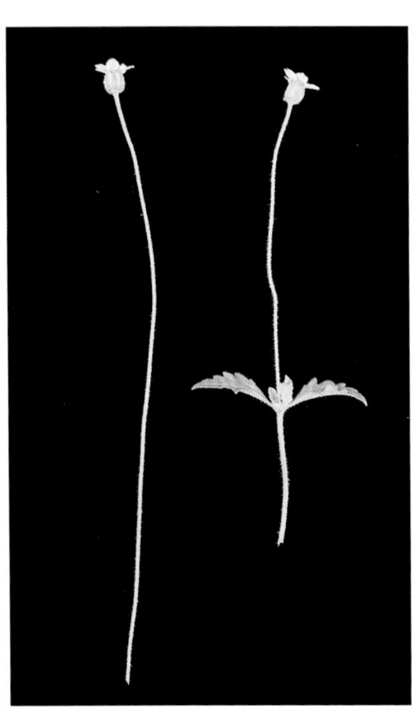

羽芒菊花及叶的形态

羽芒菊

【危害特点】 该草为部分咖啡园特有杂草，种群小，枝叶稀疏，对咖啡影响较小或基本没有。

【形态特征】 茎长1.0m，被倒向糙毛或脱毛。中部叶披针形或卵状披针形，长4 ~ 8cm，边缘有粗齿和细齿，基部渐窄或近楔形，叶柄长约1cm；上部叶卵状披针形或窄披针形，长2 ~ 3cm，有粗齿或基部近浅裂，具短柄。头状花序少数，径1.0 ~ 1.4cm，单生茎和枝顶端，花序梗长10 ~ 20(30)cm，被白色疏毛；总苞钟形，长7 ~ 9mm，总苞片2 ~ 3层，外层绿色，卵形或卵状长圆形，背面被密毛，内层长圆形，无毛，最内层线形，鳞片状；雌花1层，舌状，舌片长圆形，长约4mm，先端2 ~ 3浅裂；两性花多数，花冠管状，被柔毛。瘦果陀螺形或倒圆锥形，稀圆柱状，密被疏毛。冠毛上部污白色，下部黄褐色。

【生物学特性】 多年生铺地草本植物，以种子进行繁殖，生于低海拔旷野、荒地、坡地以及路旁阳处，花期11月至翌年3月。

19. 紫茎泽兰

紫茎泽兰（*Ageratina adenophora*）属菊科（Asteraceae）紫茎泽兰属（*Ageratina*），俗称破坏草。

【分布】 原产美洲的墨西哥至哥斯达黎加一带，北纬37°至南纬35°。国外分布于美国、澳大利亚、新西兰、南非、西班牙、印度、菲律宾、马来西亚、新加坡、印度尼西亚、巴布亚新几内亚、泰国、缅甸、越南、尼泊尔、巴基斯坦以及太平洋岛屿等30多个国家或地区；国内分布于云南、贵州、四川、广西、西藏等地，其中云南80%土地均有分布。

【危害特点】 该草为咖啡园优势杂草种类，种群大，植株高，与咖啡植株间的水肥竞争显著，轻则导致植株衰弱，重则导致植株直接死亡。

【形态特征】 株高30 ~ 90cm。茎直立，分枝对生、斜上，茎上部的花序分枝伞房状；全部茎枝被白色或锈色短柔毛，上部及花序梗上的毛较密，中下部花期脱毛或无毛。叶对生，质地薄，卵形、三角状卵形或菱状卵形，大小为（3.5 ~ 7.5）cm ×（1.5 ~ 3.0）cm，有长叶柄，柄长4.0 ~ 5.0cm，上面绿色，下面色淡，两面被稀疏的短柔毛，下面及沿脉的毛稍密，基部平截或稍心形，顶端急尖，基出三脉，侧脉纤细，边缘有粗大圆锯齿；接花序下部的叶波状浅齿或近全缘。头状花序多数在茎枝顶端排成伞房花序或复伞房花序，花序径2 ~ 4cm或可达12cm。总苞宽钟状，大小约为3mm × 4mm，含40 ~ 50朵小花；总苞片1 ~ 2层，线形或线状披针形，长3mm，顶端渐尖。花托高起，圆锥状。管状花两性，淡紫色，花冠长3.5mm。瘦果黑褐色，长1.5mm，长椭圆形，5棱，无毛无腺点。冠毛白色，纤细，与花冠等长。

紫茎泽兰

【生物学特性】 多年生草本植物，以种子随风飘扬扩散传播繁殖，花果期4 ~ 10月，传播速度极快，每年以10 ~ 30km的速度向北和向东扩散。

金星蕨科（Thelypteridaceae）

金星蕨

金星蕨（*Parathelypteris glanduligera*）属金星蕨科（Thelypteridaceae）金星蕨属（*Parathelypteris*），又名金星毛蕨。

【分布】 国外分布于韩国南部、日本、越南、印度北部；国内广布于长江以南地区，北达河南、安徽北部，东到台湾，南至海南，向西达四川、云南等省份。

【危害特点】 该草为咖啡园常见杂草，尤其在海拔1 000m以上的区域，主要生于咖啡园地梗上，与咖啡植株存在一定的水肥和阳光竞争关系，但对咖啡植株生长影响较小或几乎没有影响。

【形态特征】 植株高35 ~ 50（60）cm。根状茎长而横走，粗约2mm，光滑，先端略被披针形鳞片。叶近生；叶柄长15 ~ 20(30)cm，粗约1.5mm，禾秆色，多少被短毛或有时光滑；叶片大小为（18 ~ 30）cm×（7 ~ 13）cm，披针形或阔披针形，先端渐尖并羽裂，向基部不变狭；二回羽状深裂；羽片约15对，平展或斜上，互生或下部的近对生，无柄，彼此相距1.5 ~ 2.5cm，长4 ~ 7cm，宽1.0 ~ 1.5cm，披针形或线状披针形，先端渐尖，基部对称，稍变宽，或基部一对向基部略变狭，截形，羽裂几羽轴；裂片15 ~ 20对或更多，开展，彼此接近，长圆状披针形，圆钝头或为钝尖头，全缘，基部一对尤其上侧一片通常较长。叶脉明显，侧脉单一，斜上，每裂片5 ~ 7对，基部一对出自主脉基部以上。叶草质，干后草绿色或有时褐绿色羽片下面除密被橙黄色圆球形腺体外，光滑或疏被短毛，上面沿羽轴的纵沟密被针状毛，沿叶脉偶有少数短针毛，叶轴多少被灰白色柔毛。孢子囊群小，圆形，每裂片4 ~ 5对，背生于侧脉的近顶部，靠近叶边；囊群盖中等大，圆肾形，棕色，厚膜质，背面疏被灰白色刚毛，宿存。孢子两面型，圆肾形，周壁具褶皱，其上的细网状纹饰明显而规则。

金星蕨

【生物学特性】 多年生蕨类植物，以孢子进行繁殖，生于疏林下，分布广泛，在海拔50 ~ 1 500m的区域均有分布。

锦葵科（Malvaceae）

1. 地桃花

地桃花（*Urena lobata*）属锦葵科（Malvaceae）梵天花属（*Urena*），又名毛桐子、牛毛七、石松毛、红孩儿、千下槌、半边月等。

【分布】 分布广泛，国外主要分布于越南、柬埔寨、老挝、泰国、缅甸、印度和日本等国家；国内长江以南各省份均有分布。

【危害特点】 该草为咖啡园常见杂草，根系发达，株型高大，与咖啡植株具有明显的水肥竞争关系，导致咖啡植株生长不良。

【形态特征】 株高1.0m，小枝被星状茸毛。茎下部的叶近圆形，大小为（4 ~ 5）cm×（5 ~ 6）cm，先端浅3裂，基部圆形或近心形，边缘具锯齿；中部的叶卵形，大小为（5 ~ 7）cm×（3.0 ~ 6.5）cm；上部的叶长圆形至披针形，大小为（4 ~ 7）cm×（1.5 ~ 3.0）cm；叶上面被柔毛，下面被灰白色星状茸毛；叶柄长1 ~ 4cm，被灰白色星状毛；托叶线形，长约2mm，早落。花腋生，单生或稍丛生，淡红色，直径约15mm；花梗长约3mm，被绵毛；小苞片5，长约6mm，基部1/3合生；花萼杯状，裂片5，较小苞片略短，两者均被星状柔毛；花瓣5，倒卵形，长约15mm，外面被星状柔毛；雄蕊柱长约15mm，无毛；花柱枝10，微被长硬毛。果扁球形，直径约1cm，分果爿被星状短柔毛和锚状刺。

【生物学特性】 直立亚灌木状草本植物，以种子进行繁殖，花期7 ~ 10月，喜生于干热的空旷地、草坡或疏林下，种子往往可通过人或毛皮动物进行传播。

地桃花各部位形态

地桃花

2. 赛葵

赛葵（*Malvastrum coromandelianum*）属锦葵科（Malvaceae）赛葵属（*Malvastrum*），又名黄花棉、黄花草。

【分布】 原产于美洲，现分布于我国的台湾、福建、广东、广西和云南等省份。

【危害特点】 该草为干热区咖啡园常见杂草种类，与咖啡植株存在显著水肥竞争关系，导致咖啡植株缺肥缺水，生长不良。

【形态特征】 直立，株高1m，疏被单毛和星状粗毛。叶卵状披针形或卵形，大小为（3 ~ 6）cm ×（1 ~ 3）cm，先端钝尖，基部宽楔形至圆形，边缘具粗锯齿，上面疏被长毛，下面疏被长毛和星状长毛；叶柄长1 ~ 3cm，密被长毛；托叶披针形，长约5mm。花单生于叶腋，花梗长约5mm，被长毛；小苞片线形，大小约为5mm × 1mm，疏被长毛；萼浅杯状，5裂，裂片卵形，渐尖头，长约8mm，基部合生，疏被

赛葵各部位形态

赛葵

单长毛和星状长毛；花黄色，直径约1.5cm，花瓣5，倒卵形，大小约为8mm×4mm；雄蕊柱长约6mm，无毛。果直径约6mm，分果爿8 ~ 12，肾形，疏被星状柔毛，直径约2.5mm，背部宽约1mm，具2芒刺。

【生物学特性】 多年生亚灌木状草本植物，以种子进行繁殖，散生于干热草坡。

蓼科（Polygonaceae）

1. 扛板归

扛板归（*Persicaria perfoliata*）属蓼科（Polygonaceae）蓼属（*Persicaria*），又称贯叶蓼、刺犁头、河白草、蛇倒退、梨头刺、蛇不过、老虎舌、杠板归。

【分布】 国外分布于朝鲜、日本、印度尼西亚、菲律宾、印度及俄罗斯（西伯利亚）等地；国内主要分布于大部分的湿润半湿润区。

【危害特点】 该草常见于中高海拔咖啡园，主要攀附于咖啡植株上，争夺水肥，初期对咖啡植株生长影响不大，中后期植株密布于咖啡植株上，导致植株出现缺肥症状，长期覆盖则会导致植株死亡；同时，其茎上倒生皮刺影响农事操作。

【形态特征】 茎攀缘，多分枝，长1 ~ 2m，具纵棱，沿棱具稀疏的倒生皮刺。叶三角形，大小为(3 ~ 7)cm×(2 ~ 5)cm，顶端钝或微尖，基部截形或微心形，薄纸质，上面无毛，下面沿叶脉疏生皮刺；叶柄与叶片近等长，具倒生皮刺，盾状着生于叶片的近基部；托叶鞘叶状，草质，绿色，圆形或近圆形，穿叶，直径1.5 ~ 3.0cm。总状花序呈短穗状，不分枝顶生或腋生，长1 ~ 3cm；苞片卵圆形，每苞片内具花2 ~ 4朵；花被5深裂，白色或淡红色，花被片椭圆形，长约3mm，果时增大，呈肉质，深蓝色；雄蕊8枚，略短于花被；花柱3枚，中上部合生；柱头头状。瘦果球形，直径3 ~ 4mm，黑色，有光泽，包于宿存花被内。

【生物学特性】 一年生攀缘草本植物，花期6 ~ 8月，果期7 ~ 10月，以种子进行繁殖，多见于海拔80 ~ 2 300m的田边、路旁、山谷湿地等生境。

扛板归茎及叶片形态

扛板归

2. 何首乌

何首乌（*Pleuropterus multiflorus*）属蓼科（Polygonaceae）何首乌属（*Pleuropterus*），又名夜交藤、紫乌藤、多花蓼、桃柳藤、九真藤。

【分布】 国外分布于日本；国内分布于陕西南部、甘肃南部、华东、华中、华南、四川、云南及贵州等地。

【危害特点】 该草为中高海拔区域咖啡园常见杂草，藤蔓茂盛，常于藤蔓缠绕咖啡植株导致植株水肥光照不足，导致产量降低或植株死亡。

【形态特征】 块根肥厚，长椭圆形，黑褐色。茎缠绕，长2～4m，多分枝，具纵棱，无毛，微粗糙，下部木质化。叶卵形或长卵形，大小为（3～7）cm×（2～5）cm，顶端渐尖，基部心形或近心形，两面粗糙，边缘全缘；叶柄长1.5～3.0cm；托叶鞘膜质，偏斜，无毛，长3～5mm。花序圆锥状，顶生或腋生，长10～20cm，分枝开展，具细纵棱，沿棱密被小突起；苞片三角状卵形，具小突起，顶端尖，每苞内具2～4朵花；花梗细弱，长2～3mm，下部具关节，果时延长；花被5，深裂，白色或淡绿色，花被片椭圆形，大小不相等，外面3片较大，背部具翅，果时增大，近圆形，直径6～7mm；雄蕊8枚，花丝下部较宽；花柱3枚，极短，柱头头状。瘦果卵形，具3棱，长2.5～3.0mm，黑褐色，有光泽，包于宿存花被内。

【生物学特性】 多年生缠绕藤本植物，花期8～9月，果期9～10月，以块根或种子进行繁殖，喜高海拔地区的山谷灌丛、山坡林下、沟边石隙。

何首乌藤蔓及叶片形态

何首乌

3. 皱叶酸模

皱叶酸模（*Rumex crispus*）属蓼科（Polygonaceae）酸模属（*Rumex*），俗名土大黄。

【分布】 国外分布于高加索、哈萨克斯坦、俄罗斯（西伯利亚、远东）、蒙古、朝鲜、日本、欧洲及北美；国内东北、华北、西北、山东、河南、湖北、四川、贵州及云南均有分布。

【危害特点】 该草为咖啡园常见杂草种类，根系发达，与咖啡植株存在一定的水肥竞争关系，导致植株生长不良。

【形态特征】 根粗壮，黄褐色。茎直立，高50～120cm，不分枝或上部分枝，具浅沟槽。基生叶

皱叶酸模植株及叶片形态

披针形或狭披针形，大小为（10 ～ 25）cm×（2 ～ 5）cm，顶端急尖，基部楔形，边缘皱波状；茎生叶较小狭披针形；叶柄长3 ～ 10cm；托叶鞘膜质，易破裂。花序狭圆锥状，花序分枝近直立或上升；花两性；淡绿色；花梗细，中下部具关节，关节果时稍膨大；花被片6，外花被片椭圆形，长约1mm，内花被片果时增大，宽卵形，长4 ～ 5mm，网脉明显，顶端稍钝，基部近截形，边缘近全缘，全部具小瘤，稀1片具小瘤，小瘤卵形，长1.5 ～ 2.0mm。瘦果卵形，顶端急尖，具3锐棱，暗褐色，有光泽。

【生物学特性】 多年生草本植物，主要以种子进行传播，花期5 ～ 6月，果期6 ～ 7月，在海拔2 500m以下的河滩、沟边湿地均有分布。

马鞭草科（Verbenaceae）

马鞭草

马鞭草（*Verbena officinalis*）属马鞭草科（Verbenaceae）马鞭草属（*Verbena*），俗名蜻蜓饭、蜻蜓草、风须草、土马鞭、粘身蓝被、兔子草、蛤蟆棵、透骨草、马鞭梢、马鞭子、铁马鞭。

马鞭草各部位形态

【分布】 全球温带至热带地区均有分布。国内分布于山西、陕西、甘肃、江苏、安徽、浙江、福建、江西、湖北、湖南、广东、广西、四川、贵州、云南、新疆、西藏等省份。

【危害特点】 该草为咖啡园常见杂草，与咖啡植株存在一定的水肥竞争关系，但竞争不显著，对咖啡植株的影响较小。

【形态特征】 高30 ～ 120cm。茎秆为四方形，近基部为圆形，节和棱上有硬毛。叶片卵圆形至倒卵形或长圆状披针形，大小为（2 ～ 8）cm×（1 ～ 5）cm，基生叶的边缘通常有粗锯齿和缺刻，茎生叶多数3深裂，裂片边缘有不整齐锯齿，两面均有硬毛，背面脉上尤多。穗状花序顶生和腋生，细弱，花小，无柄，最初密集，结果时疏离；苞片稍短于花萼，具硬毛；花萼长约2mm，有硬毛，有5脉，脉间凹穴处质薄而色淡；花冠淡紫至蓝色，长4 ～ 8mm，外面有微毛，裂片5；雄蕊4枚，着生于花冠管的中部，花丝短；子房无毛。果长圆形，长约2mm，外果皮薄，成熟时4瓣裂。

【生物学特性】 多年生草本植物，主要以种子进行繁殖，花期6 ～ 8月，果期7 ～ 10月，喜温带至热带地区的路边、山坡、溪边或林旁。

土人参科（Talinaceae）

土人参

土人参（*Talinum paniculatum*）属土人参科（Talinaceae）土人参属（*Talinum*），俗名波世兰、力参、煮饭花、紫人参、红参、土高丽参、参草、假人参、栌兰。

【分布】 原产于热带美洲，中部和南部均有栽植，有的逸为野生。在我国现分布于长江以南各地。

【危害特点】 该草主要分布于中高海拔咖啡园，多生于咖啡园周边的石缝或地埂处，与咖啡植株存在一定的水肥竞争关系，但对咖啡植株生长影响较小。

【形态特征】 全株无毛，株高30 ～ 100cm。主根粗壮，圆锥形，有少数分枝，皮黑褐色，断面乳白色。茎直立，肉质，基部近木质，多少分枝，圆柱形，有时具槽。叶互生或近对生，具短柄或近无柄，叶片稍肉质，倒卵形或倒卵状长椭圆形，大小为（5 ～ 10）cm×（2.5 ～ 5.0）cm，顶端急尖，有时微

凹，具短尖头，基部狭楔形，全缘。圆锥花序顶生或腋生，较大型，常二叉状分枝，具长花序梗；花小，直径约6mm；总苞片绿色或近红色，圆形，顶端圆钝，长3 ~ 4mm；苞片2，膜质，披针形，顶端急尖，长约1mm；花梗长5 ~ 10mm；萼片卵形，紫红色，早落；花被粉红色或淡紫红色，长椭圆形、倒卵形或椭圆形，长6 ~ 12mm，顶端圆钝，稀微凹；雄蕊（10）15 ~ 20枚，比花瓣短；花柱线形，长约2mm，基部具关节；柱头3裂，稍开展；子房卵球形，长约2mm。蒴果近球形，直径约4mm，3瓣裂，坚纸质；种子多数，扁圆形，直径约1mm，黑褐色或黑色，有光泽。

【生物学特性】 一年生或多年生草本植物，主要以块根或种子进行传播，花期6 ~ 8月，果期9 ~ 11月，喜温凉潮湿环境。

土人参茎及叶片形态

土人参

马兜铃科（Aristolochiaceae）

马兜铃

马兜铃（*Aristolochia debilis*）属马兜铃科（Aristolochiaceae）马兜铃属（*Aristolochia*）。

【分布】 在我国分布于长江流域以南各地以及山东、河南等省份，广东、广西常有栽培。

【危害特点】 该草为中高海拔地区咖啡园常见杂草，通常以藤蔓缠绕咖啡植株造成危害，导致植株落叶或生长不良，产量降低。

【形态特征】 根圆柱形，直径3 ~ 15mm，外皮黄褐色。茎柔弱，无毛，暗紫色或绿色，有腐肉味。叶纸质，卵状三角形，长圆状卵形或戟形，长3 ~ 6cm，基部宽1.5 ~ 3.5cm，上部宽1.5 ~ 2.5cm，顶端钝圆或短渐尖，基部心形，两侧裂片圆形，下垂或稍扩展，长1.0 ~ 1.5cm，两面无毛；叶柄长1 ~ 2cm，柔弱。花单生或2朵聚生于叶腋；花梗长1.0 ~ 1.5cm，开花后期近顶端常稍弯，基部具小苞片；小苞片三角形，长2 ~ 3mm，易脱落；花被长3.0 ~ 5.5cm，基部膨大呈球形，与子房连接处具关节，直径3 ~ 6mm，向上收狭成一长管，管长2.0 ~ 2.5cm，直径2 ~ 3mm，管口扩大呈漏斗状，黄绿色，口部有紫斑，外面无毛，内面有腺体状毛；檐部一侧极短，另一侧渐延伸成舌片；舌片卵状披针形，向上渐狭，长2 ~ 3cm，顶端钝；花药卵形，贴生于合蕊柱近基部，并单个与其裂片对生；子房圆柱形，长约10mm，6棱；合蕊柱顶端6裂，稍具乳头状凸起，裂片顶端钝，向下延伸形成波状圆环。蒴果近球形，顶端圆形而微凹，长约6cm，直径约4cm，具6棱，成熟时黄绿色，由基部向上沿室间6瓣开裂。果梗长2.5 ~ 5.0cm，常撕裂成6条；种子扁平，钝三角形，长、宽均约4mm，边缘具白色膜质宽翅。

【生物学特性】 草质藤本植物，以种子或块状茎进行繁殖，花期7 ~ 8月，果期9 ~ 10月，喜生于海拔200 ~ 1 500m的山谷、沟边、路旁阴湿处及山坡灌丛中。

马兜铃各部位形态

马兜铃

毛茛科（Ranunculaceae）

茴茴蒜

茴茴蒜（*Ranunculus chinensis*）属毛茛科（Ranunculaceae）毛茛属（*Ranunculus*）。

【分布】 国外分布于印度、朝鲜、日本及俄罗斯（西伯利亚）；国内分布于西藏、云南、四川、陕西、甘肃、青海、新疆、内蒙古、黑龙江、吉林、辽宁、河北、山西、河南、山东、湖北、湖南、江西、江苏、安徽、浙江、广东、广西、贵州等省份。

【危害特点】 该草为湿度较大的咖啡园常见杂草，与咖啡植株存在一定的肥力竞争关系，但对咖啡植株基本没有影响。

茴茴蒜各部位形态

【形态特征】 须根多数簇生。茎直立粗壮，株高20 ~ 70cm，直径5mm以上，中空，有纵条纹，分枝多，与叶柄均密生开展的淡黄色糙毛。基生叶与下部叶有长12cm的叶柄，为三出复叶，叶片宽卵形至三角形，长3 ~ 8（12）cm，小叶2 ~ 3深裂，裂片倒披针状楔形，宽5 ~ 10mm，上部有不等的粗齿或缺刻或2 ~ 3裂，顶端尖，两面伏生糙毛，小叶柄长1 ~ 2cm或侧生小叶柄较短，生开展的糙毛。上部叶较小，叶片3全裂，裂片有粗齿牙或再分裂。花序有较多疏生的花，花梗贴生糙毛；花直径6 ~ 12mm；萼片狭卵形，长3 ~ 5mm，外面生柔毛；花被5，宽卵圆形，与萼片近等长或稍长，黄色或上面白色，基部有短爪，蜜槽有卵形小鳞片；花药长约1mm；花托在果期显著伸长，圆柱形，长1cm，

密生白短毛。聚合果长圆形，直径6 ~ 10mm；瘦果扁平，长3.0 ~ 3.5mm，宽约2mm，为厚的5倍以上，无毛，边缘有宽约0.2mm的棱，喙极短，呈点状，长0.1 ~ 0.2mm。

【生物学特性】 一年或多年生草本植物，花果期5 ~ 9月，以种子进行繁殖，喜生于海拔700 ~ 2 500m的平原与丘陵、溪边、田旁的水湿草地。

葡萄科（Vitaceae）

地锦

地锦（*Parthenocissus tricuspidata*）属葡萄科（Vitaceae）地锦属（*Parthenocissus*），又称爬墙虎、田代氏大戟、铺地锦、地锦草、爬山虎。

【分布】 国外分布于朝鲜、日本；国内几乎各地均有分布。

【危害特点】 该草为中高海拔地区咖啡园稀有杂草，但危害严重，常见藤蔓覆盖咖啡全株，导致咖啡植株因光照不足而生长缓慢，严重者甚至死亡。

【形态特征】 小枝圆柱形，几无毛或微被疏柔毛。卷须5 ~ 9分枝，相隔2节间断与叶对生，卷须顶端嫩时膨大成圆珠形，后遇附着物扩大成吸盘。叶为单叶，通常着生在短枝上为3浅裂，时有着生在长枝上者小型不裂，叶片通常倒卵圆形，大小为（4.5 ~ 17.0）cm×（4 ~ 16）cm，顶端裂片急尖，基部心形，边缘有粗锯齿，上面绿色，无毛，下面浅绿色，无毛或中脉上疏生短柔毛，基出脉5，中央脉有侧脉3 ~ 5对，网脉上面不明显，下面微突出；叶柄长4 ~ 12cm，无毛或疏生短柔毛。花序着生在短枝上，基部分枝，形成多歧聚伞花序，长2.5 ~ 12.5cm，主轴不明显；花序梗长1.0 ~ 3.5cm，几无毛；花梗长2 ~ 3mm，无毛；花蕾倒卵椭圆形，高2 ~ 3mm，顶端圆形；萼碟形，边缘全缘或呈波状，无毛；花瓣5，长椭圆形，高1.8 ~ 2.7mm，无毛；雄蕊5枚，花丝长1.5 ~ 2.4mm，花药长椭圆卵形，长0.7 ~ 1.4mm，花盘不明显；子房椭圆形，花柱明显，基部粗，柱头不扩大。果实球形，直径1.0 ~ 1.5cm，有种子1 ~ 3粒；种子倒卵圆形，顶端圆形，基部急尖成短喙，种脐在背面中部呈圆形，腹部中棱脊突出，两侧洼穴呈沟状，从种子基部向上达种子顶端。

【生物学特性】 木质落叶藤本植物，花期5 ~ 8月，果期9 ~ 10月，以种子进行繁殖，主要分布于海拔150 ~ 1 200m的山坡崖石壁或灌丛中。

地锦

蔷薇科（Rosaceae）

蛇莓

蛇莓（*Duchesnea indica*）属蔷薇科（Rosaceae）蛇莓属（*Duchesnea*），又名三爪风、龙吐珠、蛇泡草、东方草莓。

【分布】 国外从阿富汗东达日本，南达印度、印度尼西亚，在欧洲及美洲均有分布；国内分布于辽宁以南各地区。

【危害特点】 该草为咖啡园常见杂草，以匍匐枝繁殖后与咖啡植株争夺养分造成危害，对幼龄树有影响，通常造成生长不良，但对成龄咖啡植株基本没有影响。

【形态特征】 根茎短、粗壮；匍匐茎多数，长30 ~ 100cm，有柔毛。小叶片倒卵形至菱状长圆形，长2 ~ 3.5（5）cm，宽1 ~ 3cm，先端圆钝，边缘有钝锯齿，两面皆有柔毛，或上面无毛，具小叶柄；叶柄长1 ~ 5cm，有柔毛；托叶窄卵形至宽披针形，长5 ~ 8mm。花单生于叶腋，直径1.5 ~ 2.5cm；花梗长3 ~ 6cm，有柔毛；萼片卵形，长4 ~ 6mm，先端锐尖，外面有散生柔毛；副萼片倒卵形，长5 ~ 8mm，比萼片长，先端常具3 ~ 5锯齿；花被片倒卵形，长5 ~ 10mm，黄色，先端圆钝；雄蕊20 ~ 30枚；心皮多数，离生；花托在果期膨大，海绵质，鲜红色，有光泽，直径10 ~ 20mm，外面有长柔毛。瘦果卵形，长约1.5mm，光滑或具不明显突起，鲜时有光泽。

【生物学特性】 多年生草本植物，喜潮湿环境，花期6 ~ 8月，果期8 ~ 10月，以种子和匍匐枝进行繁殖。

蛇莓各部位形态

蛇莓

茄科（Solanaceae）

1. 刺天茄

刺天茄（*Solanum violaceum*）属茄科（Solanaceae）茄属（*Solanum*），又名黄水荠、鸡刺子、紫花茄、生刺矮瓜、袖扣果、丁茄子、钉茄、颠茄、野海椒等。

【分布】 国外分布于印度、缅甸、中南半岛，南至马来半岛，东至菲律宾等热带和亚热带地区；国内分布于四川、贵州、云南、广西、广东、福建、台湾等省份。

【危害特点】 该草为干热区咖啡园常见杂草，株型高大，茎秆及叶背面具刺，影响咖啡园正常农事操作，与咖啡植株具有明显的水肥竞争关系，影响咖啡植株正常生长。

【形态特征】 通常高0.5 ～ 1.5（6）m，小枝、叶下面、叶柄、花序均密被长短不相等的具柄的星状茸毛。小枝褐色，密被尘土色渐老逐渐脱落的星状茸毛及基部宽扁的淡黄色钩刺，钩刺长4 ～ 7mm，基部宽1.5 ～ 7.0mm，先端弯曲，褐色。叶卵形，长5 ～ 7（11）cm，宽2.5 ～ 5.2（8.5）cm，先端钝，基部心形、截形或不相等，边缘5 ～ 7深裂或呈波状浅圆裂，裂片边缘有时有波状浅裂，上面绿色，下面灰绿；中脉及侧脉常在两面具有长2 ～ 6mm的钻形皮刺，侧脉每边3 ～ 4条；叶柄长2 ～ 4cm，密被星状毛及具1 ～ 2枚钻形皮刺，有时不具。蝎尾状花序腋外生，长3.5 ～ 6.0cm，总花梗长2 ～ 8mm，花梗长1.5cm或稍长，密被星状茸毛及钻形细直刺；花蓝紫色，或少为白色，直径约2cm；萼杯状，直径约1cm，长4 ～ 6mm，先端5裂，裂片卵形，端尖，外面密被星状茸毛及细直刺，内面仅先端被星状毛；花冠辐状，筒部长约1.5mm，隐于萼内，冠檐长约1.3cm，先端深5裂，裂片卵形，长约8mm，外面密被分枝多、具柄或无柄的星状茸毛，内面上部及中脉疏被分枝少、无柄的星状茸毛，很少有与外面相同的星状毛；花丝长约1mm，基部稍宽大，花药黄色，长约为花丝长度的7倍，顶孔向上；子房长圆形，具棱，顶端被星状茸毛，花柱丝状，除柱头以下1mm其余均被星状茸毛，柱头截形。果序长4 ～ 7cm，果柄长1.0 ～ 1.2cm，被星状毛及直刺。浆果球形，光亮，成熟时橙红色，直径约1cm，宿存萼反卷。种子淡黄色，近盘状，直径约2mm。

【生物学特性】 多年生多枝灌木，全年可见花果，以种子进行繁殖，喜海拔180 ～ 1 700m的林下、路边、荒地。

刺天茄各部位形态

刺天茄

2. 红丝线

红丝线（*Lycianthes biflora*）属茄科（Solanaceae）红丝线属（*Lycianthes*），又名野花毛辣角、血见愁、野灯笼花、衫钮子、十萼茄、双花红丝线。

【分布】 国外分布于印度、马来西亚、爪哇岛至琉球群岛；国内分布于云南、四川、广西、广东、江西、福建、台湾等省份。

【危害特点】 该草为咖啡园常见杂草，冠幅大，与咖啡植株存在水肥竞争关系，影响咖啡植株的正常生长及日常咖啡园农事操作。

【形态特征】 株高0.5 ～ 1.5m，小枝、叶下面、叶柄、花梗及萼的外面密被淡黄色的单毛及1 ～ 2分枝或树枝状分枝的茸毛。上部叶常假双生，大小不相等；大叶片椭圆状卵形，偏斜，先端渐尖，基部楔形渐窄至叶柄而成窄翅，长9 ~ 13（15）cm，宽3.5 ~ 5（7）cm；叶柄长2 ~ 4cm；小叶片宽卵形，先端短渐尖，基部宽圆形而后骤窄下延至柄而成窄翅，大小为（2.5 ~ 4.0）cm ×（2 ~ 3）cm；叶柄长0.5 ~ 1.0cm，两种叶均膜质，全缘，上面绿色，被简单具节分散的短柔毛；下面灰绿色。花序无柄，通常2 ~ 3朵少4 ~ 5朵花着生于叶腋内；花梗短，长5 ~ 8mm；萼杯状，长约3mm，直径约3.5mm，萼齿10，钻状线形，长约2mm，两面均被有与萼外面相同的毛被；花冠淡紫色或白色，星形，直径10 ~ 12mm，顶端深5裂，裂片披针形，端尖，大小约6.0mm × 1.5mm，外面在中上部及边缘被有平伏的短而尖的单毛；花冠筒隐于萼内，长约1.5mm，冠檐长约7.5mm，基部具深色（干时黑色）的斑点，花丝长约1mm，光滑，花药近椭圆形，长约3mm，宽约1mm，在内面常被微柔毛，顶孔向内，偏斜；子房卵形，长约2mm，宽约1.8mm，光滑，花柱纤细，长约8mm，光滑，柱头头状。果柄长1.0 ~ 1.5cm，浆果球形，直径6 ~ 8mm，成熟果绯红色，宿萼盘形，萼齿长4 ~ 5mm，与果柄同样被有与小枝相似的毛被；种子多数，淡黄色，近卵形至近三角形，水平压扁，大小约为2.0mm × 1.5mm，外面具凸起的网纹。

红丝线植株及叶形态

【生物学特性】 多年生灌木或亚灌木，花期5 ~ 8月，果期7 ~ 11月，以种子进行繁殖，喜生长于海拔2 000m以下的荒野阴湿地、林下、路旁、水边及山谷。

3. 假酸浆

假酸浆（*Nicandra physalodes*）属茄科（Solanaceae）假酸浆属（*Nicandra*），又名鞭打绣球、冰粉、大千生。

【分布】 原产于南美洲。我国南北均作为药用或观赏栽培，河北、甘肃、四川、贵州、云南、西藏等省份有逸为野生。

【危害特点】 该草为咖啡园常见杂草，与咖啡植株存在一定的水肥竞争关系，对幼龄咖啡影响较大，种群过高时导致植株生长不良，但不致死。

【形态特征】 茎直立，有棱条，无毛，株高0.4 ~ 1.5m，上部交互不等的二歧分枝。叶卵形或椭圆

假酸浆各部位形态

假酸浆

形，草质，大小为（4 ~ 12）cm×（2 ~ 8）cm，顶端急尖或短渐尖，基部楔形，边缘有具圆缺的粗齿或浅裂，两面有稀疏毛；叶柄长为叶片长的1/4 ~ 1/3。花单生于枝腋而与叶对生，通常具较叶柄长的花梗，俯垂；花萼5深裂，裂片顶端尖锐，基部心脏状箭形，有2尖锐的耳片，果时包围果实，直径2.5 ~ 4.0cm；花冠钟状，浅蓝色，直径4cm，檐部有折襞，5浅裂。浆果球状，直径1.5 ~ 2.0cm，黄色；种子淡褐色，直径约1mm。

【生物学特性】 一年生直立草本植物，花果期在夏秋季，以种子进行繁殖，多生于田边、荒地或住宅区。

4. 龙葵

龙葵（*Solanum nigrum*）属茄科（Solanaceae）茄属（*Solanum*），俗称黑天天、天茄菜、飞天龙、地泡子、假灯龙草、白花菜、小果果、野茄秧、山辣椒、灯龙草、野海角等。

【分布】 国外广泛分布于欧洲各国；国内几乎各地均有分布。

【危害特点】 该草为咖啡园常见杂草，尤其对幼龄咖啡园的影响较大，因冠幅较大，与植株间的水肥和阳光竞争严重，导致植株生长不良或高而不壮。

【形态特征】 株高0.2 ~ 1.0m，茎无棱或棱不明显，绿色或紫色，近无毛或被微柔毛。叶卵形，大小为（2.5 ~ 10.0）cm×（1.5 ~ 5.5）cm，先端短尖，基部楔形至阔楔形而下延至叶柄，全缘或每边具不规则的波状粗齿，光滑或两面均被稀疏短柔毛，叶脉每边5 ~ 6条，叶柄长1 ~ 2cm。蝎尾状花序腋外生，由3 ~ 6（10）朵花组成，总花梗长1.0 ~ 2.5cm，花梗长约5mm，近无毛或具短柔毛；萼小，浅杯状，直径1.5 ~ 2.0mm，齿卵圆形，先端圆，基部两齿间连接处成角度；花冠白色，筒部隐于萼内，长不及1mm，冠檐长约2.5mm，5深裂，裂片卵圆形，长约2mm；花丝短，花药黄色，长约1.2mm，约为花丝长度的4倍，顶孔向内；子房卵形，直径约0.5mm，花柱长约1.5mm，中部以下被白色茸毛，柱头小，头状。浆果球形，直径约8mm，熟时黑色。种子多数，近卵形，直径为1.5 ~ 2.0mm，两侧压扁。

【生物学特性】 一年生草本植物，以种子进行繁殖，花期5 ~ 8月，果期7 ~ 11月，喜开旷、土质疏松的生境。

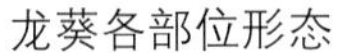

龙葵各部位形态

龙葵

5. 水茄

水茄（*Solanum torvum*）属茄科（Solanaceae）茄属（*Solanum*），俗名天茄子、木哈蒿、乌凉、青茄、西好、刺茄、野茄子、金衫扣、山颠茄。

【分布】 国外普遍分布于热带印度，东经缅甸、泰国，南至菲律宾、马来西亚，也分布于热带美洲；国内分布于云南（东南部、南部及西南部）、广西、广东、台湾。

【危害特点】 该草为咖啡园常见杂草，因茎上有刺而影响农事操作，冠幅较大，根系发达，与咖啡植株存在显著的水肥竞争关系，影响咖啡植株的正常生长。

【形态特征】 高1 ~ 2 (3)m，小枝、叶下、叶柄及花序柄均被具长柄、短柄或无柄稍不等长5 ~ 9分枝的尘土色星状毛。小枝疏具基部宽扁的皮刺，皮刺淡黄色，基部疏被星状毛，长2.5 ~ 10.0mm，宽2 ~ 10mm，尖端略弯曲。叶单生或双生，卵形至椭圆形，长6 ~ 12(19)cm，宽4 ~ 9(13)cm，先端尖，基部心形或楔形，两边不相等，边缘半裂或作波状，裂片通常5 ~ 7，上面绿色，毛被较下面薄，分枝少(5 ~ 7)的无柄的星状毛较多，分枝多的有柄的星状毛较少，下面灰绿，密被分枝多而具柄的星状毛；中脉在下面少刺或无刺，侧脉每边3 ~ 5条，有刺或无刺。叶柄长2 ~ 4cm，具1 ~ 2枚皮刺或不具。伞房花序腋外生，2 ~ 3歧，毛被厚，总花梗长1.0 ~ 1.5cm，具1细直刺或无，花梗长5 ~ 10mm，被腺毛及星状毛；花白色；萼杯状，长约4mm，外面被星状毛及腺毛，端5裂，裂片卵状长圆形，长约2mm，先端骤尖；花冠辐形，直径约1.5cm，筒部隐于萼内，长约1.5mm，冠檐长约1.5cm，端5裂，裂片卵状披针形，先端渐尖，长0.8 ~ 1.0cm，外面被星状毛；花丝长约1mm，花药为花丝长度的4 ~ 7倍，顶孔向上；子房卵形，光滑，不孕花的花柱短于花药，可孕花的花柱较长于花药；柱头截形；浆果黄色，光滑无毛，圆球形，直径1 ~ 1.5cm，宿萼外面被稀疏的星状毛，果柄长约1.5cm，上部膨大；种子盘状，直径1.5 ~ 2.0mm。全年均开花结果。

【生物学特性】 多年生灌木或亚灌木，以种子进行繁殖，全年可见花果，喜长于海拔200 ~ 2 650m的热带区域，多见于路旁、荒地、灌木丛、沟谷及村庄附近等潮湿生境。

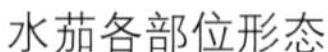

水茄各部位形态

水茄的花

伞形科（Apiaceae）

1. 红柴胡

红柴胡（*Bupleurum scorzonerifolium*）属伞形科（Apiaceae）柴胡属（*Bupleurum*），又名南柴胡、软苗柴胡、狭叶柴胡、软柴胡、香柴胡、少花红柴胡。

【分布】 国外分布于西伯利亚东部及西部、蒙古、朝鲜及日本；国内分布于黑龙江、吉林、辽宁、河北、云南、山东、山西、陕西、江苏、安徽、广西及内蒙古、甘肃诸省份。

【危害特点】 该草为咖啡园稀有植物物种，仅在高海拔区域的咖啡园可见，与咖啡植株存在营养竞争关系，但竞争不明显，对咖啡植株生长几乎没有影响。

【形态特征】 株高30～60cm。主根发达，圆锥形，支根稀少，深红棕色，表面略皱缩，上端有横环纹，下部有纵纹，质疏松而脆。茎单一或2～3，基部密覆叶柄残余纤维，细圆，有细纵槽纹，茎上部有多回分枝，略呈"之"字形弯曲，并呈圆锥状。叶细线形，基生叶下部略收缩成叶柄，其他均无柄，大小为（6～16）mm×（2～7）mm，顶端长渐尖，基部稍变窄抱茎，质厚，稍硬挺，常对折或内卷，3～5脉，向叶背凸出，两脉间有隐约平行的细脉，叶缘白色，骨质，上部叶小，同形。伞形花序自叶腋间抽出，花序多，直径1.2～4.0cm，形成较疏松的圆锥花序；伞辐（3）4～6（8），长1～2cm，很细，弧形弯曲；总苞片1～3，极细小，针形，大小为（1～5）mm×（0.5～1.0）mm，1～3脉，有时紧贴伞辐，常早落；小伞形花序直径4～6mm，小总苞片5，紧贴小伞，线状披针形，长2.5～4.0mm，宽0.5～1.0mm，细而尖锐，等于或略超过花时小伞形花序；小伞形花序有花（6）9～11（15），花柄长1.0～1.5mm；花瓣黄色，舌片几与花瓣的对半等长，顶端2浅裂；花柱基厚垫状，宽于子房，深黄色，柱头向两侧弯曲；子房主棱明显，表面常有白霜。果广椭圆形，大小为2.5mm×2.0mm，深褐色，棱浅褐色，粗钝凸出，油管每棱槽中5～6，合生面4～6。

红柴胡各部位形态

【生物学特性】 多年生草本植物，以种子进行繁殖，花期7～8月，果期8～9月，喜生长于海拔160～2 250m区域干燥的草原及向阳山坡上或灌木林边缘。

2. 积雪草

积雪草（*Centella asiatica*）属伞形科（Apiaceae）积雪草属（*Centella*），又称铁灯盏、钱齿草、大金钱草、铜钱草、老鸦碗、马蹄草、崩大碗、雷公根。

【分布】 国外分布于印度、斯里兰卡、马来西亚、印度尼西亚、大洋洲群岛、日本、澳大利亚及中非、南非（阿扎尼亚）；国内分布于陕西、江苏、安徽、浙江、江西、湖南、湖北、福建、台湾、广东、广西、四川、云南等省份。

【危害特点】 该草为部分咖啡园特有植物，多见于咖啡园周边，以匍匐枝覆盖地面与咖啡植株竞争水肥造成危害，长期失管会导致植株生长不良，一般对咖啡植株影响不大。

【形态特征】 茎匍匐，细长，节上生根。叶片膜质至草质，圆形、肾形或马蹄形，大小为（1.0～2.8）cm×（1.5～5.0）cm，边缘有钝锯齿，基部阔心形，两面无毛或在背面脉上疏生柔毛；掌状脉5～7，两面隆起，脉上部分叉；叶柄长1.5～2.7cm，无毛或上部有柔毛，基部叶鞘透明，膜质。伞形花序梗2～4个，聚生于叶腋，长0.2～1.5cm，有或无毛；苞片通常2，很少3，卵形，膜质，大小为（3.0～4.0）mm×（2.1～3.0）mm；每一伞形花序有花3～4，聚集呈头状，花无柄或有1mm长的短柄；花瓣卵形，紫红色或乳白色，膜质，大小为（1.2～1.5）mm×（1.1～1.2）mm；花柱长约0.6mm；花丝短于花瓣，与花柱等长。果实两侧扁压，圆球形，基部心形至平截形，大小为（2.1～3.0）mm×（2.2～3.6）mm，每侧有纵棱数条，棱间有明显的小横脉，网状，表面有毛或平滑。

【生物学特性】 多年生草本，以种子和匍匐枝进行繁殖，花果期4 ~ 10月，喜生长于海拔200 ~ 1 900m的潮湿环境，如阴湿的草地或水沟边。

积雪草各部位形态

积雪草

莎草科（Cyperaceae）

1. 香附子

香附子（*Cyperus rotundus*）属莎草科（Cyperaceae）莎草属（*Cyperus*），又名香附、香头草、梭梭草、金门莎草。

【分布】 分布广泛，全世界均有分布；国内主要分布于陕西、甘肃、山西、河南、河北、山东、江苏、浙江、江西、安徽、云南、贵州、四川、福建、广东、广西、台湾等省份。

【危害特点】 该草为低海拔咖啡园优势杂草，尤其在新定植咖啡园中种群数量较大，危害比较严重，通过块状根进行快速繁殖，导致整个咖啡园地表覆满香附子植株，与咖啡植株形成显著的水肥竞争，轻则导致植株生长不良，重则导致植株直接死亡。

香附子各部位形态

香附子

【形态特征】 匍匐根状茎长，稍细弱，锐三棱形，平滑，基部呈块茎状。叶较多，短于秆，宽2～5mm，平张；鞘棕色，常裂成纤维状。叶状苞片2～3（5）枚，常长于花序，或有时短于花序；长侧枝聚伞花序简单或复出，具（2）3～10个辐射枝；辐射枝最长12cm；穗状花序轮廓为陀螺形，稍疏松，具3～10个小穗；小穗斜展开，线形，长1～3cm，宽约1.5mm，具8～28朵花；小穗轴具较宽的、白色透明的翅；鳞片覆瓦状排列，膜质，卵形或长圆状卵形，长约3mm，顶端急尖或钝，无短尖，中间绿色，两侧紫红色或红棕色，具5～7条脉；雄蕊3枚，花药长，线形，暗血红色，药隔突出于花药顶端；花柱长，柱头3枚，细长，伸出鳞片外。小坚果长圆状倒卵形，三棱形，长为鳞片的1/3～2/5，具细点。

【生物学特性】 一年生草本植物，花果期5～11月，以块状根和种子进行繁殖，喜生长于山坡荒地草丛中或水边潮湿处。

2. 砖子苗

砖子苗（*Cyperus cyperoides*）属莎草科（Cyperaceae）莎草属（*Cyperus*），又名复出穗砖子苗、小穗砖子苗、展穗砖子苗。

【分布】 国外分布于非洲西部热带地区、喜马拉雅山西北部，印度、马来西亚、菲律宾以至美国夏威夷；国内分布于云南、贵州、四川等省份。

【危害特点】 该草为咖啡园常见杂草种类，主要危害幼龄咖啡植株，导致植株生长缓慢或不生长。

【形态特征】 秆通常较粗壮；长侧枝聚伞花序近于复出；辐射枝较长，最长14cm，每辐射枝具1～5个穗状花序，部分穗状花序基部具小苞片，顶生穗状花序一般长于侧生穗状花序；花穗状花序狭，宽常不及5mm，无总花梗或具很短总花梗；小穗较小，长约3mm；鳞片黄绿色。

【生物学特性】 一年生草本植物，以种子进行远距离传播，以块状根进行种群扩大，花果期5～6月，喜生于河边湿地灌木丛或草丛中，也有的分布在较干燥的区域。

砖子苗各部位形态

砖子苗

商陆科（Phytolaccaceae）

垂序商陆

垂序商陆（*Phytolacca americana*）属商陆科（Phytolaccaceae）商陆属（*Phytolacca*），又名美商陆、美洲商陆、美国商陆、洋商陆、见肿消、红籽。

【分布】 原产北美洲，后我国引入栽培，1960年以后遍及我国河北、陕西、山东、江苏、浙江、江西、福建、河南、湖北、广东、四川、云南等省份。

【危害特点】 该植物为部分咖啡园特有杂草物种，因株型高大、生物量大，与咖啡植株存在显著的竞争关系，往往生长区域会导致咖啡植株生长不良、矮小。

【形态特征】 株高1 ~ 2m。根粗壮，肥大，倒圆锥形。茎直立，圆柱形，有时带紫红色。叶片椭圆状卵形或卵状披针形，大小为（9 ~ 18）cm×（5 ~ 10）cm，顶端急尖，基部楔形；叶柄长1 ~ 4cm。总状花序顶生或侧生，长5 ~ 20cm；花梗长6 ~ 8mm；花白色，微带红晕，直径约6mm；花被片5，雄蕊、心皮及花柱通常均为10，心皮合生。果序下垂；浆果扁球形，熟时紫黑色；种子肾圆形，直径约3mm。

【生物学特性】 多年生草本植物，以种子进行繁殖，花期6 ~ 8月，果期8 ~ 10月。

垂序商陆各部位形态

垂序商陆

十字花科（Brassicaceae）

弯曲碎米荠

弯曲碎米荠（*Cardamine flexuosa*）属十字花科（Brassicaceae）碎米荠属（*Cardamine*），又名高山碎米荠、卵叶弯曲碎米荠、柔弯曲碎米荠、峨眉碎米荠。

【分布】 国外朝鲜、日本、俄罗斯及欧洲、北美洲均有分布；国内几乎各地均有分布。

【危害特点】 该草为环境潮湿或遮阴较大的咖啡园特有杂草物种，多分布于咖啡植株下层，与咖啡具有一定的营养竞争关系，但不明显，对其影响较小，生长时间较长后会导致咖啡植株根系腐烂，最终死亡。

【形态特性】 株高30cm。茎自基部多分枝，斜升呈铺散状，表面疏生柔毛。基生叶有叶柄，小叶3 ~ 7对，顶生小叶卵形、倒卵形或长圆形，长与宽各为2 ~ 5mm，顶端3齿裂，基部宽楔形，有小叶柄，侧生小叶卵形，较顶生小叶小，1 ~ 3齿裂，有小叶柄；茎生叶有小叶3 ~ 5对，小叶多为长卵形或线形，1 ~ 3裂或全缘，小叶柄有或无，全部小叶近于无毛。总状花序多数，生于枝顶，花小，花梗纤细，长2 ~ 4mm；萼片长椭圆形，长约2.5mm，边缘膜质；花瓣白色，倒卵状楔形，长约3.5mm；花丝不扩大；雌蕊柱状，花柱极短，柱头扁球状。长角果线形，扁平，长12 ~ 20mm，宽约1mm，与果序轴近于平行排列，果序轴左右弯曲，果梗直立开展，长3 ~ 9mm。种子长圆形而扁，长约1mm，黄绿色，顶端有极窄的翅。

【生物学特性】 一年或多年生草本植物，花期3～5月，果期4～6月，以种子进行繁殖，喜潮湿遮阴较大的环境。

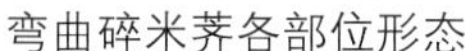
弯曲碎米荠各部位形态

弯曲碎米荠

石竹科（Caryophyllaceae）

1. 鹅肠菜

鹅肠菜（*Stellaria aquatica*）属石竹科（Caryophyllaceae）繁缕属（*Stellaria*），又名鹅儿肠、大鹅儿肠、石灰菜、鹅肠草、牛繁缕。

【分布】 分布广泛，在北半球温带、亚热带以及北非均有分布。国内几乎各地均有分布。

【危害特点】 该草为环境较湿润或具有一定遮阴的咖啡园特有杂草物种，对幼龄咖啡园植株生长具有一定的影响，与咖啡植株存在一定的营养竞争关系，往往导致植株生长缓慢，严重时导致植株生长不良，但不致死。

【形态特征】 株高80～100cm；茎外倾或上升，上部被腺毛；叶对生，卵形，长2.5～5.5cm，先端尖，基部近圆或稍心形，边缘波状；叶柄长0.5～1cm，上部叶常无柄；花白色，二歧聚伞花序顶生或腋生，苞片叶状，边缘具腺毛；花梗细，长1～2cm，密被腺毛；萼片5，卵状披针形；长4～5mm，被腺毛；花瓣5，2深裂至基部，裂片披针形，长3～3.5mm；雄蕊10枚；子房1室，花柱5枚，线形。蒴果卵圆形，较宿萼稍长，5瓣裂至中部，裂瓣2齿裂；种子扁肾圆形，径约1mm，具小瘤。

【生物学特性】 多年生草本植物，匍匐于地面，花期5～6月，果期6～8月，以种子和老熟根茎进行繁殖，喜生于海拔350～2 700m的河流两旁冲积沙地的低湿处或灌丛林缘和水沟旁。

鹅肠菜

2. 繁缕

繁缕（*Stellaria media*）属石竹科（Caryophyllaceae）繁缕属（*Stellaria*），又称鸡儿肠、鹅耳伸筋、鹅肠菜。

【分布】 全国广布，仅新疆、黑龙江未见记录，亦为世界广布种。

【危害特点】 该草为阴坡、遮阴或环境潮湿的咖啡园及苗圃常见草种，对咖啡幼苗影响较大，种群过大时，导致咖啡幼苗高而不壮。

【形态特征】 株高10～30cm。茎俯仰或上升，基部多少分枝，常带淡紫红色，被1～2列毛。叶片宽卵形或卵形，大小为（1.5～2.5）cm×（1.0～1.5）cm，顶端渐尖或急尖，基部渐狭或近心形，全缘；基生叶具长柄，上部叶常无柄或具短柄。疏聚伞花序顶生；花梗细弱，具1列短毛，花后伸长，下垂，长7～14mm；萼片5，卵状披针形，长约4mm，顶端稍钝或近圆形，边缘宽膜质，外面被短腺毛；花瓣白色，长椭圆形，比萼片短，深2裂达基部，裂片近线形；雄蕊3～5枚，短于花瓣；花柱3枚，线形。蒴果卵形，稍长于宿存萼，顶端6裂，具多数种子；种子卵圆形至近圆形，稍扁，红褐色，直径1.0～1.2mm，表面具半球形瘤状凸起，脊较显著。

【生物学特性】 一至两年生草本植物，花期6～7月，果期7～8月，主要以种子进行繁殖。

繁缕各部位形态

繁缕

天南星科（Araceae）

半夏

半夏（*Pinellia ternata*）属天南星科（Araceae）半夏属（*Pinellia*），俗称地珠半夏、守田、和姑、地文、三兴草、三角草、三开花、三片叶、半子、野半夏、土半夏、生半夏、扣子莲、小天南星等。

【分布】 国外在日本和朝鲜有报道；国内除内蒙古、新疆、青海、西藏尚未发现野生，其余各地广布。

【危害特点】 该草常见于低海拔地区咖啡园，在土质疏松的咖啡园生长繁殖速度非常快，对幼龄咖啡植株有影响，导致植株生长缓慢或不生长。

【形态特征】 块茎圆球形，直径1～2cm，具须根。叶2～5枚，有时1枚。叶柄长15～20cm，基部具鞘，鞘内、鞘部以上或叶片基部（叶柄顶头）有直径3～5mm的珠芽，珠芽在母株上萌发或落地后萌发；幼苗叶片卵状心形至戟形，为全缘单叶，大小为（2～3）cm×（2.0～2.5）cm；老株叶片3全裂，裂片绿色，背淡，长圆状椭圆形或披针形，两头锐尖，中裂片大小为（3～10）cm×（1～3）cm；侧裂片稍短；全缘或具不明显的浅波状圆齿，侧脉8～10对，细弱，细脉网状，密集，集合脉2圈。花序柄长25～30（35）cm，长于叶柄。佛焰苞绿色或绿白色，管部狭圆柱形，长1.5～2.0cm；檐部长圆形，绿色，有时边缘青紫色，大小为4.5cm×1.5cm，钝或锐尖。肉穗花序，雌花序长2cm，雄花序长5～7mm，其中间隔3mm；附属器绿色变青紫色，长6～10cm，直立，有时S形弯曲。浆果卵圆形，黄绿色，先端渐狭为明显的花柱。

【生物学特性】 多年生草本植物，花期5～7月，果8月成熟，以地下块茎进行繁殖，秋冬季地上部分开始枯萎，喜海拔2 500m以下旱地，常见于草坡、荒地、玉米地、田边或疏林下。

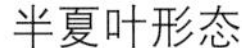

半夏叶形态

半夏

碗蕨科（Dennstaedtiaceae）

热带鳞盖蕨

热带鳞盖蕨（*Microlepia speluncae*）属碗蕨科（Dennstaedtiaceae）鳞盖蕨属（*Microlepia*），俗名多毛鳞盖蕨、短毛鳞盖蕨、中型鳞盖蕨、屏边鳞盖蕨、阴脉鳞盖蕨、滇西鳞盖蕨、密毛鳞盖蕨。

【分布】 国外广泛分布于琉球群岛、越南、柬埔寨、斯里兰卡、印度、菲律宾、马来群岛、波利尼西亚、昆士兰、西印度群岛、巴西南部及热带非洲等地；国内分布于台湾、海南、云南等省份。

【危害特点】 该草属中高海拔区域咖啡园常见杂草，喜发生于土壤松软、植被稀疏的区域，以根系串联导致危害，对咖啡植株影响较大，轻则导致植株生长缓慢或不生长，重则直接导致植株死亡。

【形态特征】 植株高可达2m，根状茎横走。叶疏生，柄长约50cm，坚实，禾秆色，上面有棱沟，疏被灰棕色节状短毛。叶片大小为（60～90）cm×（30～40）cm，卵状长圆形，先端渐尖，三回羽状；羽片10～15对，下部的长28～30cm，宽约10cm，阔披针形，先端长渐尖，柄长1.0～1.5cm，互生，斜向上，相距10～15cm；二回羽状；一回小羽片15～20对，基部上侧一片略长，约4cm，与叶轴并行，自第二片以上长2.5～3.0cm，宽8～10mm，阔披针形，渐尖头，基部不等宽，上侧近平截，下侧楔形，下延，无柄，相距1.0～1.5cm，几开展，羽状深裂几达小羽轴；末回裂片6～8对，基部上侧一片略长，与羽轴并行，其余长7～8mm，宽约4mm，长圆形，先端圆而有尖锯齿，基部上侧平截，下侧直楔形，基部多少汇合，有缺刻分开，边缘浅裂；小裂片全缘或先端有2～3个矮钝齿。羽片向上渐短，叶脉下面稍隆起，羽状分枝。叶薄草质，干后黄绿色，上面有灰白细毛贴生，下面有灰白短柔毛密生。叶轴及羽轴禾秆色，有柔毛疏生。孢子囊群近末回裂片边缘着生，1～3对或1个，生于基部上侧近缺刻处；囊群盖小，半杯形，淡棕色，有柔毛。

【生物学特性】 多年生植物，以孢子或根进行繁殖，具聚集性发生特点，喜生于山峡中。

热带鳞盖蕨叶片形态

热带鳞盖蕨

无患子科（Sapindaceae）

倒地铃

倒地铃（*Cardiospermum halicacabum*）属无患子科（Sapindaceae）倒地铃属（*Cardiospermum*）。俗名包袱草、野苦瓜、金丝苦楝藤、风船葛、鬼灯笼。

【分布】 广布于全世界的热带和亚热带地区。我国东部、南部和西南部很常见，北部较少，但也有栽培。

【危害特点】 该草属咖啡园常见杂草，藤蔓较长，主要以藤蔓缠绕咖啡植株造成危害，导致植株生长缓慢或停止生长，后因生物量过大，导致植株生长弯曲变形或折断，造成咖啡减产。

倒地铃各部位形态

【形态特征】 株长1 ~ 5m；茎、枝绿色，有5或6棱和同数的直槽，棱上被皱曲柔毛。二回三出复叶，轮廓为三角形；叶柄长3 ~ 4cm；小叶近无柄，薄纸质，顶生的斜披针形或近菱形，大小为（3 ~ 8）cm ×（1.5 ~ 2.5）cm，顶端渐尖，侧生的稍小，卵形或长椭圆形，边缘有疏锯齿或羽状分裂，腹面近无毛或有稀疏微柔毛，背面中脉和侧脉上被疏柔毛。圆锥花序少花，与叶近等长或稍长，总花梗直，长4 ~ 8cm，卷须螺旋状；萼片4，被缘毛，外面2片圆卵形，长8 ~ 10mm，内面2片长椭圆形，比外面2片约长1倍；花瓣乳白色，倒卵形；雄蕊（雄花）与花瓣近等长或稍长，花丝被疏而长的柔毛；子房（雌花）倒卵形或有时近球形，被短柔毛。蒴果梨形、陀螺状倒三角形或有时近长球形，高1.5 ~ 3.0cm，宽2 ~ 4cm，褐色，被短柔毛；种子黑色，有光泽，直径约5mm，种脐心形，鲜时绿色，干时白色。

【生物学特性】 草质攀缘藤本植物，花期在夏秋季，果期在秋季至初冬，以种子进行繁殖，多生长于田野、灌丛、路边和林缘。

西番莲科（Passifloraceae）

龙珠果

龙珠果（*Passiflora foetida*）属西番莲科（Passifloraceae）西番莲属（*Passiflora*），俗名龙眼果、假苦果、龙须果、龙珠草、肉果、野仙桃、香花果、西番莲。

【分布】 原产西印度群岛，现为泛热带杂草。国内分布于广西、广东、云南、台湾等省份。

【危害特点】 该草藤蔓生物量大，主要发生于低海拔无遮阴的阳光咖啡园，夏季以大量藤蔓缠绕覆盖咖啡植株造成危害，导致植株阳光、水肥不足，出现生长不良或减产。

【形态特征】 长数米，具臭味；茎具条纹并被平展柔毛。叶膜质，宽卵形至长圆状卵形，大小为（4.5 ~ 13.0）cm×（4 ~ 12）cm，先端3浅裂，基部心形，边缘呈不规则波状，通常具头状缘毛，上面被丝状伏毛，并混生少许腺毛，下面被毛并其上部有较多小腺体，叶脉羽状，侧脉4 ~ 5对，网脉横出；叶柄长2 ~ 6cm，密被平展柔毛和腺毛，不具腺体；托叶半抱茎，深裂，裂片顶端具腺毛。聚伞花序退化仅存1花，与卷须对生。花白色或淡紫色，具白斑，直径为2 ~ 3cm；苞片3枚，一至三回羽状分裂，裂片丝状，顶端具腺毛；萼片5枚，长1.5cm，外面近顶端具1角状附属器；花瓣5枚，与萼片等长；外副花冠裂片3 ~ 5轮，丝状，外2轮裂片长4 ~ 5mm，内3轮裂片长约2.5mm；内副花冠非褶状，膜质，高1.0 ~ 1.5mm；具花盘，杯状，高1 ~ 2mm；雌雄蕊柄长5 ~ 7mm；雄蕊5枚，花丝基部合生，扁平；花药长圆形，长约4mm；子房椭圆球形，长约6mm，具短柄，被稀疏腺毛或无毛；花柱3 ~ 4枚，长5 ~ 6mm，柱头头状。浆果卵圆球形，直径2 ~ 3cm，无毛；种子多数，椭圆形，长约3mm，草黄色。

龙珠果各部位形态

【生物学特性】 木质藤本植物，花期7 ~ 8月，果期翌年4 ~ 5月，以种子进行繁殖，多生于海拔120 ~ 500m的草坡路边，在云南海拔1 000m以下也有分布。

苋科（Amaranthaceae）

1. 反枝苋

反枝苋（*Amaranthus retroflexus*）属苋科（Amaranthaceae）苋属（*Amaranthus*），又称西风谷和苋菜。

【分布】 原产墨西哥，在世界各地广泛分布。我国各地均有分布。

【危害特点】 该草属低海拔咖啡园优势杂草种类，发生量巨大，株型高大，与咖啡植株存在显著性的营养及光照竞争，对低龄咖啡植株影响较大，往往导致咖啡植株瘦而高，容易倒伏，但不致死；该草极易吸引蝽类害虫，导致咖啡园害虫种群增加。

【形态特征】 株高20 ~ 80cm，有时达1m多；茎直立，粗壮，单一或分枝，淡绿色，有时具带紫色条纹，稍具钝棱，密生短柔毛。叶片菱状卵形或椭圆状卵形，大小为（5 ~ 12）cm×（2 ~ 5）cm，顶端锐尖或尖凹，有小凸尖，基部楔形，全缘或波状缘，两面及边缘有柔毛，下面毛较密；叶柄长1.5 ~ 5.5cm，淡绿色，有时淡紫色，有柔毛。圆锥花序顶生及腋生，直立，直径2 ~ 4cm，由多数穗状花序形成，顶生花穗较侧生者长；苞片及小苞片钻形，长4 ~ 6mm，白色，背面有1龙骨状突起，伸出顶端成白色尖芒；花被片矩圆形或矩圆状倒卵形，长2.0 ~ 2.5mm，薄膜质，白色，有1淡绿色细中脉，顶端急尖或尖凹，具凸尖；雄蕊比花被片稍长；柱头3枚，有时2枚。胞果扁卵形，长约1.5mm，环状横裂，薄膜质，淡绿色，包裹在宿存花被片内。种子近球形，直径1mm，棕色或黑色，边缘钝。

【生物学特性】 一年生草本植物，以种子进行繁殖，花期7 ~ 8月，果期8 ~ 9月，喜生在田园内、农地旁、住宅附近的草地上。

反枝苋各部位形态

反枝苋

2. 灰绿藜

灰绿藜（*Oxybasis glauca*）属苋科（Amaranthaceae）红叶藜属（*Oxybasis*）。

【分布】国外广布于南北半球的温带；国内几乎分布于全国各地。

【危害特点】 该草为个别咖啡园特有草种，咖啡园中种群数量少，仅见零星分布，对咖啡植株生长几乎没有影响。

【形态特征】 株高20 ~ 40cm；茎平卧或外倾，具条棱及绿色或紫红色色条；叶片矩圆状卵形至披针形，大小为（2 ~ 4）cm×（6 ~ 20）mm，肥厚，先端急尖或钝，基部渐狭，边缘具缺刻状牙齿，上面无粉，平滑，下面有粉而呈灰白色，有时稍带紫红色；中脉明显，黄绿色；叶柄长5 ~ 10mm。胞果顶端露出于花被外，果皮膜质，黄白色；种子扁球形，直径0.75mm，横生、斜生及直立，暗褐色或红褐色，边缘钝，表面有细点纹。

【生物学特性】 一年生草本植物，以种子进行繁殖，花果期5 ~ 10月，喜农田、菜园、村房周围、水边等有轻度盐碱的土壤。

灰绿藜

3. 莲子草

莲子草（*Alternanthera sessilis*）属苋科（Amaranthaceae）莲子草属（*Alternanthera*），又名水牛膝、蟛蜞菊、节节花、白花仔、虾钳菜、满天星、水花生、线叶虾钳菜、狭叶莲子草。

【分布】 国外分布于印度、缅甸、越南、马来西亚、菲律宾等国家；国内分布于安徽、江苏、浙江、江西、湖南、湖北、四川、云南、贵州、福建、台湾、广东、广西等省份。

【危害特点】 该草为湿度较大的低海拔咖啡园常见杂草，对咖啡幼龄植株影响比较大，以匍匐枝覆盖咖啡植株附近，水肥竞争性强，导致咖啡植株生长缓慢或停止生长，严重的甚至导致植株死亡。

【形态特性】 株高10～45cm；圆锥形根粗，直径3mm；茎上升或匍匐，绿色或稍带紫色，有条纹及纵沟，沟内有柔毛，在节处有一行横生柔毛。叶片形状及大小有变化，条状披针形、矩圆形、倒卵形、卵状矩圆形，大小为（1～8）mm×（2～20）mm，顶端急尖、圆形或圆钝，基部渐狭，全缘或有不显明锯齿，两面无毛或疏生柔毛；叶柄长1～4mm，无毛或有柔毛。头状花序1～4个，腋生，无总花梗，初为球形，后渐成圆柱形，直径3～6mm；花密生，花轴密生白色柔毛；苞片及小苞片白色，顶端短渐尖，无毛；苞片卵状披针形，长约1mm，小苞片钻形，长1.0～1.5mm；花被片卵形，长2～3mm，白色，顶端渐尖或急尖，无毛，具1脉；雄蕊3枚，花丝长约0.7mm，基部连合成杯状，花药矩圆形；退化雄蕊三角状钻形，比雄蕊短，顶端渐尖，全缘；花柱极短，柱头短裂。胞果倒心形，长2.0～2.5mm，侧扁，翅状，深棕色，包在宿存花被片内；种子卵球形。

【生物学特性】 多年生草本植物，以种子和茎秆繁殖，花期5～7月，果期7～9月，喜生于村庄附近的草坡、水沟、田边或沼泽、海边潮湿处。

莲子草各部位形态

莲子草

4. 牛膝

牛膝（*Achyranthes bidentata*）属苋科（Amaranthaceae）牛膝属（*Achyranthes*），又名牛磕膝、倒扣草、怀牛膝。

【分布】 分布广泛，国外朝鲜、俄罗斯、印度、越南、菲律宾、马来西亚及非洲均有分布；国内除东北地区外，其余各地均有分布。

【危害特点】 该草为咖啡园常见杂草种类，与咖啡植株存在一定的水肥竞争关系，但种群量不大，对咖啡影响较小。

【形态特征】 株高70～120cm；根圆柱形，直径5～10mm，土黄色；茎有棱角或四方形，绿色或带紫色，有白色贴生或开展柔毛，或近无毛，分枝对生。叶片椭圆形或椭圆披针形，少数倒披针形，大

牛膝叶片形态

小为（4.5 ~ 12.0）cm×（2.0 ~ 7.5）cm，顶端尾尖，尖长5 ~ 10mm，基部楔形或宽楔形，两面有贴生或开展柔毛；叶柄长5 ~ 30mm，有柔毛。穗状花序顶生及腋生，长3 ~ 5cm，花期后反折；总花梗长1 ~ 2cm，有白色柔毛；花多数，密生，长5mm；苞片宽卵形，长2 ~ 3mm，顶端长渐尖；小苞片刺状，长2.5 ~ 3.0mm，顶端弯曲，基部两侧各有1卵形膜质小裂片，长约1mm；花被片披针形，长3 ~ 5mm，光亮，顶端急尖，有1中脉；雄蕊长2.0 ~ 2.5mm；退化雄蕊顶端平圆，稍有缺刻状细锯齿。胞果矩圆形，长2.0 ~ 2.5mm，黄褐色，光滑。种子矩圆形，长约1mm，黄褐色。

【生物学特性】 多年生草本植物，以种子进行繁殖，花期7 ~ 9月，果期9 ~ 10月，生于海拔200 ~ 1 750m的区域，多见于山坡林下。

5. 土荆芥

土荆芥（*Dysphania ambrosioides*）属苋科（Amaranthaceae）腺毛藜属（*Dysphania*），又名杀虫芥、臭草、鹅脚草。

【分布】 原产热带美洲，现广布于世界热带及温带地区。我国广西、云南、广东、福建、台湾、江苏、浙江、江西、湖南、四川等省份有野生种群。

【危害特点】 该草为咖啡园常见杂草种类，生长初期危害较小，随着危害期增长，尤其两年及其以上植株，水肥及空间竞争变强，对咖啡植株影响较大，导致植株生长缓慢或停止生长。

【形态特征】 株高50 ~ 80cm，有强烈香味。茎直立，多分枝，有色条及钝条棱；枝通常细瘦，有短柔毛并兼有具节的长柔毛，有时近于无毛。叶片矩圆状披针形至披针形，先端急尖或渐尖，边缘具稀疏不整齐的大锯齿，基部渐狭具短柄，上面平滑无毛，下面有散生油点并沿叶脉稍有毛，下部的叶大小约为15cm×5cm，上部叶逐渐狭小而近全缘。花两性及雌性，通常3 ~ 5个团集生于上部叶腋；花被裂片5，较少为3，绿色，果时通常闭合；雄蕊5枚，花药长0.5mm；花柱不明显，柱头通常3枚，较少为4枚，丝形，伸出花被外。胞果扁球形，完全包于花被内。种子横生或斜生，黑色或暗红色，平滑，有光泽，边缘钝，直径约0.7mm。

土荆芥叶片形态

【生物学特性】 一年或多年生草本植物，被椭圆形腺体，有香味，花果期较长，以种子进行繁殖，容易滋生白粉病。

6. 土牛膝

土牛膝（*Achyranthes aspera*）属苋科（Amaranthaceae）牛膝属（*Achyranthes*），又名倒梗草、倒钩草、倒扣草。

【分布】 国外分布于印度、越南、菲律宾、马来西亚等国家；国内分布于湖南、江西、福建、台湾、广东、广西、四川、云南、贵州等省份。

【危害特点】 该草属咖啡园常见杂草，与咖啡植株存在一定的水肥、空间竞争关系，影响植株的正常生长，导致植株生长缓慢，种子具刺，严重影响农事操作。

【形态特征】 株高20 ~ 120cm；根细长，直径3 ~ 5mm，土黄色；茎四棱形，有柔毛，节部稍膨大，分枝对生。叶片纸质，宽卵状倒卵形或椭圆状矩圆形，大小为（1.5 ~ 7.0）cm×（0.4 ~ 4.0）cm，顶端圆钝，具突尖，基部楔形或圆形，全缘或波状缘，两面密生柔毛，或近无毛；叶柄长5 ~ 15mm，密生柔毛或近无毛。穗状花序顶生，直立，长10 ~ 30cm，花期后反折；总花梗具棱角，粗壮，坚硬，密生白色伏贴或开展柔毛；花长3 ~ 4mm，疏生；苞片披针形，长3 ~ 4mm，顶端长渐尖，小苞片刺状，长2.5 ~ 4.5mm，坚硬，光亮，常带紫色，基部两侧各有1个薄膜质翅，长1.5 ~ 2.0mm，全缘，全部贴生在刺部，但易于分离；花被片披针形，长3.5 ~ 5.0mm，长渐尖，花后变硬且锐尖，具1脉；雄蕊长2.5 ~ 3.5mm；退化雄蕊顶端截状或细圆齿状，有具分枝流苏状长缘毛。胞果卵形，长2.5 ~ 3.0mm。种子卵形，不扁压，长约2mm，棕色。

【生物学特性】 多年生草本植物，以种子进行繁殖，花期6 ~ 8月，果期10月，喜生于海拔800 ~ 2 300m山坡疏林或村庄附近空旷地。

土牛膝各部位形态

土牛膝

玄参科（Scrophulariaceae）

大叶醉鱼草

大叶醉鱼草（*Buddleja davidii*）属玄参科（Scrophulariaceae）醉鱼草属（*Buddleja*），又名大卫醉鱼草。

【分布】 国外分布于马来西亚、印度尼西亚、美国及非洲；国内分布于陕西、甘肃、江苏、浙江、江西、湖北、湖南、广东、广西、四川、贵州、云南和西藏等省份。

【危害特点】 该草属咖啡园常见杂草，在发生初期危害较低或基本没有，随着树龄增强，2年以后株型高大，与咖啡植株形成显著的水肥、空间竞争关系，导致植株生长缓慢，产量降低，严重阻碍种植者相关农事操作。

【形态特征】 株高1 ~ 5m。小枝外展而下弯，略呈四棱形；幼枝、叶下、叶柄和花序均密被灰白色星状短茸毛。叶对生，叶片膜质至薄纸质，狭卵形、狭椭圆形至卵状披针形，稀宽卵形，大小为（1 ~ 20）cm×（0.3 ~ 7.5）cm，顶端渐尖，基部宽楔形至钝，有时下延至叶柄基部，边缘具细锯齿，上面深绿色，被疏星状短柔毛，后变无毛；侧脉每边9 ~ 14条，上面扁平，下面微凸起；叶柄长1 ~ 5mm；叶柄间具有2枚卵形或半圆形的托叶，有时托叶早落。总状或圆锥状聚伞花序顶生，大小为（4 ~ 30）mm×（2 ~ 5）mm；花梗长0.5 ~ 5.0mm；小苞片线状披针形，长2 ~ 5mm；花萼钟状，长2 ~ 3mm，外面被星状短茸毛，后变无毛，内面无毛，花萼裂片披针形，长1 ~ 2mm，膜质；花冠淡紫色，后变黄白色至白色，喉部橙黄色，芳香，长7.5 ~ 14.0mm，外面被疏星状毛及鳞片，后变光滑无毛，花冠管细长，长6 ~ 11mm，直径1.0 ~ 1.5mm，内面被星状短柔毛，花冠裂片近圆形，长和宽均为1.5 ~ 3.0mm，内面无毛，边缘全缘或具不整齐的齿；雄蕊着生于花冠管内壁中部，花丝短，花药长圆形，长0.8 ~ 1.2mm，基部心形；子房卵形，长1.5 ~ 2.0mm，直径约1mm，无毛，花柱圆柱形，长0.5 ~ 1.5mm，无毛，柱头棍棒状，长约1mm。蒴果狭椭圆形或狭卵形，长5 ~ 9mm，直径1.5 ~ 2.0mm，2瓣裂，淡褐色，无毛，基部有宿存花萼。种子长椭圆形，长2 ~ 4mm，直径约0.5mm，两端具尖翅。

【生物学特性】 多年生灌木，花期5 ~ 10月，果期9 ~ 12月，以种子进行繁殖，主要分布于海拔800 ~ 3 000m的山坡或沟边灌木丛。

大叶醉鱼草叶片形态

大叶醉鱼草

玄花科（Convolvulaceae）

小心叶薯

小心叶薯（*Ipomoea obscura*）属旋花科（Convolvulaceae）虎掌藤属（*Ipomoea*），又名紫心牵牛、小红薯。

【分布】 分布于马斯克林群岛、亚洲热带地区、马来西亚、非洲热带地区、菲律宾、大洋洲等地区。国内分布于广东、云南及台湾等地。

【危害特点】 该草为咖啡园常见杂草，主要以藤蔓缠绕咖啡植株造成危害，导致植株生长缓慢，严重时导致植株生长变形弯曲。

【形态特征】 茎纤细，圆柱形，有细棱，被柔毛或绵毛或有时近无毛。叶心状圆形或心状卵形，有时肾形，大小为（2 ~ 8）cm×（1.6 ~ 8.0）cm，顶端骤尖或锐尖，具小尖头，基部心形，全缘或微波状，两面被短毛并具缘毛，或两面近于无毛仅有短缘毛，侧脉纤细，3对，基出掌状；叶柄细长，长1.5 ~ 3.5cm，被开展的或疏或密的短柔毛。聚伞花序腋生，通常有1 ~ 3朵花，花序梗纤细，长1.4 ~ 4.0cm，无毛或散生柔毛；苞片小，钻状，长1.5mm；花梗长0.8 ~ 2.0cm，近于无毛，结果时顶端膨大；萼片近等长，椭圆状卵形，长4 ~ 5mm，顶端具小短尖头，无毛或外方2片外面被微柔毛，萼片于果熟时通常反折；花冠漏斗状，白色或淡黄色，长约2cm，具5条深色的瓣中带，花冠管基部深紫色；雄蕊及花柱内藏；花丝极不等长，基部被毛；子房无毛。蒴果圆锥状卵形或近于球形，顶端有锥尖状的花柱基，直径6 ~ 8mm，2室，4瓣裂。种子4，黑褐色，长4 ~ 5mm，密被灰褐色短茸毛。

【生物学特性】 多年生缠绕草本植物，以种子进行繁殖，生于海拔100 ~ 580m的旷野沙地、海边、疏林或灌丛中。

小心叶薯各部位形态

小心叶薯

荨麻科（Urticaceae）

1. 大蝎子草

大蝎子草（*Girardinia diversifolia*）属荨麻科（Urticaceae）蝎子草属（*Girardinia*），又名浙江蝎子草、台湾蝎子草、棱果蝎子草。

【分布】 国外分布于中南半岛和马来半岛、尼泊尔、印度北部、印度尼西亚（爪哇岛）和埃及；国内分布于西藏、云南、贵州、四川、湖北等省份。

【危害特点】 该草为咖啡园常见杂草种类，发生后多群集性危害，与咖啡植株间的水肥、空间竞争明显，导致植株生长不良或基本不生长，此外，人触碰后导致痛痒难耐，影响日常农事操作。

【形态特征】 株高达2m，具5棱，生刺毛和细糙毛或伸展的柔毛，多分枝。叶片轮廓宽卵形、扁圆形或五角形，茎干的叶较大，分枝上的叶较小，长和宽均8 ~ 25cm，基部宽心形或近截形，具（3）5 ~ 7深裂片，稀、不裂，边缘有不规则的锯齿或重锯齿，上面疏生刺毛和糙伏毛，下面生糙伏毛或短硬毛，在脉上疏生刺毛，基生脉3条；叶柄长3 ~ 15cm，毛被同茎上的；托叶大，长圆状卵形，长10 ~ 30mm，外面疏生细糙伏毛。花雌雄异株或同株，雌花序生上部叶腋，雄花序生下部叶腋，多次二叉状分枝排成总状或近圆锥状，长5 ~ 11cm；雌花序总状或近圆锥状，稀长穗状，在果时长10 ~ 25cm，序轴上具糙伏毛和伸展的粗毛，小团伞花枝上密生刺毛和细粗毛。雄花近无梗，在芽时直径约1mm，花被片4，卵形，内凹，外面疏生细糙毛；退化雌蕊杯状。雌花长约0.5mm，花被片大的一枚舟形，长约0.4mm（在果时增长到约1mm），先端有3齿，背面疏生细糙毛，小的一枚条形，较短；子房狭长圆状卵形。瘦果近心形，稍扁，长2.5 ~ 3.0mm，熟时变棕黑色，表面有粗瘤点。

【生物学特性】 多年生高大草本植物，茎下部常木质化，以种子进行繁殖，花期9 ~ 10月，果期10 ~ 11月，多生于山谷、溪旁、山地林边或疏林下。

大蝎子草叶片形态

大蝎子草

2. 雾水葛

雾水葛（*Pouzolzia zeylanica*）属荨麻科（Urticaceae）雾水葛属（*Pouzolzia*）。

【分布】 亚洲热带地区均有分布。国内分布于云南、广西、广东、福建、江西、浙江、安徽（南部）、湖北、湖南、四川、甘肃等省份。

【危害特点】 该草为咖啡园常见杂草，株型矮小，根系不发达，对咖啡植株的影响较小或基本没有影响。

【形态特征】 茎直立或渐升，株高12 ~ 40cm，不分枝，通常在基部或下部有1 ~ 3对对生的长分枝，枝条不分枝或有少数极短的分枝，有短伏毛或混有开展的疏柔毛。叶全部对生，或茎顶部的对生；叶片草质，卵形或宽卵形，长1.2 ~ 3.8cm，宽0.8 ~ 2.6cm，短分枝的叶很小，长约6mm，顶端短渐尖或微钝，基部圆形，边缘全缘，两面有疏伏毛，或有时下面的毛较密，侧脉1对；叶柄长0.3 ~ 1.6cm。团伞花序通常两性，直径1.0 ~ 2.5mm；苞片三角形，长2 ~ 3mm，顶端骤尖，背面有毛。雄花有短梗，花被片4，狭长圆形或长圆状倒披针形，长约1.5mm，基部稍合生，外面有疏毛；雄蕊4枚，长约1.8mm，花药长约0.5mm；退化雌蕊狭倒卵形，长约0.4mm。雌花花被椭圆形或近菱形，长约0.8mm，顶端有2小齿，外面密被柔毛，果期呈菱状卵形，长约1.5mm；柱头长1.2 ~ 2.0mm。瘦果卵球形，长约1.2mm，淡黄白色，上部褐色，或全部黑色，有光泽。

雾水葛茎及叶片形态

【生物学特性】 多年生草本植物，以种子进行繁殖，花期秋季，喜生于海拔300 ~ 800m较为平缓的草地上或田边，丘陵或低山的灌丛中或疏林中、沟边，在云南可生于海拔1 300m以下区域。

3. 序叶苎麻

序叶苎麻（*Boehmeria clidemioides*）属荨麻科（Urticaceae）苎麻属（*Boehmeria*）。

【分布】 分布于我国甘肃、陕西、四川、云南、贵州、广西、湖南、湖北、江西、福建、浙江、安徽等省份。

【危害特点】 该草为咖啡园常见杂草，株型高大，初期对咖啡植株影响不大，二龄以上与咖啡植株间的水肥、空间竞争明显，严重制约咖啡的生长，导致咖啡植株生长缓慢，严重时甚至死亡。

【形态特征】 茎高0.9 ~ 3.0m，不分枝或有少数分枝，上部多少密被短伏毛。叶对生，上部的叶有时近对生，同一对叶常不等大；叶片纸质或草质，卵形、狭卵形或长圆形，大小为（5 ~ 14）cm×（2.5 ~ 7.0）cm，顶端长渐尖或骤尖，基部圆形，稍偏斜，边缘自中部以上有小或粗牙齿，两面有短伏毛，上面常粗糙，基出脉3条，侧脉2 ~ 3对；叶柄长0.7 ~ 6.8cm。穗状花序单生叶腋，通常雌雄异株，长4.0 ~ 12.5cm，顶部有2 ~ 4叶；叶狭卵形，长1.5 ~ 6.0cm；团伞花序直径2 ~ 3mm，除在穗状花序上着生，也常生于叶腋。雄花无梗，花被片4，椭圆形，长约1.2mm，下部合生，外面有疏毛；雄蕊4枚，长约2.0mm，花药长约0.6mm；退化雌蕊椭圆形，长约0.5mm。雌花花被椭圆形或狭倒卵形，长0.6 ~ 1.0mm，果期长约1.5mm，顶端有2 ~ 3个小齿，外面上部有短毛；柱头长0.7 ~ 1.8mm。

【生物学特性】 多年生草本或亚灌木，以种子进行繁殖，花期6 ~ 8月，喜生于海拔1 300 ~ 2 500m的山谷林中或林边。

序叶苎麻叶片形态

鸭跖草科（Commelinaceae）

1. 饭包草

饭包草（*Commelina benghalensis*）属鸭跖草科（Commelinaceae）鸭跖草属（*Commelina*），又名圆叶鸭跖草、狼叶鸭跖草、竹叶菜、火柴头。

【分布】 亚洲和非洲的热带、亚热带地区均有分布。国内分布于山东、河北、河南、陕西、四川、云南、广西、海南、广东、湖南、湖北、江西、安徽、江苏、浙江、福建和台湾等省份。

饭包草各部位形态

饭包草

【危害特点】 该草属咖啡园优势杂草种类，以枝条进行快速繁殖，覆盖地表，与咖啡植株存在显著水肥、空间竞争关系，轻则导致植株生长不良或停止生长，严重的导致植株死亡。

【形态特征】 茎大部分匍匐，节生根，上部及分枝上部上升，长70cm，被疏柔毛；叶有柄；叶片卵形，大小为（3 ~ 7）cm×（1.5 ~ 3.5）cm，近无毛；叶鞘口沿有疏而长的睫毛；萼片膜质，披针形，长2mm，无毛；花瓣蓝色，圆形，长3 ~ 5mm；内面2枚具长爪。蒴果椭圆状，长4 ~ 6mm，3室，腹面2室，每室2种子，2裂，后面1室1种子，或无种子，不裂；种子长约2mm，多皱，有不规则纹，黑色。

【生物学特性】 多年生披散草本植物，花期在夏秋两季，以枝条进行繁殖，喜生长于海拔2 300m以下湿度较大的区域。

2. 竹节菜

竹节菜（*Commelina diffusa*）属鸭跖草科（Commelinaceae）鸭跖草属（*Commelina*），又名竹节草、节节草。

【分布】 广泛分布于世界热带、亚热带地区。国内分布于西藏、云南、贵州、广西、广东、台湾和海南等省份。

【危害特点】 该草为咖啡园优势杂草类群，繁殖速度非常快，与咖啡植株存在显著的水肥、空间竞争关系，轻则导致植株生长缓慢，重则导致植株死亡。

【形态特征】 茎匍匐（极少不匍匐的），节上生根，长可达1m，多分枝，有的每节有分枝，无毛或有1列短硬毛，或全面被短硬毛。叶披针形或在分枝下部的为长圆形，大小为（3 ~ 12）cm×（0.8 ~ 3.0）cm，顶端通常渐尖，少急尖的，无毛或被刚毛；叶鞘上常有红色小斑点，仅口沿及一侧有刚毛，或全面被刚毛。蝎尾状聚伞花序通常单生于分枝上部叶腋，有时呈假顶生，每个分枝一般仅有1个花序；总苞片具长2 ~ 4cm的柄，折叠状，平展后为卵状披针形，顶端渐尖或短渐尖，基部心形或浑圆，外面无毛或被短硬毛；花序自基部开始2叉分枝；一枝具长1.5 ~ 2.0cm的花序梗，与总苞垂直，而与总苞的柄成一直线，其上有花1 ~ 4朵，远远伸出总苞片，但都不育；另一枝具短得多的梗，与之成直角，而与总苞的方向一致，其上有花3 ~ 5朵，可育，藏于总苞片内；苞片极小，几乎不可见；花梗长约3mm，果期伸长至5cm，粗壮而弯曲；萼片椭圆形，浅舟状，长3 ~ 4mm，宿存，无毛；花瓣蓝色。蒴果矩圆状三棱形，长约5mm，3室，其中腹面2室，每室具2粒种子，开裂，背面1室仅含1粒种子，不裂。种子黑色，卵状长圆形，长2mm，具粗网状纹，在粗网纹中又有细网纹。

竹节菜

【生物学特性】 一年生披散草本植物，以枝条进行繁殖，花果期5 ~ 11月，生于海拔2 100m以下的林中、灌丛中或溪边或潮湿的旷野。

罂粟科（Papaveraceae）

蓟罂粟

蓟罂粟（*Argemone mexicana*）属罂粟科（Papaveraceae）蓟罂粟属（*Argemone*）。

【分布】 原产中美洲和热带美洲，国外在大西洋、印度洋、南太平洋沿岸均有分布；国内分布于台湾、福建、广东沿海及云南。

【危害特点】 该草为低海拔地区咖啡园常见杂草，植株生长较快，与咖啡植株具有一定的水肥竞争关系，影响咖啡植株生长；此外，植株茎秆、果实及叶片边缘具长刺，影响正常农事操作。

【形态特征】 通常粗壮，株高30 ~ 100cm。茎具分枝和多短枝，疏被黄褐色平展的刺。基生叶密聚，叶片宽倒披针形、倒卵形或椭圆形，大小为（5 ~ 20）cm×（2.5 ~ 7.5）cm，先端急尖，基部楔形，边缘羽状深裂，裂片具波状齿，齿端具尖刺，两面无毛，沿脉散生尖刺，表面绿色，沿脉两侧灰白色，背面灰绿色，叶柄长0.5 ~ 1.0cm；茎生叶互生，与基生叶同形，但上部叶较小，无柄，常半抱茎。花单生于短枝顶，有时似少花的聚伞花序；花梗极短；花芽卵形，长约1.5cm；萼片2，舟状，长约1cm，先端具距，距尖成刺，外面无毛或散生刺，花开时即脱落；花瓣6，宽倒卵形，长1.7 ~ 3.0cm，先端圆，基部宽楔形，黄色或橙黄色；花丝长约7mm，花药狭长圆形，长1.5 ~ 2.0mm，开裂后弯成半圆形至圆形；子房椭圆形或长圆形，长0.7 ~ 1.0cm，被黄褐色伸展的刺，花柱极短，柱头4 ~ 6裂，深红色。蒴果长圆形或宽椭圆形，大小为（2.5 ~ 5.0）cm×（1.5 ~ 3.0）cm，疏被黄褐色的刺，4 ~ 6瓣自顶端开裂至全长的1/4 ~ 1/3。种子球形，直径1.5 ~ 2.0mm，具明显的网纹。

【生物学特性】 一年生草本植物，以种子进行繁殖，花果期3 ~ 10月。

蓟罂粟各部分形态

蓟罂粟

紫草科（Boraginaceae）

琉璃草

琉璃草（*Cynoglossum furcatum*）属紫草科（Boraginaceae）琉璃草属（*Cynoglossum*）。

【分布】 国外分布于阿富汗、巴基斯坦、印度、斯里兰卡、泰国、越南、菲律宾、马来西亚、巴布亚新几内亚及日本；国内分布于西南、华南、台湾、华东至河南、陕西及甘肃等区域。

【危害特点】 该草为咖啡园常见杂草种类，但植株不高，根系不发达，对咖啡植株的影响较小，主要在种子成熟期，人们进行农事操作时容易被种子黏附，影响正常农事操作。

【形态特征】 株高40 ~ 60cm，稀80cm。茎单一或数条丛生，密被伏黄褐色糙伏毛。基生叶及茎下部叶具柄，长圆形或长圆状披针形，大小为（12 ~ 20）cm×（3 ~ 5）cm，先端钝，基部渐狭，上下两面密生贴伏的伏毛；茎上部叶无柄，狭小，被密伏的伏毛。花序顶生及腋生，分枝钝角叉状分开，无苞片，果期延长呈总状；花梗长1 ~ 2mm，果期较花萼短，密生贴伏的糙伏毛；花萼长1.5 ~ 2.0mm，果期稍增大，长约3mm，裂片卵形或卵状长圆形，外面密伏短糙毛；花冠蓝色，漏斗状，长3.5 ~ 4.5mm，檐部直径5 ~ 7mm，裂片长圆形，先端圆钝，喉部有5个梯形附属物，附属物长约1mm，先端微凹，边缘密生白柔毛；花药长圆形，大小约为1.0mm×0.5mm，花丝基部扩张，着生花冠筒上1/3处；花柱肥厚，略四棱形，长约1mm。小坚果卵球形，长2～3mm，直径1.5～2.5mm，背面突，密生锚状刺，边缘无翅边或稀中部以下具翅边。

【生物学特性】 多年生草本植物，以种子进行繁殖，花果期5～10月，种子表面密生锚状刺，容易粘在毛皮或衣物上进行远距离传播，主要分布于海拔300～3 040m的林间草地、向阳山坡及路边。

琉璃草各部位形态

琉璃草

紫茉莉科（Nyctaginaceae）

紫茉莉

紫茉莉（*Mirabilis jalapa*）属紫茉莉科（Nyctaginaceae）紫茉莉属（*Mirabilis*），又名晚饭花、晚晚花、野丁香、苦丁香、丁香叶、状元花、夜饭花、粉豆花、胭脂花、烧汤花等。

紫茉莉茎及叶片形态

【分布】 原产热带美洲，在我国南北均有分布，常栽培为观赏花卉，有时逸为野生。

【危害特点】 该草为部分咖啡园特有品种，多为栽培后逸为野生，生长极为迅速，株型高大，对幼龄咖啡植株影响较大，与咖啡植株存在显著的水肥及空间竞争关系，具有极强的吸水能力，导致该草附近的咖啡植株生长缓慢或不生长，长期危害甚至导致死亡。

【形态特征】 株高可至1m。根肥粗，倒圆锥形，黑色或黑褐色。茎直立，圆柱形，多分枝，无毛或疏生细柔毛，节稍膨大。叶片卵形或卵状三角形，大小为（3～15）cm×（2～9）cm，顶端渐尖，基部截形或心形，全缘，两面均无毛，脉隆起；叶柄长1～4cm，上部叶几无柄。花常数朵簇生枝端；花梗长1～2mm；总苞钟形，长约1cm，5裂，裂片三角状卵形，顶端渐尖，无毛，具脉纹，果时宿存；花被紫红色、黄色、白色或杂色，高脚碟状，筒部长2～6cm，檐部直

径2.5 ~ 3.0cm，5浅裂；花午后开放，有香气，次日午前凋萎；雄蕊5枚，花丝细长，常伸出花外，花药球形；花柱单生，线形，伸出花外，柱头头状。瘦果球形，直径5 ~ 8mm，革质，黑色，表面具皱纹；种子胚乳白粉质。

【生物学特性】 一年生草本植物，以种子进行繁殖，花期6 ~ 10月，果期8 ~ 11月。

小粒咖啡草害综合防控技术

我国小粒咖啡种植区98%以上位于云南，主产区包括保山、临沧、普洱、大理（宾川）、德宏、怒江、文山等地，种植区域多属干热或湿热区，杂草生长速度非常快，控草成本极高，杂草一直是制约咖啡正常生产和增加咖啡生产成本的重要因素之一。咖啡园常见的除草技术包括人工除草技术、机械防控技术、物理控草技术、生态防控技术及化学防控技术，但单一的除草措施往往不容易获得较好的防控效果。因此，杂草的防控应采用综合防控措施，以生态学为基础，对咖啡园杂草进行综合防控，研究探索在一定耕作制条件下，各杂草的发生情况及生物学特性和造成经济损失的阈值，将各除草技术进行有机结合，建立科学合理的咖啡农业生态体系，尽可能将杂草对咖啡的影响和除草成本降到最低，又维持较高的生态效益。最终，实现咖啡的可持续性生产。

1. 人工除草技术

人工除草技术适用于咖啡苗圃、杂草零星发生或面积较小的咖啡园，常见的人工除草包括人工拔草及利用镰刀和锄头等简易工具割草或铲草。人工拔草适合杂草发生量小、仅零星分布或杂草发生于咖啡植株附近的情况，该方法人工成本投入高、除草效率较低，但除草质量高，对咖啡植株几乎没有损伤。利用镰刀和锄头等简易工具割草或铲草适合咖啡园杂草发生量较大和面积较广时使用，除草效率高于人工拔草，但割草仅能抑制地上部分杂草的生长量，不能清除根系对咖啡植株的影响；铲草可以直接清除杂草根系，适合低龄咖啡园使用，并获得松土的效果，有利于咖啡植株的生长，但除草效率低，人工成本投入高。

2. 机械防控技术

机械防控技术包括利用电动割草机、微型旋耕机或小型耕地机进行除草。该技术适合地势较为平缓的咖啡园，割草效率高，但对咖啡种植标准要求较高，株行距定植不标准使用机械除草难度大，容易损伤咖啡植株；同时，对操作者具有一定的技术要求。电动割草机割草仅能抑制地上部分杂草的生长量，不能清除杂草根系对咖啡植株的影响，适合杂草生长末期使用；微型旋耕机或小型耕地机除草具有松地和除草的功能，但操作区域需远离咖啡植株，否则会损伤咖啡植株，因此往往需要人工除草技术的配合。对铺设水肥一体化设施的咖啡园，机械除草对水肥一体化设施影响较大，使用效果并不理想。

背负式割草机除草

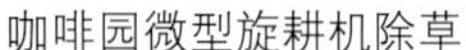

咖啡园微型旋耕机除草

小型耕地机除草

3. 物理控草技术

物理控草技术目前包括利用塑料薄膜或地布进行覆盖除草，可以有效控制咖啡园杂草的生长及危害，同时还可以保持土壤湿度，适合新定植咖啡园使用。铺设塑料薄膜，投入低，控草保湿效果显著，但塑料薄膜降解慢，污染环境，需连续多年铺设，投入成本高。铺设黑色地布，投入高，可持续使用3～5年，控草效果较好。近年该方法在咖啡园控草应用中使用的面积正逐年增加，但地布投入高，不适合小种植户使用；同时，黑色地布吸热明显，导致咖啡植株日灼病普遍发生，并且连续多年覆盖地布会导致土壤板结加重，并在一定程度上降低咖啡园生物多样性水平，生态效益较差。物理控草并不能完全控制杂草对咖啡植株的影响，如咖啡植株基部的杂草就不能得到很好的控制，仍需与人工除草技术相结合。

塑料膜覆盖除草

地布压草

方形地布覆盖除草

4. 生态防控技术

生态防控技术主要包括绿肥压草、死覆盖及家禽控草，生态效益较高。通过绿肥、秸秆还田和家禽粪便可以有效提高咖啡园有机质含量。绿肥压草，在咖啡园中常使用的绿肥植物包括蝶豆、新诺顿豆、崖州硬皮豆、大翼豆等豆科植物，绿肥种植可以有效控制杂草的生产量，保持咖啡园地表湿度，持续绿肥还田，可以有效缓解咖啡连作障碍，还可以作为天敌的栖息场所，对控制咖啡病虫害发生具有积极作用，但绿肥植物与咖啡植株存在水肥竞争关系，需要人工定期进行管理和维护，清除缠绕咖啡植株的绿肥。死覆盖指利用植物秸秆等进行覆盖压草，压草效果前期较好，但随着秸秆腐烂控草效果变差，甚至可能导致杂草生长更加旺盛。家禽控草，生态效益和经济效益较高，持续控草效果好，但控草见效慢，家禽仅会取食部分杂草种类，导致不喜食杂草种类疯长。家禽控草在咖啡园中应用面积较少，但可能成为未来咖啡园除草比较理想的方法。

绿肥压草

5. 化学防控技术

化学防控技术是利用除草剂进行咖啡园除草，除草成本最低，除草效果最好，但生态效益最差。农药残留影响咖啡的品质及出口销售；农药清除地表杂草，破坏生态环境，导致咖啡园多样性水平显著降低，土壤严重板结；除草剂飞溅至咖啡植株上，导致植株出现药害；除草剂多为高毒农药，影响从业者身体健康。近年，除草剂在咖啡园的使用面积已经逐年递减，并不推荐使用。

除草剂除草

鼠科（Muridae）

中华姬鼠

【分布】 中华姬鼠别名森林姬鼠、山耗子、龙姬鼠，与黑线姬鼠十分相似。国外分布于缅甸及印度东北部；国内分布于福建、台湾、四川、云南、西藏、陕西、甘肃、黑龙江、河北、山西、湖北、宁夏等省份。

【危害特点】 主要危害小粒咖啡顶端的一级分枝或嫩芽，导致枝条或嫩芽被咬断，危害部位呈斜口状；在11月至翌年5月咖啡浆果成熟期，也会取食咖啡浆果的果肉，通常可见受害部位的地面或枝条上遗留大量取食后剩余的咖啡种子，导致咖啡生长受影响，产量降低。

【分类地位】 中华姬鼠（*Apodemus draco*）属啮齿目（Rodentia）鼠科（Muridae）姬鼠属（*Apodemus*）动物。

【食物】 该鼠为杂食性鼠类，会取食橡籽、茶籽、栗子、草籽、嫩枝叶，也会取食咖啡顶端一级分枝、顶芽及成熟浆果，偶尔捕食昆虫。

【形态特征】 小型鼠类，体长80 ~ 160mm，尾长80 ~ 125mm，体重20g左右，体细长，耳较黑线姬鼠略大而薄，比大林姬鼠纤细；耳前折可达眼部；背部中央无黑色条纹；前后足掌垫各6枚；雌性乳头3对。背毛棕黄色，由两种毛组成，一种是较硬的粗毛，毛基灰白色，毛尖为棕黄色；另一种为柔毛，毛基为灰黑色，毛尖棕黄色；腹部毛色为灰白色，毛基灰色，毛尖白色，背腹毛交界处分界明显；耳壳略带棕褐色，前后足背面白色；尾背面为棕褐色，腹面为棕黄色。头骨小于大林姬鼠和黑线姬鼠，吻部较为尖细，门齿孔可达臼齿列前端的水平线，腭骨比大林姬鼠窄；颅骨与黑线姬鼠十分相似，具明显的眶上嵴，脑颅较隆起，额骨与顶骨之间的交接缝呈圆弧形，部分标本额骨与顶骨交接缝成“人”字形，使额骨形成一个锐角伸入顶骨处，颧弓细弱，鼻骨细长。上颌第1臼齿最大，约等于第2和第3臼齿总和，上颌第1臼齿有3横嵴，每一横嵴有3个齿突，两侧近于对称，中间齿突较大，第2臼齿亦有3横嵴，第1横嵴的中央齿突消失，两侧退化成两个孤立的小齿突，内侧小齿突大于外侧小齿突；第3臼齿最小，呈三叶，齿式 = 16。

【发生规律】 该鼠为林区优势鼠种，随着海拔的增高，其数量也越来越多。喜山地、林木灌丛等栖息环境。中华姬鼠洞穴多在树根下或岩石缝隙中或树洞中，入洞口直径为3cm，出洞口2个，直径为2.5cm，入洞口与出洞口地面距离35cm，洞道紧贴树根，极难挖掘，洞道内岔道不多，窝距入洞口45cm，窝以树叶、干草组成，洞内无存粮。繁殖期为4～11月，春末秋初为繁殖高峰期，孕期26～28d，每年繁殖2～3次，每胎产仔最少3只，最多10只，平均5～7只。

中华姬鼠
（卢志兴供图）

【防治方法】

（1）人工防治。在田间设置捕鼠器，人工捕杀成鼠，减少种群数量。发现鼠穴，可向鼠穴灌水，捕杀中华姬鼠或淹死幼鼠。

（2）生物防治。保护利用天敌，如猫头鹰、蛇等，利用天敌控制害鼠自然种群数量。

（3）化学防治。田间设置诱鼠毒饵，诱杀中华姬鼠。

中华姬鼠危害状

附录Ⅰ 天敌类群

1. 瓢虫

(1) 六斑月瓢虫

六斑月瓢虫（*Menochilus sexmaculatus*）体大小为（5.0 ~ 6.6）mm×（4.0 ~ 5.3）mm。虫体长圆形，呈弧形拱起。头部黄白色，有时候前额的中部有三角形的黑斑。复眼黑色，小盾片黑色。鞘翅红色至橘红色，鞘翅缝黑色，鞘翅的周缘黑色，每一鞘翅上有3条黑色的横带。

寄主：蚜虫、介壳虫等。

(2) 稻红瓢虫

稻红瓢虫（*Micraspis discolor*）体大小为（3.7 ~ 5.0）mm×（3 ~ 4）mm。虫体周缘卵形，末端收窄。全体红色至橘红色，头部、前胸背板沿基缘的中部有弧形黑斑或少数独立的黑斑，鞘翅缝黑色，鞘翅外缘常有黑色的细窄边缘。

寄主：蚜虫等。

(3) 红肩瓢虫

红肩瓢虫（*Leis dimidiata*）体大小为（7 ~ 10）mm×（7 ~ 10）mm。体色橙黄至橘红。前胸背板中线基部两侧各有一黑斑，两者彼此相连，小盾片黑色。红色型鞘翅后半部的黑斑相互融合，黑色部分占鞘翅的一半以上，仅留红色的肩部，有时肩部还有一小斑。鞘翅缘折近后胸处最宽。雌虫第5腹板后缘外突，第6腹板露出很少，后缘圆弧形突出。

寄主：蚜虫和介壳虫等。

六斑月瓢虫

稻红瓢虫

红肩瓢虫

(4) **六斑异瓢虫**

六斑异瓢虫(*Aiolocaria hexaspilota*)体大小为(9.5 ~ 11.0)mm×(8.4 ~ 9.0)mm。头部黑色,前胸背板黑色,两侧各具1枚白色或浅黄色的大圆斑。两侧具大白斑,鞘翅橙红色,翅缘具黑色边线,黑色斑纹左右对称,黑色带变异极大;翅中央有黑色横带,两侧横带相互连通;鞘翅上下尚有短斑,两翅斑纹不相连,合翅时外观近似龟纹。

寄主:叶甲、蚜虫等。

(5) **小红瓢虫**

小红瓢虫(*Rodolia pumila*)体长3.0 ~ 3.3mm;体近于圆形,鞘翅肩胛部分最宽,端部稍收窄。头部、前胸背板、小盾片橘红色,鞘翅缨红色;腹面橘红色,胸部腹板中央黑色,构成1个黑色大斑,此黑斑常扩及腹部腹板前数节的中央。

寄主:介壳虫等。

(6) **七星瓢虫**

七星瓢虫(*Coccinella septempunctata*)体大小为(5 ~ 7)mm×(4 ~ 6)mm。体周缘卵形,背面强度隆起,无毛。前胸背板黑色,两侧前半部具近方形的黄色斑纹。鞘翅鲜红,具7个黑斑,其中位于小盾片下方的小盾斑被鞘缝分割成每边一半,其余每一鞘翅上各有3个黑斑。小盾斑前侧各具1个灰白色三角形斑。

寄主:蚜虫和介壳虫等。

(7) **黄缘巧瓢虫**

黄缘巧瓢虫(*Oenopia sauzeti*)体长约14mm,雄虫头部黄白色,雌虫头部黑色。体椭圆形,呈半球形拱起。复眼黑色、前胸背板黑色,前角上各有1个四边形黄白色斑,沿外缘伸至后角。小盾片黑色。鞘翅黄色,基缘及周缘黑色或黑褐色,鞘缝黑色,在中央部分扩展为横椭圆黑色斑,近端扩大为横的黑色斑。每个鞘翅上各有2个大黑斑。

寄主:蚜虫和咖啡绿蚧等。

(8) **龟纹瓢虫**

龟纹瓢虫(*Propylea japonica*)体大小为(3.2 ~ 4.2)mm×(2.6 ~ 3.2)mm。虫体周缘长圆形,弧形拱起,表面光滑。基色黄色而带有龟纹状黑色斑纹。头部雄虫前额黄色而基色在前胸背板之下黑色,雌虫前额有1个三角形的黑斑,有时扩大至全头黑色。鞘翅上的黑斑常有变异,黑斑扩大相连或黑斑缩小而成独立的斑点,有时甚至黑斑消失。

寄主:蚜虫、介壳虫等。

六斑异瓢虫

小红瓢虫

七星瓢虫成虫

黄缘巧瓢虫

龟纹瓢虫成虫

(9) 红星盘瓢虫

红星盘瓢虫(*Phrynocaeia congener*)体大小为(3.2 ~ 4.6)mm×(3.0 ~ 4.1)mm。体近圆形,背面呈半球状隆起,黑色。雄虫头橙黄色,雌虫头黑色。复眼黑色,触角、唇基与上唇橙黄色。前胸背板雄虫在两侧具黄色大斑,雌虫前缘及侧缘橙黄色。小盾片宽,三角形,黑色。鞘翅在外,内线之间距鞘翅基部1/3处具一橙黄或橘红色圆形大斑。腹面橙黄色。后基线弧形,沿后缘伸至后角。

寄主:蚜虫等。

(10) 变斑隐势瓢虫

变斑隐势瓢虫(*Cryptogonus orbiculus*)体大小为(2.2 ~ 2.8)mm×(1.9 ~ 2.2)mm,体呈短卵形,半球形拱起。前胸腹板纵隆线自基部平行伸出,于前缘之后汇合成半圆,半圆的前缘与前胸腹板的前缘不相连接而有若干距离。额黄色(雄)或黑色(雌);复眼灰黑至黑色;唇基、触角及口器褐黄色(雄)或黑褐色(雌)。前胸背板除前缘及前角其余全为黑色。小盾片黑色。鞘翅黑色,中央各有一红色的圆斑。鞘翅上的色斑变异甚大:黑色型的变异红斑缩小以至消失;浅色型的变异斑点扩大,或鞘翅末端出现端斑而与中斑相连成各种特殊的色斑,以至黑色全部消失。雄性外生殖器弯管的外突长而内突短,弯管末端渐尖细。阳基中叶稍长于侧叶。

寄主:蚜虫等。

(11) 奇斑瓢虫

奇斑瓢虫(*Harmoniau hars*)寄主:蚜虫和介壳虫等。

(12) 黑缘巧瓢虫

黑缘巧瓢虫(*Oenopia kirbyi*)寄主:介壳虫及蚜虫。

2. 寄生蜂

(1) 广黑点瘤姬蜂

广黑点瘤姬蜂(*Xanthopimpla punctata*)体长10 ~ 12mm,黄色,具黑斑。复眼、单眼区、中胸盾片上横列3纹,翅基片下方、并胸腹节第1侧区1纹,腹部第1、第3、第5、第7背板上各1对斑点,后足胫节基部、产卵器鞘均呈黑色。头短,横形,窄于胸宽。并胸腹节光滑,分区明显,中区近梯形,分脊在后角附近伸出。腹部1 ~ 6节背板近后缘有浅横沟,第3 ~ 6节横沟前多粗刻点。产卵器鞘长于腹长的1/2。

寄主:鳞翅目昆虫蛹。

红星盘瓢虫

变斑隐势瓢虫成虫

奇斑瓢虫

黑缘巧瓢虫成虫

广黑点瘤姬蜂

（2）黑足举腹姬蜂

黑足举腹姬蜂（*Prislauacus nigripea*）寄主：灭字脊虎天牛蛹。

（3）绒茧蜂

绒茧蜂（*Apanteles* sp.）寄主：鳞翅目幼虫，如茸毒蛾和大造桥虫等。

（4）盾脸姬蜂

盾脸姬蜂（*Metopius* sp.）寄主：鳞翅目幼虫。

（5）管氏肿腿蜂

管氏肿腿蜂（*Scleroderma guani*）雌蜂体长3～4mm，分无翅和有翅两型。头、中胸、腹部及腿节膨大部分为黑色，后胸为深黄褐色；触角、胫节末端及跗节为黄褐色；头扁平，长椭圆形，前口式；触角13节，基部两节及末节较长；前胸比头部稍长，后胸逐渐收狭；前足腿节膨大呈纺锤形，足胫节末端有2个大刺；跗节5节，第5节较长，末端有2爪。有翅型前、中、后胸均为黑色，翅比腹部短1/3，前翅亚前缘室与中室等长，无肘室，径室及翅痣中室后方之脉与基脉相重叠，前缘室虽关闭但其顶端下面有一开口，这些特征是肿腿蜂属所具有的特征。雄蜂体长2～3mm，亦分有翅和无翅两型，但97.2%的雄蜂为有翅型。体色黑，腹部长椭圆形，腹末钝圆，有翅型的翅与腹末等长或伸出腹末之外。

寄主：天牛蛹。

3. 蝽类

（1）黄带犀猎蝽

黄带犀猎蝽（*Sycanus croceovittatus*）体长2～23mm，头细长，体黑色，小盾片顶端成刺状且分叉，前翅革片基部黑色，中部至膜片边缘深黄色或金黄色，构成明显的前翅中部黄色横带。腹部两侧扩展并向上翘。

寄主：鳞翅目幼虫、蚜虫、蝗虫及荔枝蝽若虫。

黑足举腹姬蜂（雄虫）

绒茧蜂成虫

盾脸姬蜂

管氏肿腿蜂成虫（采集于保山市隆阳区新寨村）

黄带犀猎蝽

(2) 大眼长蝽

大眼长蝽(*Geocoris* sp.)小型，眼大而突出，向后强烈斜伸。前足股节不特别加粗，无刺。前胸背板中央无横缢。

寄主：叶蝉、盲蝽、蚜虫等的若虫及鳞翅目害虫的卵及低龄幼虫。

(3) 轮刺猎蝽

轮刺猎蝽(*Scipinia horrida*)寄主：鳞翅目幼虫、蚜虫、蝗虫等。

(4) 红彩瑞猎蝽

红彩瑞猎蝽(*Rhynocoris fuscipes*)体长12 ~ 18mm，鲜红色至暗红色，光亮。触角1 ~ 2节、前胸侧板前部及端部、小盾片基半部、中后胸侧板大部及腹板、各足股节大部、胫节基部、侧接缘各节基部黑色，革片内侧、膜区黑褐色，具蓝色金属光泽。前胸背板前叶具不明显的印纹，中央纵沟后半部较深，两侧具瘤突。

寄主：鳞翅目幼虫、蚜虫、蝗虫等。

(5) 红股历猎蝽

红股历猎蝽(*Rhynocoris mendicus*)体色多变；基色黑色，前胸背板后缘及雄虫尾节鲜红色至红褐色；头、前胸背板前叶、小盾片由全部红色至完全黑色；复眼由灰褐色至黑色；前胸背板后叶红色区域大小不一；各足由完全红色(除胫端和跗节为褐色)至完全黑色，大多数情况下，基节转节股节为红色，其余各节黑褐色至黑色；侧接缘鲜红色至土黄色，上有时有大小不一的黑褐色斑。雌虫体粗壮，雄虫体较瘦。体表较密地被有黄白色平伏毛并稀疏杂以同色长毛。头的眼前部分长近等于眼后部分；眼后部分逐渐变细；触角第2、3节近等长或第3节长于第2节。前胸背板前叶印纹较浅，中后部中央深凹，凹陷两侧具瘤状突起，后角明显向后突出；发音沟约由180个横纹脊组成；雄虫前翅略超过腹末，雌虫前翅多仅达腹末或略超过腹末。雌虫腹部向两侧中度扩展。

寄主：蝗虫、鳞翅目幼虫等。

4. 虎甲类

台湾树栖虎甲

台湾树栖虎甲(*Collyris formosana*)体狭长，约11mm；前胸细长，基部宽于端部，瓶状；前胸背板有明显的横皱纹；鞘翅两侧平行，端部稍宽，后侧角圆形，中部常具1个棕红色横斑(有时不明显)。

寄主：蚜虫、介壳虫、叶蝉等小型昆虫。

大眼长蝽成虫

轮刺猎蝽成虫

红彩瑞猎蝽成虫

红股历猎蝽成虫

台湾树栖虎甲

5. 蚂蚁类

黄猄蚁

黄猄蚁（*Oecophylla smaragdina*）的大型工蚁体长9.5～11.0mm。体锈红色，有时为橙红色。全身有十分细微的柔毛。立毛很少，仅限于后腹末端。体具弱光泽。小型工蚁体长7～8mm，与大型工蚁相似，但上颚不如大型工蚁那样强大，唇基更凸，前胸背板侧面观更凸。蚁后体长15～18mm，当蚁后处于新后阶段时，体色为绿色或浅黄色，随着虫龄的不断增长与蚁群数量的增加，蚁后的颜色会发生改变，变为橙色或接近于红色，但在酒精中浸泡过久后则呈土黄色；上颚较宽，头有3个突出的单眼；触角柄节较工蚁短、粗；中胸盾片和小盾片平，并胸腹节具短的基面和较长的斜面；结节宽厚，楔形，向上逐渐变薄，顶端中央深凹；后腹大，宽卵形；足较短、粗；其余似工蚁。雄蚁体长6～7mm。体棕黑色，具丰富的红褐色柔毛被，头部较小，上颚窄，咀嚼边齿不明显，触角13节。

寄主：鳞翅目幼虫、蝗虫、蟋蟀、螽斯等。

6. 螳螂类

（1）台湾花螳螂

台湾花螳螂（*Odontomantis planiceps*）体长20～25mm，身体扁平，上唇黄色，前胸背板绿色，边缘具黄边，背上有明显的中线突起，翅膀绿色，各足绿色细长，胫节侧缘及跗节褐色，行动敏捷，善于飞行。

寄主：叶蝉、蚜虫、蝶类、蛾类幼虫。

（2）广斧螳

广斧螳（*Hierlomantis patellifera*）体中大型，通体绿色或褐色，前翅具一白色翅痣，前足基节具3～5个黄色疣突。

寄主：叶蝉、蚜虫、介壳虫、蝶类、蛾类幼虫。

（3）薄翅螳

薄翅螳（*Mantis religiosa*）体中到大型，通常绿色或棕色，前足基节内侧基部具黑色斑或茧状斑，体无斑纹。

寄主：蝗虫、鳞翅目幼虫等小型昆虫。

（4）眼斑螳

眼斑螳（*Creobroter* sp.）寄主：蝗虫、鳞翅目幼虫等小型昆虫。

黄猄蚁兵蚁　黄猄蚁蚁巢　黄猄蚁蚁后

台湾花螳螂成虫

广斧螳成虫

薄翅螳若虫

眼斑螳若虫

(5) 枯叶大刀螳

枯叶大刀螳（*Tenodera aridifolia*）体中到大型，体长70 ~ 95mm，体绿色或褐色，身体细长，但通常翅缘为绿色或黄绿色，头部倒三角形，复眼大，前足发达呈镰刀状，下具锯齿。

寄主：蝗虫、鳞翅目幼虫等小型昆虫。

(6) 明端眼斑螳

明端眼斑螳（*Creobroter apicalis*）后翅前缘域及中域透明；前翅明显较短，体长不超过30mm；后翅基部、前缘域及中域烟褐色，偶有较浅的玫瑰色。

寄主：蝗虫、鳞翅目幼虫等小型昆虫。

7. 蜘蛛类

(1) 狭蚁蛛

狭蚁蛛（*Myrmarachne angusta*）体型似蚂蚁。雄蛛体长约7mm。背甲较长，眼区黑色，中部缢缩，后方红色；步足红棕色，较长；腹柄较长，腹部前部红色，后部黑色，较长。

寄主：蝽、蚜虫、介壳虫等小型昆虫。

(2) 丽金蛛

丽金蛛（*Argiope pulchella*）雄蛛体长约5mm；背甲宽大于长，密被白色绒毛；步足黑色，具灰白色斑纹，散生粗状刺；腹部卵圆形，灰白色。雌蛛体长11 ~ 19mm；背甲黑褐色，密被白色绒毛；步足较长，具黑色、白色和褐色环纹；腹部肩角较明显，银白色、黑色、黄色横纹之上具1排白色圆形斑点；尾部以黑色为主，散布白色和黄色斑块。

寄主：蝗虫、蝇类、蝴蝶及蛾类等多种昆虫。

(3) 缅甸猫蛛

缅甸猫蛛（*Oxyopes birmanicus*）雄蛛体长约10mm；背甲橙色；步足绿色，有长刺；腹部筒形，褐色，覆盖有大面积白毛，末端尖，心脏斑橙色。雌蛛大于雄蛛，背甲绿色，中线两旁有2对纵斑，腹部有1条橙色纵斑。

寄主：蝗虫、鳞翅目昆虫、蝇类等。

枯叶大刀螳老熟幼虫　枯叶大刀螳成虫
明端眼斑螳成虫
狭蚁蛛
丽金蛛
缅甸猫蛛

(4) 亮猫蛛

亮猫蛛(*Oxyopes* sp.)体长约9mm,背甲浅褐色,有2对橙色纵斑,眼区黑色。步足绿色,有长状刺和黑色纵纹。腹部筒形,浅褐色,末端尖,沿中线对称分布有黑色和橙色斑纹,心脏斑黄色。

寄主:蝗虫、鳞翅目昆虫、蝇类等。

(5) 棒络新妇

棒络新妇(*Nephila clavata*)雄蛛体长约6mm,背甲褐色,具黑色纵斑;步足黑色,有橙色环纹;腹部筒形,褐色,有黄斑。雌蛛体长约21mm;背甲黑色,有大量银色长毛;触肢黄色,步足黑色,有黄色环纹,具稀疏黑刺;腹部背面有蓝黄相间的花纹,腹侧黄色,前半部有黑色条纹,后半部为红色,腹面黑色,有黄色斑纹。

寄主:蝗虫、鳞翅目昆虫、蝇类等。

(6) 白纹舞蛛

白纹舞蛛(*Alopecosa albostriata*)雄蛛体长约11mm,体色多变,背面正中具宽纵带,灰白色,密被毛,正中带两侧黑褐色至黑色;步足较长,黄褐色至褐色,腿节色深;腹部卵圆形,背面灰褐色至黑褐色,正中具1条明显或不明显白色纵纹。雌蛛体长约19mm,背甲灰褐色,密被黄褐色毛;步足粗壮,黄褐色,少刺;腹部卵圆形,背面灰褐色,具不规则黑色斑。

寄主:蝗虫、蟋蟀、鳞翅目昆虫等。

8. 其他

(1) 拟织螽

拟织螽(*Hexacentrus* sp.)寄主:蚜虫、介壳虫等小型昆虫。

(2) 甲蝇

甲蝇(*Celyphus* sp.)体长不到5mm,复眼红色,体背光亮黄褐色,小盾片特别发达,延伸覆盖腹部,翅膀藏于小盾片下方。

寄主:捕食多种小型昆虫。

亮猫蛛

棒络新妇

白纹舞蛛

拟织螽若虫

甲蝇成虫

（3）狭颊寄蝇

狭额寄蝇（*Carcelia* sp.）复眼被毛，狭颊，窄于触角基部至复眼的距离，腹侧片鬃1 + 1。前胸腹片被毛，翅前鬃大于第1根沟后背中鬃。前胸侧片裸，中鬃3 + 3，翅上鬃3根、肩后鬃2根。翅薄透明，翅肩鳞黑色，前缘刺退化，前缘脉第2脉段腹面裸，中脉心角在翅缘或大或小开放。侧颜裸，触角第3节长于第2节，触角芒第2节不延长、裸，其基部加粗不超过全长的1/2，下颚须黄色，无前顶鬃，后足胫节具前背鬃梳。成虫发生最适温度为25 ~ 28℃，该虫常于植物的顶端活动或树干的向阳面取暖。

寄主：鳞翅目幼虫或蛹。

（4）纹蓝小蜻

纹蓝小蜻（*Diplacodes trivialis*）为小型种类；腹长约22.0mm；体蓝色具黑斑，前胸黑色，背板中央有2个相连的黄色斑；合胸色彩因老幼不同有变化，老熟个体全黑色，幼小个体黄褐色，有褐色和黑色条纹；腹部的基部3节较膨大，黄色，具黑色环状纹，第4节之后的各节大部分黑色，有的节侧面具有不明显黄色斑；雌雄体型、色彩、斑纹接近。

寄主：蚊、蝇、鳞翅目幼虫。

（5）马奇异春蜓

马奇异春蜓（*Anisogomphus maacki*）成虫腹长35 ~ 37mm，后翅长31 ~ 33mm。头部颜面黑色，额黄绿色，合胸背前方黑色，具1对倒置的7形黄绿条纹，胸侧面黄绿色具黑纹，第2条黑纹上方间断，翅基部微带金黄色。雄虫腹面黑色，背中具黄细纹，第8 ~ 9节稍有扩张，侧缘具黄斑，第8节的甚大，第9节的较小；雌虫各腹节侧面都有黄条纹，前后相接形成1条纹带。老熟的个体显黄色。

寄主：蚊、蝇、鳞翅目幼虫。

（6）红蜻

红蜻（*Crocothemis servilia*）成虫腹长27 ~ 32mm，翅长32 ~ 36mm。刚羽化的雌雄个体都为金黄色，腹背面中部有很细的黑纵纹。过一段时间后，雄虫全身呈赤红色，翅基部有红斑；雌虫为黄色，翅前缘和基部出现淡黄色，并且雌虫腹背的黑纵纹比雄虫更加醒目。

寄主：蚊、蝇、鳞翅目幼虫。

狭颊寄蝇成虫

纹蓝小蜻

马奇异春蜓

红蜻

（7）褐斑异痣蟌

褐斑异痣蟌（*Ischnura senegalensis*）的成虫腹长约25mm，后翅长约15mm。雄虫第8腹节无蓝斑。雌虫3种色型，即异色型、同色型和橙色型。

寄主：蚊、蝇、鳞翅目幼虫等。

（8）素色拟织螽

素色拟织螽（*Hexacentrus unicolor*）雄性前翅超过后足股节顶端，较宽阔，后缘呈弧形弯曲；Rs脉从R脉中部之前分出，具3～4分支；镜膜较小，椭圆形。雌性前翅较狭，后缘几乎平直。后翅不长于前翅。前足基节缺刺。各足股节腹面具刺，后足股节膝叶具2刺。前足胫节缺背距，具6对甚长的腹距，其近基部的1对距最长，依次向端部缩短；内侧和外侧听器均为封闭型。雄性尾须基部粗，具毛，端部骤然变细和内弯；雄性下生殖板延长，后缘呈弧形内凹，具1对较长的腹突。雌性尾须较短，圆锥形；下生殖板近三角形，端部具弱的凹口；产卵瓣约为后足股节长的2/3，较平直，端部尖锐。体一般为淡绿色。头部背面淡褐色，前胸背板背面具褐色纵带，在沟后区较强地扩宽，沿边缘镶黑线；雄性前翅发音部具褐色；跗节第1和第2节暗黑色。

寄主：蚜虫、介壳虫等小型昆虫。

（9）双斑青步甲

双斑青步甲（*Chlaeniys biomaculatus*）体长11～14mm，头、前胸背板绿色，稍带紫铜色光泽；小盾片绿色；鞘翅青铜色，或近于黑色，被黄色毛，后部具近圆形黄斑，位于第4～8行距，鞘翅行距平坦，密被刻点；触角棕黄色至棕褐色；足棕黄色，跗节常棕褐色。前胸背板宽略大于长，表面被细刻点；基凹深。

寄主：小型昆虫，如蝗虫、蟋蟀、蚜虫、介壳虫等。

（10）短刺刺腿食蚜蝇

短刺刺腿食蚜蝇（*Ischiodon scutellaris*）眼裸；颜面黄色，无粉被；触角第2节非常短，第3节的长2倍于宽，圆锥状至顶端尖圆。中胸背板亮黑色，有明显的淡黄色至鲜黄色的侧缘；小盾片黄色，盘面带褐色，侧板大多为亮黑色，后面1/3和腹侧片上具淡黄和白色粉被，腹侧片的前背角有1簇毛，上、下毛斑后部较宽，分开。

寄主：蚜虫。

褐斑异痣蟌

素色拟织螽成虫

双斑青步甲成虫

短刺刺腿食蚜蝇成虫

(11) 黑带食蚜蝇

黑带食蚜蝇（*Episyrphus balteatus*）体长7～11mm，翅长6.5～9.5mm。头黑色，被黑色短毛，头顶宽约为头宽的1/7。单眼区后方密覆黄粉。额大部分黑色覆黄粉，背有较长黑毛，端部1/4左右黄色。腹部第5节背片近端部有一长短不定的黑横带，其中央可前伸或与近基部的黑斑相连。

寄主：蚜虫。

(12) 异色蚁形甲

异色蚁形甲（*Formicomus* sp.）体长约4mm，体形似蚂蚁，体红棕色，前翅黑色，触角与腹部等长；头和胸部红棕色，头部大而圆。

寄主：鳞翅目昆虫的卵、卷叶蛾的蛹、介壳虫初孵若虫。

(13) 黄蜻

黄蜻（*Pantala flavercens*）成虫腹长31～34mm，后翅长40～42mm。雌虫复眼上部显红褐色，下部显青白色，合胸大部分黄色具黑细纹，腹部黄色具黑色斑纹，老熟雄虫额顶和腹背有赤化倾向。

寄主：蚊、蝇、鳞翅目幼虫。

(14) 啮虫

啮虫（Psocidae），中到大型昆虫，触角长，翅有斑纹。

寄主：地衣、苔藓、介壳虫和蚜虫等。

(15) 蠼螋

蠼螋（*Labidura* sp.）寄主：鳞翅目低龄幼虫、蚜虫和蜡蝉若虫等。

黑带食蚜蝇成虫

异色蚁形甲成虫

黄蜻成虫

啮虫

蠼螋

(16) 光头蝇

光头蝇（*Cephalops* sp.）寄主：鳞翅目幼虫。

(17) 脉褐蛉

脉褐蛉（*Micromus* sp.）寄主：蚜虫、叶螨、介壳虫等。

(18) 中华草蛉

中华草蛉（*Chrysoperla sinica*）寄主：木虱、介壳虫、叶蝉、蜡蝉、蚜虫等。

(19) 黄水虻

黄水虻（*Ptecticus* sp.）寄主：苍蝇等小型昆虫。

光头蝇

脉褐蛉成虫

中华草蛉卵　中华草蛉成虫

黄水虻成虫

附录Ⅱ 拉丁学名索引

附录Ⅲ　小粒咖啡病虫害防治技术规程（NY/T 1698—2009）

1 范围

本标准规定了小粒咖啡(*Coffea arabica* L.)主要病虫害防治的原则、措施及推荐使用药剂等技术。

本标准适用于中国咖啡产区小粒咖啡主要病虫害的防治。

2 规范性引用文件

下列文件中的条款通过本标准的引用而成为本标准的条款。凡是注日期的引用文件，其随后所有的修改单(不包括勘误的内容)或修订版均不适用于本标准，然而，鼓励根据本标准达成协议的各方研究是否可使用这些文件的最新版本。凡是不注日期的引用文件，其最新版本适用于本标准。

GB 4285　农药安全使用标准

GB/T 8321　农药合理使用准则

NY/T 359—1999　咖啡　种苗

NY/T 922—2004　咖啡栽培技术规程

3 术语与定义

3.1 台面　ridge

指咖啡园的墒。

3.2 死覆盖　mulching material

指用稻草、杂草、薄膜等覆盖咖啡根部台面。

3.3 多干轮换整形　rehabilitation of multiple system

咖啡截干复壮后留2 ～ 3个主干轮换结果。

4 推荐使用的药剂说明

本标准推荐的药剂是经我国农药管理部门允许在果树上使用的。不得使用国家严格禁止在果树上使用的农药，当新的有效农药出现或者新的管理规定出台时，以最新的规定为准。

5 小粒咖啡主要病虫害和防治

5.1 小粒咖啡病虫害及其发生危害特点。

5.1.1 小粒咖啡病害及其发生危害特点参见附录A。

5.1.2 小粒咖啡虫害及其发生危害特点参见附录B。

5.2 防治原则

贯彻“预防为主，综合防治”的植保方针，针对咖啡病虫害种类及发生特点，综合考虑影响病虫害发生与危害的各种因素，以农业防治为基础，协调应用检疫、生物防治、物理防治和化学防治等措施对病虫害进行安全和有效防治。

5.2.1 选择适应性和抗性强的优良品种并严格选择健康苗木，苗木质量指标应符合NY/T 359—1999之要求。

5.2.2 合理布局咖啡抗锈品种种植区域。抗锈品种不得与不抗锈品种混种，以提高咖啡抗锈品种的持久抗锈性。

5.2.3 加强田间监测，掌握病虫害发生动态，及时采取控制措施。

5.2.4 加强栽培管理，提高植株抗性及营造不利于病虫害发生的环境。有关栽培管理措施参照NY/ T 922—2004中的7、9.3之要求执行。

5.2.5 整形修剪参照NY/T 922—2004中的10.2之要求进行。对剪下的虫伤枝集中烧毁或放入水池浸泡10 ~ 15d，以彻底杀灭天牛幼虫和未出孔的成虫，减少虫源。

5.2.6 在海拔1 000m以下、温度较高的种植区，推荐复合栽培技术种植咖啡，提供咖啡荫蔽条件，有利于控制咖啡早衰和天牛的为害。

5.2.7 优先使用对天敌、环境和产品影响小的低毒药剂。

5.2.8 使用药剂防治时应参照GB 4285和GB/T 8321中的有关规定，严格掌握其浓度和用量施用次数、施药方法和安全间隔期，并进行药剂的合理轮换使用。

5.3 主要病虫害的防治

5.3.1 咖啡锈病

5.3.1.1 防治措施

5.3.1.1.1 加强抚育管理，合理施肥、灌溉、修枝整形，适当种植荫蔽树，使咖啡生长良好，增强抗病力。在早春使用药剂一次，减少初侵染源。在流行期每20 ~ 30d喷药一次，以预防锈病发生。

5.3.1.1.2 种植抗病品种。合理配置不同类型的抗锈咖啡品种。

5.3.1.2 推荐使用的主要杀菌剂及方法

选用0.5% ~ 1%波尔多液、15%粉锈宁可湿性粉剂1 000 ~ 1 500倍液、10%苯醚甲环唑（世高）2 000 ~ 2 500倍液、70%代森锰锌可湿性粉剂600 ~ 800倍液、65%代森锌可湿性粉剂400 ~ 500倍液和27.12%铜高尚悬浮剂500 ~ 800倍液等对树体进行喷雾防治。为了提高防效，可采用波尔多液与其他药剂交替使用。

5.3.2 咖啡炭疽病

5.3.2.1 防治措施

加强抚育管理，包括合理施肥、中耕除草、行间覆盖、修枝整形清除枯枝落叶，控制结果量，使植株生长旺盛，增强抗病力。在发病严重季节，每隔7 ~ 10d用杀菌剂喷树体一次。

5.3.2.2 推荐使用的主要杀菌剂及方法

选用0.5% ~ 1%波尔多液、25%多菌灵可湿性粉剂250 ~ 500倍液、75%百菌清可湿性粉剂600 ~ 700倍液、80%代森锰锌可湿性粉剂600 ~ 800倍液、50%甲基托布津可湿性粉剂800 ~ 1 200倍液、27.12%铜高尚悬浮剂500 ~ 800倍液喷树体。

5.3.3 咖啡褐斑病

5.3.3.1 防治措施

加强栽培管理，合理施肥和适当荫蔽。植株发病严重时喷施杀菌剂。

5.3.3.2 推荐使用的主要杀菌剂及方法

选用0.5%～1%波尔多液、25%多菌灵可湿性粉剂250～500倍液、80%代森锰锌可湿性粉剂600～800倍液、50%甲基托布津可湿性粉剂800～1 200倍液、65%代森锌可湿性粉剂400～500倍液等喷树体。

5.3.4 咖啡煤烟病

5.3.4.1 防治措施

做好修枝整形，保持树体通风透光良好。防治措施以防治引发本病的害虫为主。

5.3.4.2 推荐使用的主要药剂及方法

选用30%乙酰甲胺磷乳油500～1 000倍液、48%乐斯本乳油1 000～2 000倍液、25%扑虱灵可湿性粉剂1 500～2 000倍液、0.3%苦参碱水剂200～300倍液、2.5%功夫乳油1 000～3 000倍液等防治蚧类、蚜虫等害虫。

5.3.5 咖啡茎干溃疡病

5.3.5.1 防治措施

5.3.5.1.1 旱季对咖啡幼树进行死覆盖，或适度荫蔽，植株生势强。

5.3.5.1.2 冬春季节采用石灰水涂干，石灰水剂配制比例为水20份，生石灰5份，食盐0.5份，以减轻幼树茎干受辐射寒害和太阳灼伤的程度；在定植当年10月份结合松土+除草，在根茎处垒高+护干，避免根茎裸露受害。

5.3.6 咖啡枝枯病

5.3.6.1 防治措施

5.3.6.1.1 创造适当的荫蔽环境。在无荫蔽咖啡园采用多干轮换整形，保持植株营养生长与生殖生长的平衡，控制结果量。

5.3.6.1.2 咖啡园台面覆盖厚草，保护根系，调节地上部分与根系之间的平衡，在咖啡盛果期适当增施钾肥。

5.3.6.1.3 注意防治咖啡锈病、褐斑病和炭疽病，可减少该病的发生。

5.3.7 咖啡幼苗立枯病

5.3.7.1 防治措施

5.3.7.1.1 苗地不宜连作，整地要细致、平整，高畦育苗，避免苗圃积水。

5.3.7.1.2 播种不宜过密，适当淋水，保持田间清洁。

5.3.7.1.3 苗床播种覆盖沙土前进行土壤消毒。

5.3.7.2 推荐使用的主要杀菌剂及方法

选用45%代森铵水剂300～400倍液、20%萎锈灵乳油900～1 000倍液喷洒畦面，及时拔除病株，对病株周围的健株树冠及根茎喷0.5%～1%波尔多液控制病害蔓延。

5.3.8 咖啡灭字脊虎天牛

5.3.8.1 防治措施

5.3.8.1.1 种植抗逆性强、高产、密集矮生品种，适度荫蔽，合理密植。

5.3.8.1.2 采果结束后，对虫害枝干进行一次全园清除，及时处理虫害树。

5.3.8.1.3 人工捕杀害虫。适宜在4～6月12：00～14：00时捕捉成虫，产卵和幼虫孵化高峰期抹干。

5.3.8.1.4 清除野生寄主及园内虫源。保护天敌，发挥其生防作用。

5.3.8.2 推荐使用的主要杀虫剂及方法

3～10月每月用药剂喷树干杀卵一次。可用50%杀螟丹可湿性粉剂500～700倍液、30%乙酰甲胺

磷乳油400 ～ 800倍液等杀虫剂喷茎干木栓化部位。

5.3.9 咖啡旋皮天牛

5.3.9.1 防治措施

5.3.9.1.1 清除野生寄主，保护天敌。

5.3.9.1.2 5月下旬即成虫羽化前，用1份药剂、25份新鲜牛粪、10份黏土和15份水调成糊状涂刷树干基部防止成虫产卵。也可在5 ～ 7月每月用药剂喷树干基部一次。

5.3.9.2 推荐使用的主要杀虫剂及方法

作涂剂的杀虫剂可选用50%杀螟丹可湿性粉剂敌毒粉(敌百虫+毒死蜱)等按5.3.9.1.2推荐的比例配制；喷干可用50%杀螟丹可湿性粉剂500 ～ 700倍液、30%乙酰甲胺磷乳油400 ～ 800倍液等杀虫剂喷洒茎干木栓化部位。

5.3.10 咖啡木蠹蛾

5.3.10.1 防治措施

经常检查，结合修枝整形，如发现虫伤枝，特别是幼嫩受害枝条应从虫孔下方剪除并烧毁，消灭枝中害虫，防止咖啡木蠹蛾幼虫转入咖啡主茎钻蛀造成主茎折断。

5.3.10.2 推荐使用的主要杀虫剂及方法

选用25%杀虫双水剂500倍液、25%扑虱灵可湿性粉剂1 500 ～ 2 000倍液、50%辛硫磷乳油1 000 ～ 1 500倍液、90%晶体敌百虫1 000倍液、30%乙酰甲胺磷乳油500 ～ 1 000倍液、40%烟碱800 ～ 1 000倍液等喷树体。

5.3.11 咖啡根粉蚧

5.3.11.1 防治措施

5.3.11.1.1 咖啡根粉蚧的寄主范围广，应做好其他寄主的根粉蚧防治，消除虫源。

5.3.11.1.2 定植时，用5%特丁磷(地虫灵)颗粒剂拌土施入种植穴，每667m^2施用量2 ～ 3kg。

5.3.11.1.3 用30%乙酰甲胺磷乳油600倍液每株300 ～ 500mL灌根。

5.3.11.1.4 注意防治传播媒介蚂蚁，可用50%敌敌畏乳油1 000 ～ 1 500倍液、90%晶体敌百虫500 ～ 1 000倍液喷杀。

5.3.12 咖啡绿蚧

5.3.12.1 防治措施

5.3.12.1.1 保护和利用天敌。

5.3.12.1.2 在旱季虫害严重发生时使用药剂防治。

5.3.12.2 推荐使用的主要杀虫剂及方法

选用30%乙酰甲胺磷乳油500 ～ 1 000倍液、48%乐斯本乳油1 000 ～ 2 000倍液、25%扑虱灵可湿性粉剂1 500 ～ 2 000倍液、0.3%苦参碱水剂200 ～ 300倍液、2.5%功夫乳油1 000 ～ 3 000倍液等喷树体。

5.3.13 咖啡盔蚧

5.3.13.1 防治措施

5.3.13.1.1 保护和利用天敌。

5.3.13.1.2 加强咖啡园的管理，提高咖啡树的抗虫能力，发现虫枝及时剪除。同时，还要防止蚂蚁上树传播盔蚧。

5.3.13.1.3 在若虫高峰期可使用药剂防治。

5.3.13.2 推荐使用的主要杀虫剂及方法

选用30%乙酰甲胺磷乳油500 ～ 1 000倍液、48%乐斯本乳油1 000 ～ 2 000倍液、25%扑虱灵可湿性粉剂1 500 ～ 2 000倍液、0.3%苦参碱水剂200 ～ 300倍液、2.5%功夫乳油1 000 ～ 3 000倍液等喷树体。

附 录 A
（资料性附录）

小粒咖啡主要病害及发生特点

主要病害	发生特点
咖啡锈病 *Hemileia vastatrix* Berk.et Br.	咖啡锈病是由咖啡驼孢锈菌引起的病害，主要侵染叶片，有时也危害幼果和嫩枝，受害的叶片后期脱落，易导致枝条干枯；咖啡树结果越多，锈病越重。大量的落叶使尚未成熟的咖啡果实得不到充足的养分供应，产生大量干果、僵果，严重影响咖啡产量和质量 病株上残留的叶片是主要侵染来源。锈菌以菌丝体度过不良环境。小粒咖啡锈菌夏孢子在温度适宜(14 ~ 30℃)有水湿条件时萌芽，在树荫下或叶背面夏孢子的萌芽率很高，而明亮的光线对夏孢子萌芽有明显的抑制作用。夏孢子形成后，靠气流、风、雨、人畜和昆虫传播 咖啡锈病的发生与种植品种和生理小种种类分布的关系密切，由于寄主-病原菌-环境的相互作用，使咖啡锈菌生理小种不断变异，一些抗锈品种会因相对应的新小种出现而丧失抗锈性。因此，在推广新的抗锈品种和使用多品种混种时更要注意品种的合理布局，延长抗锈品种的抗病性
咖啡炭疽病 *Colletotrichum coffeanum* Noack	咖啡炭疽病是一种发生很普遍的病害。它除了危害叶片，还可侵害枝条和果实，引起枝条回枯和僵果。果实感病后，果皮紧贴在种壳上，使脱皮困难，严重时造成落果 分生孢子萌发时对湿度要求很高，在饱和的相对湿度或有水膜的情况下，温度为20℃时，持续7h才能萌芽。孢子萌芽后，芽管直接从叶表皮、果实和枝条的伤口侵入，病害在冷凉及高温季节，特别是长期干旱后的雨季，发生较严重。一般从11月中旬开始出现病害。3 ~ 4周后发展较快，翌年1月后病情才逐渐稳定
咖啡褐斑病 *Cercospora coffeicola* Berk.et Cooke	咖啡褐斑病是半知菌尾孢属病菌引起的病害。该病主要危害生势弱、无荫蔽、结果多的咖啡树的叶片和果实 病原菌常以菌丝在病组织内越冬，有些地方无越冬现象，整年均可以分生孢子借风传播。发芽适温为15 ~ 30℃，最适温度25℃，在叶上孢子通过气孔侵入，在果上则通过伤口侵入，已发现蓖麻是它的野生寄主。本菌是弱寄生菌，在寄主受到不良环境影响、抗病力削弱的情况下严重发病，通常土壤瘠薄或管理粗放的咖啡植株，以及无荫蔽条件的咖啡幼树发病较重。相对湿度在95%以上或咖啡植株立地环境长期阴湿最有利于该病发生
咖啡煤烟病 *Capnodium brasiliense* Pullemans	咖啡煤烟病是子囊菌引起的病害，受害咖啡叶片上有粉状的黑色物，后期在叶面上散生黑色小点，容易被水冲去
咖啡茎干溃疡病 *Gibberella stilboides* Gordon ex Booth	咖啡茎干溃疡病是镰刀菌引起的病害。典型症状是根茎交界部位出现溃疡，也常在植株中部某节茎干或一分枝基部发生，严重时受害部位呈缢缩状，俗称“吊颈子” 此菌在咖啡茎干木栓化组织上以腐生形态存活，当植株受不良环境刺激或损伤时而受侵染，病菌侵入树皮的木栓形成层危害，引起树皮爆裂，形成溃疡病，最后造成整株死亡。种植1~2年生的幼龄咖啡树，因树龄小，根茎木栓化程度不高，抗逆能力差，冬季植株正北面受辐射寒害或正阳面(西晒)受日灼出现木质部损伤变黑，有利于病原菌的入侵。在雨量稀少，气候长期干旱的年份，无荫蔽条件和栽培管理差的咖啡幼树发生枯萎病较重
咖啡枝枯病	咖啡枝枯病是咖啡树的一种生理性病害，是因咖啡结果过多，植株养分(特别是糖分)消耗过多而造成的，能使植株的中层结果枝大量死亡，造成树型破损，严重时整株死亡 此病的发生与林地有无荫蔽、结果数量、土壤肥瘠、肥水管理水平等有密切关系。一般是无荫蔽、施肥(特别是钾肥)少、管理差、结果过多、枝条瘦弱、咖啡锈病落叶严重的植株发病较重，因此在那些无荫蔽、结果过多或管理差的咖啡园严重发生
咖啡苗期立枯病 *Rhizoctonia solani* Kuhn	此病是由立枯丝核菌引起的病害。主要危害幼苗茎基部或茎干，受害部位出现环状缢缩，造成顶端叶片凋萎，整株青枯死亡，是咖啡幼苗期的重要病害 高温高湿、地势低洼、排水不良或淋水过多、苗床过分荫蔽、连作或存在其他枯死植物残屑，都有利于该病发生

附　录　B
（资料性附录）

小粒咖啡主要害虫及发生特点

主要害虫	发生特点
咖啡灭字脊虎天牛*Xylotrechus quadripes* Chevr	咖啡灭字脊虎天牛以幼虫钻蛀咖啡枝茎，先在树表皮下蛀食，随着虫龄增大，潜入木质部和髓部沿树心向上下蛀食，使咖啡植株枯萎易折断，若是向下蛀入根部，常导致整株枯死 咖啡灭字脊虎天牛在不同咖啡种植区的发生规律，因越冬虫态和气温不同而有差异。以幼虫在茎干内越冬的翌年主要发生2代，部分以成虫越冬的第2代成虫始见期早，若气温较高，旱季长，1年能发生3代，田间世代重叠 各代成虫出孔后晴天喜在阳坡咖啡树干上活动，交配后的雌虫即在树干粗皮裂缝处产卵。卵散产，一般3～8粒一排，每个雌虫产卵可历时3～5d，产卵量80～150粒 咖啡灭字脊虎天牛危害程度有一个蔓延累积过程，一般规律是四龄以上的咖啡树虫害才逐渐加重，但靠近虫源寄主，该虫害发生早且重。种植密度稀和栽培管理粗放的咖啡园虫害发生较重
咖啡旋皮天牛*Acalolepta cervine* (Hope)	咖啡旋皮天牛以幼虫危害咖啡树干基部，被害植株外表呈螺旋伤痕，叶片变黄下垂，整株呈现枯萎状，重者死亡，轻者来年不能正常开花结果，需很长时间才能恢复生势 旋皮天牛在云南1年发生1代，以幼虫在寄主内越冬，越冬幼虫于次年3月下旬开始化蛹，羽化后成虫于4月上旬开始从羽化孔飞出，并取食交尾和产卵，雌虫产卵时先把树皮咬成1～2mm宽的裂缝，每1裂缝产卵1粒。每1株树一般产卵1～2粒，多的可超过5粒 咖啡旋皮天牛喜欢危害咖啡幼树，当咖啡植株直径达到15cm时，就可被天牛产卵危害，产卵部位多在距地面10～20cm处。树的向阳面产卵多于背阳面。因此，有荫蔽的咖啡树受害较轻。幼虫孵化后即在树干皮层下作螺旋状钻蛀取食。由于树茎被连续蛀食3～4圈，韧皮部全部被切断，植株到8～9月开始表现出树势衰弱，枝叶枯黄。10月份进入旱季，被害植株缺乏营养和水分，导致受害重的植株死亡。由于幼虫早期都在咖啡树茎干基部皮层旋蛀，在没有蛀入木质部时就被天敌捕杀，所以该虫在咖啡树上很少能完成一个世代，为害咖啡的虫源主要是来自野生寄主
咖啡木蠹蛾*Zeuzera coffeae* (Nietn)	咖啡木蠹蛾是一个危害多种经济作物的害虫。以幼虫为害树干或枝条，致被害处以上部位黄化、枯死或受大风而折断。为害咖啡树的虫源主要来自咖啡园附近的野生寄主 咖啡木蠹蛾寄主较多，在同一个地方因寄主不同，其生活史也有差异。在云南德宏地区，为害铁万木的咖啡木蠹蛾，1年发生1代，幼虫在枝干内越冬，翌年化蛹，蛹期25～28d，成虫于4月开始出现。为害喜树的咖啡木蠹蛾1年发生2代，第2代7～8月化蛹，蛹期17～19d，初羽化的成虫不活动，经数小时后才进行交尾产卵活动。卵产于小枝、嫩梢顶端或腋芽处，卵单粒散产。每一雌虫平均产卵600粒左右，产卵期约2d，卵期约20d 初孵化的幼虫先从枝条顶端的叶腋处蛀入，回枝条上部蛀食，3~5d内被害处以上出现枯萎，这时幼虫钻出枝条外，向下转移，在不远处节间又蛀入枝内，继续为害，经多次如此转移，幼虫长大，便向下部枝条转移为害，一般侵入离地15～20cm的主干部。蛀入孔为圆形，常有黄色木屑排出孔外。幼虫蛀道不规则，侵入后先在木质部与韧皮部之间蛀食一圈，然后多数向上钻蛀，但也有向下蛀或横向蛀食
咖啡根粉蚧*Planococcus lilacinus* Cockrell	咖啡根粉蚧主要以若虫和雌成虫寄生在咖啡根部，初期先在根颈2～3cm处为害，以后逐渐蔓延至主根、侧根以至遍布整个根系，吸食其液汁，严重消耗植株养分及影响根系生长，使植株早衰，叶黄枝枯，最后因根部发黑腐烂，整株凋萎枯死 咖啡根粉蚧一般1年发生2代。以若虫在土壤湿润的寄主根部越冬，翌春3～4月为第1代成虫盛期，6～7月为第2代成虫盛期。世代重叠，一般完成一个世代约经60d，卵期2～3d，若虫期50d，雌成虫寿命15d，雄成虫寿命3～4d 主要靠蚂蚁传播，蚂蚁取食其分泌的蜜露，并为之起保护作用。一般喜欢在土壤肥沃疏松、富含有机质和稍湿润的园地发生

（续）

主要害虫	发生特点
咖啡绿蚧 *Coccus viridis* (Green)	以成虫和若虫固定在叶背、枝条及果上危害，尤其以幼嫩部分受害较重。除直接吸取寄主汁液外，还排泄蜜露积在叶片上，诱致煤烟病发生，妨碍光合作用，植株被害后生势衰弱，严重被害的幼果果皮皱缩，果柄发黄，幼果未成熟即脱落，使得咖啡产量减少，质量降低 咖啡绿蚧一代历期28 ~ 42d，若虫3龄。孤雌生殖，一雌虫一生可产卵数百粒，卵置于母体下面。初孵化的若虫在母体下面作短暂的停留，而后分散外出，非常活跃，四处爬行，寻找适宜的场所，定居后不再移动 干旱季节和阴湿且通风不良的环境有利于其发生。雨季害虫能被真菌寄生，使虫口密度急剧下降。该虫在叶片上的分布以叶脉两侧较多，嫩枝上多分布在纵形的稍微凹陷处。低温季节绿蚧繁殖速度下降，为害程度亦减轻
咖啡盔蚧 *Parasaissetia* Takahashi sp.	咖啡盔蚧以成虫和若虫有规律地排在叶背、枝条及果上为害。除大量吸取寄主营养物质外，其分泌大量的蜜露成为霉菌的天然培养基，易诱发煤烟病，妨碍光合作用。该虫大发生时，其密被于枝、叶表面，严重影响了咖啡树的呼吸作用，造成植株生势衰弱 咖啡盔蚧种群完全由雌性个体组成，成虫孤雌生殖，繁殖力强，世代重叠，一雌虫可产卵数百粒至上千粒，保护于母体分泌形成的蜡质介壳下。咖啡盔蚧发育要经历3个龄期。一龄若虫个体很小，有显著的触角和足，能快速爬行，分散到刚抽出的新枝梢上，也可借助风力、蚂蚁传播蔓延。在干旱季节此虫发生严重，咖啡园阴湿和通风不良的环境条件有利于害虫的发生

附录Ⅳ　绿色食品 农药使用准则（NY/T 393—2020）

1 范围

本标准规定了绿色食品生存和储运中的有害生物防治原则、农药选用、农药使用规范和绿色食品农药残留要求。

本标准适用于绿色食品的生产和储运。

2 规范性引用文件

下列文件对于本文件的应用是必不可少的。凡是注日期的引用文件，仅注日期的版本适用于本文件。凡是不注日期的引用文件，其最新版本（包括所有的修改单）适用于本文件。

GB 2763 食品安全国家标准　食品中农药最大残留限量

GB/T 9321（所有部分）农药合理使用规范

GB 12475 农药储运、销售和使用的防毒规程

NY/T 391 绿色食品　产地环境质量

NY/T 1667（所有部分）农药登记管理术语

3 术语和定义

NY/T 1667界定的以及下列术语和定义适用于本文件。

3.1 AA级绿色食品　AA grade green food

产地环境质量复合NY/T 391的要求，遵照绿色食品生产标准生产，生产过程中遵循自然规律和生态学原则，协调种植业和养殖业的平衡，不使用化学合成的肥料、农药、兽药、渔药、添加剂等物质，产品质量符合绿色食品产品标准，经专门机构许可使用绿色食品标准的产品。

3.2 A级绿色食品　A grade green food

产地环境质量符合NY/T 391的要求，遵照绿色食品生产标准生产，生产过程中遵循自然规律和生态学原则，协调种植业和养殖业的平衡，限量使用限定的化学合成生产资料，产品质量符合绿色食品产品。

3.3 农药　pesticide

用于预防、控制危害农业、林业的病、虫、草、鼠和其他有害生物以及有目的地调节植物、昆虫生

长的化学合成或者来源于生物、其他天然物质的一种物质或几种物质的混合物及其制剂。

注：既包括属于国家农药使用登记管理范围的物质，也包括不属于登记管理范围的物质。

4 有害生物防治原则

绿色食品生产中有害生物的防治可遵循以下原则：

——以保持和优化农业生态系统为基础：建立有利于各类天敌繁衍和不利于病虫草滋生的环境条件，提高生物多样性，维持农业生态系统的平衡。

——优先采用农业措施：如选用抗病虫品种、实施种子种苗检疫、培育壮苗、加强栽培管理、中耕除草、翻耕晒垡、清洁田园、轮作倒茬、间作套种等。

——尽量利用物理和生物措施：如温汤浸种控制种传病害，机械捕捉害虫，机械或人工除草，用灯光、色板、性诱剂和食物诱杀害虫，释放害虫天敌和稻田养鸭控制害虫等。

——必要时合理适用低风险农药：如没有足够有效的农业、物理、生物措施，在确保人员、产品和环境安全的前提下，按照第5、第6章的规定使用农药。

5 农药选用

5.1 所选用的农药应符合相关的法律法规，并获得国家在相应作物上的使用登记或省级农业主管部门的临时用药措施，不属于农药使用登记范围的产品（如薄荷油、食醋、蜂蜡、香草根、乙醇、海盐等）除外。

5.2 AA级绿色食品生产应按照附录A中A.1的规定选用农药，A级绿色食品生产应按照附录A的规定选用农药，提倡兼治和不同作用机理农药交替使用。

5.3 农药剂型宜选用悬浮剂、微囊悬浮剂、水剂、颗粒剂、水分散粒剂和可溶性粒剂等环境友好型剂型。

6 农药使用规范

6.1 应根据有害生物的发生特点、危害程度和农药抗性，在主要防治对象的防治适期，选择适当的施药方式。

6.2 应按照农药产品标签或按GB/T 8321和GB 12475的规定使用农药，控制施药剂量（或浓度）、施药次数和安全间隔期。

7 绿色食品农药残留要求

7.1 按照5的规定允许使用的农药，其残留量应符合GB 2763的要求。

7.2 其他农药的残留量不得超过0.01mg/kg，并应符合GB 2763的要求。

附　录　A
（规范性附录）

绿色食品生产允许使用的农药清单

A.1　AA级和A级绿色食品生产均允许使用的农药清单

AA级和A级绿色食品生产可按照农药产品标签或GB/T 8321的规定（不属于农药使用登记范围的产品除外）使用表A.1中的农药。

表A.1　AA级和A级绿色食品生产均允许使用的农药清单[a]

类别	物质名称	备注
Ⅰ.植物和动物来源	楝素（苦楝、印楝等提取物，如印楝素等）	杀虫
	天然除虫菊素（除虫菊科植物提取液）	杀虫
	苦参碱及其氧化苦参碱（苦参等提取物）	杀虫
	蛇床子素（蛇床子提取物）	杀虫、杀菌
	小檗碱（黄连、黄柏等提取物）	杀菌
	大黄素甲醚（大黄、虎杖等提取物）	杀菌
	乙蒜素（大蒜提取物）	杀菌
	苦皮藤素（苦皮藤提取物）	杀虫
	藜芦碱（百合科藜芦属和喷嚏草属植物提取物）	杀虫
	桉油精（桉树叶提取物）	杀虫
	植物油（如薄荷油、松脂油、香菜油、八角茴香油等）	杀虫、杀螨、杀真菌、抑制发芽
	寡聚糖（甲壳素）	杀菌、植物生长调节
	天然诱集和杀线虫剂（如万寿菊、孔雀草、芥子油等）	杀线虫
	具有诱杀作用的植物（如香根草等）	杀虫
	植物醋（如食醋、木醋、竹醋等）	杀菌
	菇类蛋白多糖（菇类提取物）	杀菌
	水解蛋白质	引诱
	蜂蜡	保护嫁接和修剪伤口
	明胶	杀虫
	具有驱避作用的植物提取物（大蒜、薄荷、辣椒、花椒、薰衣草、柴胡、艾草、辣根等提取物）	驱避
	害虫天敌（如寄生蜂、瓢虫、草蛉、捕食螨等）	控制虫害
Ⅱ.微生物来源	真菌及真菌提取物（白僵菌、轮枝菌、耳霉菌、淡紫拟青霉、金龟子绿僵菌、寡雄腐霉菌等）	杀虫、杀菌、杀线虫
	细菌及真菌提取物（芽孢杆菌、荧光假单胞杆菌、短稳杆菌等）	杀虫、杀菌
	病毒及病毒提取物（核型多角体病毒、质型多角体病毒、颗粒体病毒等）	杀虫
	多杀霉素、乙基多杀菌素	杀虫
	春雷霉素、多抗霉素、井冈霉素、嘧啶核苷类抗菌素、宁南霉素、申嗪霉素、中生菌素	杀菌
	S-诱抗素	植物生长调节

（续）

类别	物质名称	备注
Ⅲ.生物化学产物	氨基酸糖素、低聚糖素、香菇多糖	杀菌、植物诱抗
	几丁质聚糖	杀菌、植物诱抗、植物生长调节
	苄氨基嘌呤、超敏蛋白、赤霉酸、烯腺嘌呤、羟烯腺嘌呤、三十烷醇、乙烯利、吲哚丁酸、芸薹素内酯	植物生长调节
Ⅳ.矿物来源	石硫合剂	杀菌、杀虫、杀螨
	铜盐（如波尔多液、氢氧化铜等）	杀菌，每年铜使用量不能超过6kg/hm^2
	氢氧化钙（石灰水）	杀菌、杀虫
	硫黄	杀菌、杀螨、驱避
	高锰酸钾	杀菌，仅用于果树和种子处理
	碳酸氢钾	杀菌
	矿物油	杀虫、杀螨、杀菌
	氯化钙	用于治疗缺钙带来的抗性减弱
	硅藻土	杀虫
	黏土（如斑脱土、珍珠岩、蛭石、沸石等）	杀虫
	硅酸盐（硅酸钠、石英）	驱避
	硫酸铁（三价铁离子）	杀软体动物
Ⅴ.其他	二氧化碳	杀虫，用于储存设施
	过氧化物类和含氯类消毒剂（如过氧乙酸、二氧化氯、二氯异氰尿酸钠、三氯异氰尿酸等）	杀菌，用于土壤、培养基、种子和设施消毒
	乙醇	杀菌
	海盐和盐水	杀菌，仅用于种子（如稻谷等）处理
	软皂（钾肥皂）	杀虫
	松脂酸钠	杀虫
	乙烯	催熟等
	石英砂	杀菌、杀螨、驱避
	昆虫性信息素	引诱或干扰
	磷酸氢二铵	引诱

a 国家新型禁用或列入《限制使用农药》的农药自动从该清单中删除。

A.2 A级绿色食品生产允许使用的其他农药清单

当表A.1所列农药不能满足生产需要时，A级绿色食品生产还可按照农药产品标签或GB/T 8321的规定使用下列农药：

a）杀虫杀螨剂

1）苯丁锡 fenbutatin oxide
2）吡丙醚 pyriproxyfen
3）吡虫啉 imidaclprid
4）吡蚜酮 pymetrozine
5）杀螨腈 chlorfenapyr
6）除虫脲 diflubenzuron
7）啶虫脒 acetamiprid
8）氟虫脲 fluenoxuron
9）氟啶虫胺腈 sulfoxaflor
10）氟啶虫酰胺 flonicamid
11）氟铃脲 hexaflumron
12）高效氯氟氰菊酯 beta-cypermethrin
13）甲氨基阿维菌素苯甲酸盐 emamectin benzoate
14）甲氰菊酯 fenpropathrin
15）甲氧虫酰肼 methoxyfenozide
16）抗蚜威 pirimicarb
17）喹螨醚 fenaquin
18）联苯肼酯 bifenazate
19）硫酰氟 sulfuryl fluoride
20）螺虫乙酯 spirotetramat
21）螺螨酯 spirodiclofen
22）氯虫苯甲酰胺 chlorantraniliprole
23）灭蝇胺 cyromazine
24）灭幼脲 chlorbenzuron
25）氰氟虫腙 metaflumizone
26）噻虫啉 thiamethoxam
27）噻虫嗪 thiamethoxam
28）噻螨酮 hexythiazox
29）噻嗪酮 buprofezin
30）杀虫双 bisultap thiosultapdisodium
31）杀铃脲 triflumuron
32）虱螨脲 lufenuron
33）四聚乙醛 metaldehyde
34）四螨嗪 clofentezine
35）辛硫磷 phoxim
36）溴氰虫酰胺 cyantraniliprole
37）乙螨唑 etoxazole
38）茚虫威 indoxacard
39）唑螨酯 fenpyroximate

b）杀菌剂

1）苯醚甲环唑 difenoconazole
2）吡唑醚菌酯 pyraclostrobin
3）丙环唑 propiconazed
4）代森联 metiram
5）代森锰锌 mancozed
6）代森锌 zined
7）稻瘟灵 isoprothiolane
8）定酰菌胺 boscalid
9）啶氧菌酯 picoxystrobin
10）多菌灵 carbendazim
11）噁霉灵 hymexazol
12）噁霜灵 oxadixyl
13）噁唑菌酮 famoxadone
14）粉唑醇 flutriafol
15）氟吡菌胺 fluopicolide
16）氟吡菌酰胺 fluopyram
17）氟啶胺 fluazinam
18）氟环唑 epoxiconazole
19）氟菌唑 triflumizole
20）氟硅唑 flusilazole
21）氟吗啉 flumorph
22）氟酰胺 flutolanil
23）氟唑环菌胺 sedaxane
24）腐霉利 procymidone
25）咯菌腈 fludioxonil
26）甲基立枯磷 tolclofos-methyl
27）甲基硫菌灵 thiophanate-methyl
28）腈苯唑 fenbuconazole
29）腈菌唑 myclobutanil
30）精甲霜灵 metalaxyl-M
31）克菌丹 captan
32）喹啉铜 oxine-copper
33）醚菌酯 kresoxim-methyl
34）嘧菌环胺 cyprodinil
35）嘧菌酯 azoxystrobin
36）嘧霉胺 pyrimethanil
37）棉隆 dazomet
38）氰霜唑 cyazofamid
39）氰氨化钙 calciumcyanamide
40）噻呋酰胺 thifluzamide
41）噻菌灵 thiabendazole
42）噻唑锌 Zn thiazole
43）三环唑 tricyclazole
44）三乙膦酸铝 fosetyl-aluminium
45）三唑醇 triadimenol
46）三唑酮 triadimefon
47）双炔酰菌胺 mandipropamid
48）霜霉威 propamocarb
49）霜脲氰 cymoxanil
50）威百亩 metam-sodium
51）萎锈灵 carboxin
52）肟菌酯 trifloxystrobin
53）戊唑醇 tebuconazole
54）烯肟菌胺 SYP-1620
55）烯酰吗啉 dimethomorph
56）异菌脲 iprodione
57）抑霉唑 imazalil

c）除草剂

1）2甲4氯 MCPA	21）麦草畏 dicamba
2）氨氯吡啶酸 picloram	22）咪唑喹啉酸 imazaquin
3）苄嘧磺隆 bensulfuron-methyl	23）灭草松 bentazone
4）丙草胺 pretilachlor	24）氰氟草酯 cyhalofopbutyl
5）丙炔噁草酮 oxadiargyl	25）炔草酯 clodinafop-propargyl
6）丙炔氟草胺 flumioxazin	26）乳氟禾草灵 lactofen
7）草铵膦 glufosinate-ammonium	27）噻吩磺隆 thifensulfuron-methyl
8）二甲戊灵 pendimethalin	28）双草醚 bispyribac-sodium
9）二氯吡啶酸 clopyralid	29）双氟磺草胺 florasulam
10）氟唑磺隆 flucarbazonesodium	30）甜菜安 desmedipham
11）禾草灵 diclofop-methyl	31）甜菜宁 phenmedipham
12）环嗪酮 hexazinone	32）五氟磺草胺 penoxsulam
13）磺草酮 sulcotrione	33）烯草酮 clethodim
14）甲草胺 alachlor	34）烯禾啶 sethoxydim
15）精吡氟禾草灵 fluazifop-P	35）酰嘧磺隆 amidosulfuron
16）精喹禾灵 quizalofop-P	36）硝磺草酮 mesotrione
17）精异丙甲草胺 s-metolachlor	37）乙氧氟草醚 oxyfluorfen
18）绿麦隆 chlortoluron	38）异丙隆 isoproturon
19）氯氟吡氧乙酸（异辛酸）fluroxypyr	39）唑草酮 carfentrazoneethyl
20）氯氟吡氧乙酸异辛酯 fluroxypyrmepthyl	

d）植物生长调节剂

1）1-甲基环丙烯 1-methylcyclopropene	4）氯吡脲 forchlorfenuron
2）2，4-滴 2，4-D（只允许作为植物生长调节剂使用）	5）萘乙酸 1-naphthal acetic acid
3）矮壮素 chlormequat	6）烯效唑 uniconazole

国家新禁用或列入《限制使用农药名录》的农药自动从上述清单中删除。

参考文献

references

白伟，张鸿，白文，2017. 乌桕大蚕蛾的生物习性之初探[J]. 现代园艺 (21): 144, 171.

蔡国贵，林源，林际朗，1992. 大钩翅尺蛾生物学特性及防治的研究[J]. 南京林业大学学报（自然科学版）(3): 51-56.

蔡明段，易千军，彭成绩，2011. 柑橘病虫害原色图鉴[M]. 北京：中国农业出版社.

陈福，郭晓春，胡光辉，等，2018. 广南油茶虫害调查及糖醋液诱捕试验[J]. 西部林业科学，47(5): 5-8.

陈光华，文家富，董照锋，等，2002. 日本黄脊蝗发生规律调查[J]. 植物保护 (6): 38-39.

陈林玉，2011. 油茶食叶害虫胶刺蛾的生物学特性[J]. 亚热带农业研究，7(3): 171-174.

陈名君，汪婷，卞林猛，等，2021. 一株分离自德国小蠊的贵州绿僵菌的鉴定及生物学特性[J]. 中国生物防治学报 ,37(6):1344-1352.

陈少波，陈伟，何朝晖，1996. 粉蚧长索跳小蜂对堆蜡粉蚧的寄主选择性和功能反应[J]. 福建省农科院学报 (3): 37-40.

陈世骧，谢蕴贞，邓国帆，1959. 中国经济昆虫志：鞘翅目 天牛科 第一册[M]. 北京：科学出版社.

陈顺立，李友恭，1988. 咖啡天蛾质型多角体病毒的初步研究[J]. 福建林学院学报 (2): 198-202.

陈伟玮，李紫成，王媛，等，2022. 木芙蓉上亚利桑那跳小蜂对扶桑绵粉蚧的寄生研究[J]. 中国生物防治学报:1-9.

陈祯，曹永，周元清，等，2017. 虎斑蝶实验种群生物学特征研究[J]. 应用昆虫学报，54(2): 279-291.

池艳艳，全林发，陈炳旭，等，2022. 几种杀虫剂防治荔枝蝽的应用效果及其评价[J]. 环境昆虫学报(5):1285-1292.

董双林，闫祺，高宇，等，2020. 点蜂缘蝽聚集信息素及其应用研究进展[J]. 南京农业大学学报，43(4): 583-588.

董文玲，2006. 白蛾蜡蝉生物学特性及防治研究[J]. 林业调查规划 (S2): 159-161.

董易之，全林发，李文景，等，2022. 荔枝蝽发生期预测与化学防治方法研究[J]. 中国南方果树，51(1): 54-58, 66.

段文心，2020. 中国广翅蜡蝉科分类及比较形态学研究[D]. 贵阳：贵州大学.

付兴飞，李贵平，黄家雄，等，2020. 咖啡重大害虫灭字脊虎天牛的研究进展[J]. 江西农业学报，32(7): 50-56.

付兴飞，李巧，郭宏伟，等，2017. 昆明市红帽蜡蚧的危害及发生规律研究[J]. 西部林业科学，46(6):113-116.

付兴飞，李雅琴，于潇雨，等，2016. 昆明市考氏白盾蚧的危害特点及发生规律研究[J]. 林业调查规划，41(6):83-86.

高翠青，2010. 长蝽总科十个科中国种类修订及形态学和系统发育研究（半翅目：异翅亚目）[D]. 天津：南开大学.

宫庆涛，武海斌，姜莉莉，等，2019. 铜绿丽金龟生物学特性及防控技术[J]. 落叶果树，51(2): 37-39.

何建云，陈子姝，陈旭阳，等，2014. 斜纹夜蛾长距姬小蜂的生物学特性[J]. 中国生物防治学报，30(4):453-459.

胡熙熹，2013. 转Bt基因棉对扶桑绵粉蚧生物学和生态学特性的影响研究[D]. 长沙：湖南农业大学.

黄家雄，吕玉兰，李贵平，等，2021. 2020年我国咖啡生产、贸易及消费形势分析[J]. 中国热带农业(5):40-53.
浑之英，袁立兵，陈书龙，2012. 农田杂草识别原色图谱[M]. 北京：中国农业出版社.
霍梁霄，周金成，宁素芳，等，2019. 夜蛾黑卵蜂寄生草地贪夜蛾和斜纹夜蛾卵的生物学特性[J]. 植物保护，45(5):60-64.
简代华，1994. 稻棘缘蝽生物学特性观察[J]. 昆虫知识(3): 138-140.
蒋捷，张文勤，蒋义庆，等，2000. 胡桃豹夜蛾生物学及其防治的研究[J]. 林业科学(5): 63-68.
李贵平，2004. 云南怒江干热河谷区咖啡绿蚧周年发生规律研究[J]. 热带农业科技(3): 17-19, 22.
李贵平，付兴飞，李亚男，等，2022. 怒江州精品咖啡标准化种植技术[J].热带农业科学,42(7):29-37.
李荣福，王海燕，龙亚芹，2015. 中国小粒咖啡病虫草害[M]. 北京：中国农业出版社.
李卫，邹万君，王立宏，2006. 昆明地区斜纹夜蛾生物学特性研究[J]. 西南农业学报(1): 85-89.
李伟伟，邢浩春，卜宏钰，等，2022. 3种生物农药防治美国白蛾的效果[J]. 林业科技通讯(7): 81-82.
李文敬，陈菊红，米倩倩，等，2021. 日本平腹小蜂对点蜂缘蝽的控害潜能研究[J]. 中国植保导刊，41(7): 26-31.
李扬汉，1998. 中国杂草[M]. 北京：中国农业出版社.
李子忠，邢济春，2021. 中国叶蝉图鉴[M]. 贵阳：贵州科技出版社.
刘光华，沈富广，张林辉，2019. 云南省龙陵县中药材汇编[M]. 北京：中国农业出版社.
刘静雅，李卓苗，李保平，等，2021. 异色瓢虫对与本土蚜虫共存的外来扶桑绵粉蚧的搜寻和捕食行为[J]. 昆虫学报,64(2):223-229.
吕荣华，付岗，覃武，2019. 亚金跳小蜂在不同生育期扶桑绵粉蚧寄主上的生物学特性（英文）[J]. 南方农业学报，50(9): 1973-1980.
马骏，梁帆，林莉，等. 2019. 新发入侵害虫：南洋臀纹粉蚧在广州的发生情况调查[J]. 环境昆虫学报，41(5): 1006-1010.
马奇详，赵永谦，2010. 农田杂草识别与防除原色图谱[M]. 北京：金盾出版社.
毛本勇，郑哲民，1999. 滇西横断山地区云南蝗属一新种(直翅目：瘤锥蝗科)[J]. 昆虫分类学报(2): 9-11.
闵水发，曾文豪，陈益娴，等，2018. 美国白蛾在湖北孝感市的生物学特性与防治措施[J]. 湖北林业科技，47(5):30-33.
邱忠营，刘菲，张克瑶，等，2016. 疣蝗转录组分析[J]. 基因组学与应用生物学，35(8): 1989-1998.
任顺祥，王兴民，庞虹，等，2009. 中国瓢虫原色图鉴[M]. 北京：科技出版社.
任伊森，蔡明段，2001. 柑橘病虫草害防治彩色图鉴[M]. 北京：中国农业出版社.
司宇，文忠春，黄建，等，2016. 福州地区佛州龟蜡蚧*Ceroplastes floridensis* Comstock寄生蜂的调查与鉴别[J]. 武夷科学，32(3):14-26.
唐丽萍，朱剑，廖国栋，等，2022. 6种有效成分杀蟑饵剂对德国小蠊和美洲大蠊致死速度的研究[J]. 中国媒介生物学及控制杂志，33(3): 340-345.
陶玫，陈国华，杨本立，等，2003.昆明地区红蜡蚧的生活史及其天敌昆虫种类研究[J]. 西南农业学报(3): 38-41.
田方文，2009. 鲁北中华剑角蝗生物学特性初步观察[J]. 植物保护，35(4): 147-148.
田鑫月，胡英露，李文博，等，2022. 大豆荚发育程度对点蜂缘蝽成虫寿命及生殖力的影响[J]. 昆虫学报，65(6): 749-756.
王芳，2013. 中国蜡蚧科分类研究（半翅目：蚧总科）[D]. 杨凌：西北农林科技大学.
王凤英，黎柳锋，廖仁昭，等，2016. 9种杀虫剂对堆蜡粉蚧的田间防治效果[J]. 南方农业学报，47(12): 2078-2083.
王问学，张宏业，黄有春，等，1988. 丽盾蝽沟卵蜂的生物学[J]. 生物防治通报(3): 139.
王玉新，徐英凯，李兆民，2014. 大造桥虫的生活习性及防治措施[J]. 吉林农业(23): 64.
王枝荣，1990. 中国农田杂草原色图谱[M]. 北京：农业出版社.
王志博，周孝贵，张欣欣，等，2020. 浙江茶园尺蠖新成员：大造桥虫[J]. 中国茶叶，42(11): 14-17.
王宗庆，2003. 中国弄蝶亚科分类研究（鳞翅目：弄蝶科）[D]. 杨凌：西北农林科技大学.
魏开炬，2011. 天竺桂佛州龟蜡蚧生物学特性观察[J]. 中国森林病虫，30(5): 17-20.
温玄烨，许晶，臧连生，等，2015. 大豆田3种赤眼蜂对大造桥虫卵的寄生适应性[J]. 环境昆虫学报，37(5): 1060-1063.
武春生，方承莱，2009. 中国绿刺蛾属的新种和新纪录种(鳞翅目，刺蛾科)[J]. 动物分类学报，34(4): 917-921.
徐志宏，张莉丽，王会美，2003. 红蜡蚧寄生蜂种类订正研究(膜翅目：小蜂总科)[J]. 中国森林病虫(5): 1-5.

杨洪珍, 侯忠芳, 2013. 大豆斑背安缘蝽的发生规律及防治方法[J]. 河北农业 (10): 41.

余峰, 唐娅媛, 张莉丽, 等, 2020. 球孢白僵菌对入侵性害虫扶桑绵粉蚧的防治效果[J]. 浙江农业科学, 61(7): 1397-1398, 1423.

翟保平, 2013. 异稻缘蝽 *Leptocorisa varicornis* (Fabricius)[J]. 应用昆虫学报, 50(3): 600.

张巍巍, 李元胜, 2019. 中国生态大图鉴[M]. 重庆: 重庆大学出版社.

张志升, 王露雨, 2017. 中国蜘蛛生态大图鉴[M]. 重庆: 重庆大学出版社.

赵敏, 陈建明, 陈群, 等, 2007. 浙西北桐庐地区金龟子发生规律与田间药效试验[J]. 浙江农业学报 (5):378-381.

赵仲苓, 2002. 毒蛾科幼期的鉴别[J]. 昆虫知识 (1):72-75.

郑折民, 夏凯龄, 1998. 中国动物志: 昆虫纲 第十卷 直翅目 蝗总科 斑翅蝗科及网翅蝗科[M]. 北京: 科学出版社.

中国科学院动物研究所, 1982. 中国蛾类图鉴[M]. 北京: 科学出版社.

中国科学院动物研究所, 浙江农业大学, 等, 1978. 天敌昆虫图册: 昆虫图册 第三号[M]. 北京: 科技出版社.

周求根, 1993. 华沟盾蝽为害与柑桔溃疡病发生的关系探讨[J]. 中国柑桔 (2) :36.

周世芳, 1994. 油桐丽盾蝽生物学特性[J]. 广西植保 (4): 12-14.

周尧, 1998. 中国蝴蝶分类与鉴定[M]. 郑州: 河南科学技术出版社.

周志军, 尚娜, 刘静, 等, 2013. 基于线粒体DNA控制区的斑翅草螽不同地理种群遗传分化研究[J]. 生态学报, 33(6): 1770-1777.

Mani M , Visalakshy P N G , Krishnamoorthy A , et al. , 2008. Role of *Coccophagus* sp. in the suppression of the soft green scale *Coccus viridis* (Green) (Hompoptera: Coccidae) on sapota[J]. Biocontrol Science & Technology, 18(7):721-725.

Yin J L, 2010. Occurrence law of cabbage butterfly in China and its identification and prevention [J]. Plant Diseases and Pests, 1(2):21-25, 62.

图书在版编目（CIP）数据

小粒咖啡有害生物综合防控/付兴飞等主编．—北京：中国农业出版社，2023.7
ISBN 978-7-109-30833-6

Ⅰ.①小… Ⅱ.①付… Ⅲ.①咖啡－病虫害防治
Ⅳ.①S435.712

中国国家版本馆CIP数据核字（2023）第118705号

XIAOLI KAFEI YOUHAI SHENGWU ZONGHE FANGKONG

中国农业出版社出版
地址：北京市朝阳区麦子店街18号楼
邮编：100125
责任编辑：郭　科
版式设计：杨　婧　　责任校对：刘丽香　　责任印制：王　宏
投稿联系：郭编辑（13581989147）
印刷：北京通州皇家印刷厂
版次：2023年7月第1版
印次：2023年7月北京第1次印刷
发行：新华书店北京发行所
开本：889mm×1194mm　1/16
印张：17.5
字数：554千字
定价：300.00元